# 地盤工学の新しいアプローチ

## 構成式・試験法・補強法

松岡　元

京都大学学術出版会

# まえがき

この本の当初温めていたタイトルは「土の面白い話――発想の転換」というものであった。「土の面白い話」といっても、単に寝ころがっておもしろおかしく読めるお話という意味ではない。読者の方々に、この本のどこかで膝を打っていただき、できれば interesting（興味深い）、願わくば exciting（知的興奮を覚える）と感じていただければ、という意味での「面白い話」である。著者の専門は土木工学の土、つまり土の力学や地盤工学であるが、若い頃から一貫して基礎研究を行ってきた。しかも、力を受けると砂粒１個１個がどのように動くかというような徹底した基礎研究に興味を感じていた。それは、物事の本質――根源――を見極めたかったということかもしれない。50歳になろうかという時に少し自分の研究を振り返る機会があった。どうもムダ飯を食ってきたという気がするのである。国民の税金で好きな事をやらせていただいてきたのだから、最後の10年位は少しは役に立つことも考えなくてはと思い始めた。そして、土質力学（Soil Mechanics）の応用部分である土圧問題、支持力問題、斜面の安定問題を対象とした模型実験を行い始めた。本書では、以前からの基礎研究の展開も含めて、今後世の中で使っていただけそうな３つのテーマに絞って３話構成でまとめさせていただいた。すべて自分たち（著者とその学生を含めた研究仲間）のやったことだけで本が書けるのも幸せなことだと感謝している。

第１講「新たな土の弾塑性構成式」は、著者ら（松岡・中井）が1974年に提案したSMP規準（Spatially Mobilized Plane――空間滑動面――に基づいた土の破壊規準で、土の２次元応力下の破壊規準 Mohr-Coulomb（モール・クーロン）規準の３次元版として世界的に認知されている）と、英国 Cambridge 大学が1960年代に提唱したCam-clayモデル（世界における土の構成式研究の基礎となってきた先駆的・古典的弾塑性構成式）の合体をはかったものである。そのために、3次元応力空間内の $\pi$ 面（空間対角線――静水圧軸――に直交する面）上の、空間対角線を中心とする三角オムスビ形（SMP規準の断面形）を円形（Cam-clayモデルが採用している拡張Mises（ミーゼス）規準の断面形）に変換する変換応力（一種の修正応力）を新たに提案している。なお、このSMP規準とCam-clayモデルの合体に関しては、Cam-clayモデルの3人の開発者の一人である英国Oxford大学の故Peter Wroth（ピーター・ロス）教授が生前著者に強く要請しておられたことの成就になるのではないかと思われる。ロス教授はCam-clayモデルが拡張Mises規準を用いていることの欠点を言明され、それをSMP規準に置き換えるべきことを訴えておられた（著者はこの要請もあって1986年に半年間英国Oxford大学のロス教授のもとに留学した）。その他、SMP規準を粘着力を有する摩擦性材料に対して拡張した拡張SMP規準（この規準は金属材料の3次元応力下の破壊規準であるMises規準をも包含している）の導入や正負のダイレイタンシー（せん断に伴う体積膨張や体積収縮）を表現できる新たな硬化パラメーター $H$ の導入などが行われている。また、粘土から砂、不飽和土に至るまでほとんどすべての地盤材料を対象としている。なお、地盤の有限要素解析の利用に資するために、各種の提案構成式を応力～ひずみマトリックス（D－マトリックス）の形で表記した。

第2講「最も簡単な地盤の原位置せん断試験法」は、土粒子間の水の表面張力による粘着力を測定するため、土の2次元モデルとしてのアルミ丸棒積層体に水を付着させた試料の超低拘束圧下の一面せん断試験法の発想と、現場におけるロックフィル材のような大粒径粗粒材のせん断試験法の必要性が結び付いて開発されたものである。その中には、土のせん断試験は本質的に「摩擦試験」であるとか、原地盤そのものを一面せん断試験の下箱の代わりにするとか、「押してダメなら引いてみる」とか、さまざまなアイディアが入っている。今までは現場採取試料の相似粒度試料か剪頭粒度試料（最大粒径を5～6 cm程度に調整したもの）に対して、室内大型三軸試験（大型といっても通常直径30cm、高さ60～70cm 程度である）が単に試料の密度だけを現場に合わせて行われていた。これは、「靴の裏から足をかくような試験法」であって、心ある現場技術者の長年の悩みであったと聞いている。現場での施工過程を経験させた大粒径粗粒材をそのまま原位置でせん断試験して強度定数を決定することは、現場技術者の夢であるとのことであった。本原位置せん断試験法は載荷枠（せん断枠）の大きさを変えるだけで、大粒径のロックフィル材から小粒径の粘土までさまざまな地盤材料に対して同じ計測原理で適用することができるものである(既製のせん断枠寸法：122.5cm×122.5cm＝15,000cm$^2$、63.2cm×63.2cm＝4,000cm$^2$、31.6cm×31.6cm＝1,000cm$^2$、14.1cm×14.1cm＝200cm$^2$、10cm×10cm＝100cm$^2$の 5 種類)。

第 3 講「敵を味方につける地盤の補強法」は、昔から水防団が洪水時に用いてきた「土のう」が、摩擦性材料である土の補強法として最も確実な方法であることを証するものである。初めから「土のう」を考えたのではなく、結果として完全に包み込んでしまう「土のう」が最も合理的かつ確実な土の補強法であるとの考えに到達したのである。最も興味深い点は、建物荷重や外力（いわば敵の力）を利用して、摩擦性材料（$\phi$ 材料）である中詰め材を袋の張力で拘束することによって、粘着成分を有する摩擦性材料（$c$、$\phi$ 材料）に変身させることである。この粘着力 $c$ によって「土のう」は人間の予想をはるかに超える耐荷力をもつようになる（市販のペラペラの土のう袋の場合でも、コンクリート強度の1/10程度の圧縮強度を有する！）。ただし、通常の安価なポリエチレン製の土のう袋は酸にもアルカリにも強いが、紫外線だけには弱いので、地盤中に入れるか、土のう袋に紫外線をカットする細工をするか、遮光シートをかけるなどの措置を講じなければならない。「土のう」を建物基礎下に適切に配置すると、支持力の飛躍的な増大がはかれるが、その他に交通振動や地震動などの振動低減効果や砕石などの粗い粒状体の入った「土のう」の場合には凍上防止効果もあることがわかってきた。まさに一石三鳥といえるかもしれない。最近、建物基礎下の地盤に杭状あるいは柱状に座布団を積み上げるごとく「土のう」を積み上げる工法も地盤条件によっては採用している。「土のう」積み擁壁についても、東京都が三宅島災害復旧に本設工として採用するなど、施工例が増えてきている。この本設資材として性能表示（品質保証）された新しい「土のう」のことを「ソイルバッグ（Soilbag）」と名づけた（「土の袋」を意味する）。2012年の時点で、「土のう」を活用した補強土工法の現場施工例は、2,000件を越えている。

以上の3話の関連を簡潔に述べると、第1講［理論編］の「土の構成式」の材料パラメーターを、第2講［実験編］の「地盤の原位置試験法」で決定し、これらのパラメーターを第3講［応用編］の「地盤の補強法」などの境界値問題の解析に用いるということになる。強度に関しては、すでに上記のことを行っているが、変形に関しても、第2講の原位置一面せん断試験において鉄線やハンダ線をせん断枠中に鉛直に差し込んでせん断層の厚さを測定するなどの工夫をすればひずみの計測が可能となるので、今後行っていきたいと考えている。

さて、上記の3講の内容が今や幻となったタイトル「土の面白い話――発想の転換」と呼ぶにふさわしいものかどうかは、本書を読み終えていただいた読者の方々の御判断によると考えている。率直な御意見をいただければ幸いである。著者は京都大学で学生時代を含めて10年以上、名古屋工業大学で30年近く、土に関する研究をさせていただいた。定年退官を数年後にひかえて、自らの研究生活の1つの区切りとして、“卒業論文”のような気持ちで書かせていただいた。ここで、お世話になった方々に謝辞を述べさせていただく。

まず、著者の恩師である故村山朔郎京都大学名誉教授に謝意を表します。先生は著者にアルミ棒積層体（日本で最初に用いた）を与えて下さり、現象の根源を見極めることの大切さを御自身の研究姿勢をもって厳しく教えて下さいました。佐武正雄東北大学名誉教授は、SMP規準を見出した最初の論文原稿（京大防災研究所年報、1973）をお送りしたところ、京都府宇治市の防災研究所の著者の小さな研究室までわざわざお越しいただきました。その時以来、今日に至るまで、著者らの研究をいつも暖かく見守り励まして下さいました。心から感謝致します。故最上武雄東京大学名誉教授は、当時若かった研究者のために

「粒状体の力学セミナー」を何回も催して下さり、“西だ東だ”というような研究者間の垣根を見事に取っぱらって下さいました。その恩恵のもとに、小田匡寛埼玉大学教授、龍岡文夫東京大学教授、橋口公一九州大学教授、太田秀樹東京工業大学教授（著者の同級生）他の方々との親しい交友を今も楽しませていただいております。最上先生の暖かいお人柄を懐かしく思い出すとともに、感謝の意を表したいと思います。

軽部大蔵神戸大学名誉教授は、著者が若い頃風呂敷包みいっぱいのデータや資料を抱えてお家まで何度かお邪魔しましたが、いやな顔ひとつせず長時間にわたり聞いて下さいました。榎明潔鳥取大学教授や三浦均也豊橋技術科学大学助教授は、その明晰な頭脳とバイタリティーをもって著者と論議して下さり、楽しい時間を持たせて下さいました。関口秀雄京都大学教授は、同じ村山研究室で共に学び、その天賦の才能と誠実な人柄をもって接して下さいました。また、この本の出版についても御援助をいただきました。SMP 規準は中井照夫名古屋工業大学教授の修士論文提出間際の１月中旬に見出されたものです。それから１～２週間は二人共ほとんど寝ないような興奮状態にありました。今だから言える話ですが、明け方（午前４時頃）に帰宅途中、宇治橋（京都府宇治市）を越えたゆるいカーブ道で対向車（居眠り運転と思われる）がセンターラインを越えて迫ってきました。彼はとっさに右にハンドルを切ってくれましたが、もし普通に左側にハンドルを切ったなら、正面衝突して SMP 規準と二人の命は消えていたと思われます。こんなこともあってか、共に名古屋工業大学に赴任して今日に至っています。

山本春行広島大学大学院教授（建築基礎）は、海外留学できる貴重な機会を用いて、名古屋工業大学の著者の研究室へソイルバッグ工法の研究のために内地留学して下さいました。その中で、ソイルバッグコラム（土のう積み杭）工法を見出し、それが高い振動減衰特性（鋼構造物やコンクリート構造物の10倍程度の減衰定数を有する）をもつことを見出せたことは大きな喜びです。吉村優治岐阜高専助教授は、彼の博士論文の中で粒状体の内部摩擦角と粒子形状の関係を追求しておられましたが、径数 mm の球、立方体、正三角錐の人工金属製粒状体を作製してその関係をより確かなものとする共に、砂礫だけでなくロックフィル材のような大粒径の粗粒材にも適用可能なことを示し、肉眼や虫眼鏡などで粒子の形を見るだけでその粒状体の内部摩擦角を推定できることを共に提案することができました。㈱MG 耐震技術研究所山口啓三郎博士（一級建築士）は、「土のう」一体化工法（ソイルバッグ工法）の当初から彼の“直感”によって土のうの良さを理解して下さり、本工法の普及のために熱意と度胸とをもって多大の御尽力をいただきました。彼の「土のう」を愛する心は著者に匹敵するものであり、彼の存在なくしてはソイルバッグ工法はなかったと言っても過言ではありません。JR 総合技術研究所の舘山　勝博士、JR 東海の可知隆氏には、鉄道枕木の下に土のうを設置する試験施工に関してお世話になりました。結果は大成功で、枕木沈下量は抑制され、列車の動揺加速度は1/3程度になりました。元・東京都土木技術研究所草野　郁博士は、特に三宅島災害復旧工事に関してソイルバッグ工法の発展と普及に御尽力いただきました。本工法が「大型土のう平積み工法」として東京都知事賞を受賞したことも大きな喜びです。2000年 7 月に設立されたソルパック協会の初代会長棚橋一郎博士（元・建設省建築研究所第六研究部長）、二代会長千田昌平博士（元・建設省土木研究所機械施工部長）および事務局担当の常任理事佐藤雅宏氏（㈱テクノソール代表取締役）に心からの謝意を表します。ソルパック協会の活動によって、本工法の世の中への展開が大いに促進されました。お世話になっています元・国土交通省国土技術政策総合研究所建築研究部長二木幹夫博士、積水ハウス㈱施工開発部長高森　洋氏、前田工繊㈱代表取締役前田征利氏、専務取締役加藤進氏、工法開発部長横田善弘氏、富士エンジニアリング㈱代表取締役寺本博亘氏にも謝意を表したいと思います。また、耐圧試験機をお借りした名古屋工業大学コンクリート研究室の梅原秀哲教授、上原　匠助教授、平原英樹技官にも感謝いたします。

原位置大型一面せん断試験については、関西電力㈱の現場で最初に実施していただきました。お世話になった土木部長松本正毅氏、総合技術研究所副所長工藤アキヒコ氏、元・主任研究員西方仰佐男氏他の関係者各位に心からの謝意を表します。東京電力㈱での現場試験の実施については、土木部長吉越　洋博士、建設部課長内田善久氏他の関係者各位に、また九州電力㈱での現場試験の実施については、元・総合研究所土木研究室長赤司六哉氏、西日本技術開発㈱地盤耐震部長江藤芳武氏（九州電力より出向）、小丸川発電所建設所上部ダム工事区長田代幸英氏他の関係者各位に感謝致します。JH 日本道路公団第二東名高速道路関係では、静岡建設局長三浦　克氏、掛川工事事務所長桜井治男氏、試験研究所土工研究室主任北村佳則氏他の関係者各位に謝意を表します。なお、第二東名高速道路建設現場では、ソイルバッグ工法の試験工事も行っていただきました。

なお、最近はソイルバッグ研究会会員のメトリー技術研究所の野本　太氏の考案による「D・BOX」（Divided BOX の略、区画分割された箱状の袋を意味する）が、様々な分野（土木・建築・墓石基礎ほか）で多く用いられるようになって来ました。D・BOX は、彼の卓抜したアイディアによって、ソイルバッグの持つ優れた諸特性を最大限発揮させるべく工夫された箱状の袋です。沼地のような超軟弱地盤対策、交通振動・地震動対策、液状化対策、凍上対策等を同時に成し遂げる「D・BOX 工法」は、今後日本全国のみならず、世界各地で展開される大きな“夢”を担っています。

本書の原稿作成に当たって、第 1 講については主に孫徳安博士に、第 2 講、第 3 講については主に劉斯宏博士に多大の御協力をいただきました。お二人は共に名古屋工業大学の著者の研究室で学位を取得され、その後も著者の研究仲間（colleagues）として常に議論し、助けて下さいました。さらに、姚仰平北京航空航天大学教授も 2 回にわたり合計 3 年以上著者の研究室に留学して下さり、共に研究を楽しむことができました。また、陳越蘇州科技学院教授も 2 回にわたり合計 3 年以上留学して下さり、ソイルバッグの原理について共に研究することができました。彼らとの真剣な議論があってこそ、著者のこの10年間の研究生活は充実したものとなったと言えます。心から感謝しています。また、同じ研究室の前田健一助教授、佐藤智範技官（原稿のワープロ打ちその他でお世話になった）にも謝意を表します。

なお、本書の内容に関係した研究に携わった卒業生の御名前を以下に列挙させていただき、彼らの努力に心からの謝意を表したいと思います。92年卒　高木信宏、西井正浩、田中哲平、誉田孝宏（94年院卒）、93年卒　岩井信一郎、奥田　信、西村　剛、宮本久仁彦、94年卒　安藤正貴（96年院卒）、小野哲治、瀧澤　剛、95年卒　伊東　究（97年院卒）、小金昭輝（97年院卒）、村田浩毅（97年院卒）、96年卒　植田哲志（98年院卒）、上野祐資（98年院卒）、福澤伸彦（98年院卒）、佐伯　務、蜂屋　斉、97年卒　石井啓稔（99年院卒）、一村政弘（99年院卒）、市原　亘（99年院卒）、佐藤　忍（99年院卒）、竹田圭志、98年卒　児玉　仁（00年院卒）、井野　隆、板原大明、中村善一郎、99年卒　飯塚洋介（01年院卒）、本田秀樹（01年院卒）、岡　智乗、木下孝雄、柴田健人、谷　和博、00年卒　青木治子、中村潤平、山路耕寛、01年卒　篠崎岳太（院卒）、島尾　陸（03年院卒）、長谷部智久（03年院卒）、山田章史（03年院卒）、米谷雅宏、02年卒　滋野めぐみ、藤田　健、山田智宏、03年卒　村松大輔（院卒）、井上泰介、服部真人、松山幸太郎、そして原稿の校正を手伝って下さった04年卒業予定の纐纈由美恵、戸田有美。

最後に、本書の出版について御理解と御尽力をいただきました京都大学学術出版会の小野利家氏に感謝の意を表する次第です。

2003年５月

松岡　元

# 目　次

# 地盤工学の新しいアプローチ

## 構成式・試験法・補強法

# 第1講

［理論編］

# 新たな土の弾塑性構成式

SMP 規準と Cam-clay モデルの合体

## 1.1　SMP(Spatially Mobilized Plane; 空間滑動面)とは何か

### （1）　発想の源

砂礫のような粒状体のせん断抵抗の源を探るために、アルミ丸棒や光弾性材料の丸棒の積層体を試料とした一面せん断試験（図1.1.1、図1.1.2参照）や二軸圧縮試験（図1.1.3、図1.1.4参照）を多く行った。ここで、アルミ丸棒や光弾性材料の丸棒は粒状体の２次元モデルとして用いている。これらの粒子挙動の観察の結果､粒状体のせん断時の変形や破壊を支配する面あるいはゾーン（シェアー・バンドとも呼ばれる）が存在するとの見方に到達した。すなわち、一面せん断試験では上箱と下箱の間の水平な潜在すべり面であり、二軸圧縮試験では最大主応力面（通常は水平面）と（$45° + \phi_{mo}/2$）をなす面（$\phi_{mo}$：モービライズされている――実際に発揮されている――内部摩擦角）であって[1)]、これらを滑動面（Mobilized　Plane）と名付ける[2)]。これらの滑動面は破壊時（ピーク強度時から残留強度時にかけて）には顕著となり、一般にすべり面（Slip Plane）と呼ばれている。破壊時に顕著な支配面となるものであれば、破壊に至るまでの変形挙動（応力や変形の関係）をも支配すると考えるのは自然であろう。例えば、図1.1.1の中央付近にみられる水平の滑動面（潜在すべり面）は、そこで上下の粒子が相対的に最も大きくずれており、変形や破壊を支配する面と考えられる。なお、このときのせん断抵抗力は滑動面（潜在すべり面）を横切る２粒子間の接点に伝達されている粒子間力の水平方向成分の総和にほかならないはずである（粒子間力の大きさは各粒子接点で発生している光弾性縞次数から推測できるので、当然のことではあるが、このことは検証している）。

図 1.1.1　アルミ丸棒積層体の一面せん断試験中の重ね撮り写真

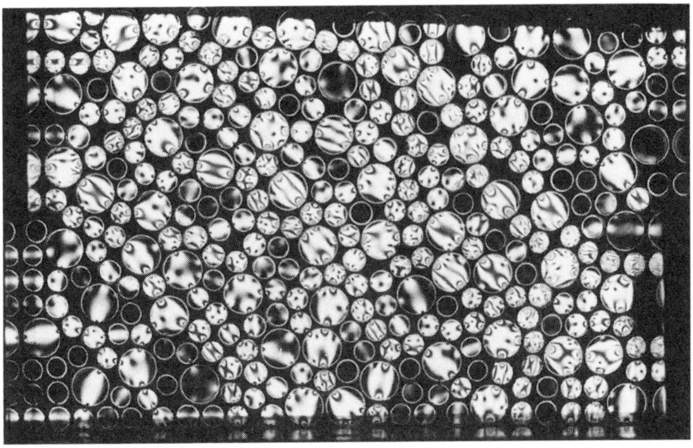

図 1.1.2　光弾性材料丸棒積層体の一面せん断試験中の光弾性縞写真

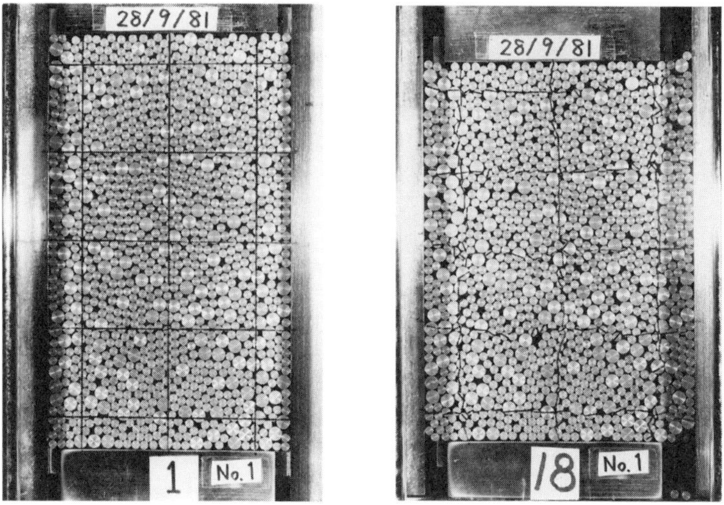


(a)　　　　　　　　　　　　　　(b)

図 1.1.3　アルミ丸棒積層体の二軸圧縮試験中の写真(a)初期状態(b)破壊状態

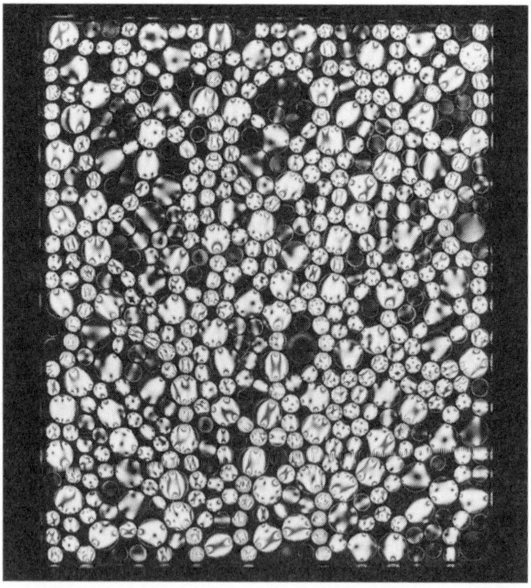

図 1.1.4　光弾性材料丸棒積層体の二軸圧縮試験中の光弾性縞写真

したがって、滑動面（潜在すべり面）を横切る粒子接点での粒子間力の大きさ、粒子の接触角、モービライズされている粒子間摩擦角などが粒状体のせん断抵抗を決定すると考えられる[3]。

このような粒状体の変形や破壊強度を支配する滑動面を想定することの１つのメリットは、一見異なる試験のようにみえる一面せん断試験、単純せん断試験、三軸圧縮試験、三軸伸張試験、平面ひずみ試験、三主応力制御試験などの各種のせん断試験結果を、唯一的な同じ応力～ひずみ関係として整理できる（次節以下参照）――すなわち、粒状体のせん断挙動は異なるせん断試験であっても滑動面上で見れば本質的にみな同じことが起こっているのであり、それゆえに滑動面上で整理した応力～ひずみ関係は唯一的になる――という点である。

このことは、著者が大学院生のころ、先輩方が三軸伸張試験は三軸圧縮試験とは違う試験であるので異なる応力～ひずみ関係になるのは当然であるという議論をするのを聞いていて、両者とも同じせん断試験であるのだから粒子挙動に着目したより本質的な見方をすれば同じになるはずであると感じたことに源を発している。

### (２)　複合滑動面（CMP；３個の２次元滑動面の総称）に基づいた応力～ひずみ関係

以上の考察は２次元的な粒子挙動に基づくものであったが、実際の砂礫の挙動は当然３次元的である。３次元的な挙動をする場合の粒状体の滑動面はどのように想定すればよいのであろうか。図1.1.5は相異なる３主応力（$\sigma_1>\sigma_2>\sigma_3$）下の３個のモールの応力円を示したものである[4]。原点からの直線が３個のモールの応力円に接する点（$P_1$、$P_2$、$P_3$）は、それぞれ２主応力間（$\sigma_2$～$\sigma_3$、$\sigma_1$～$\sigma_3$、$\sigma_1$～$\sigma_2$間）でせん断・垂直応力比（$\tau/\sigma$）が最大となる面上の応力状態に対応する（原点からの直線の傾きが $\tau/\sigma$ であり、それが最大となるのは原点からの直線がモールの応力円に接するときである）。粒状体の変形や破壊が粒子間のすべり、それゆえ摩擦法則に支配されるとすれば、$\tau/\sigma$（$=F/N$、$F$：

滑らそうとするせん断力、$N$：押さえ付ける垂直力）が最大となる面が平均的にみて粒子が最も滑動しやすい面（滑動面）であると考えるのは理にかなっている。したがって、3主応力下では各2主応力間で $\tau/\sigma$ が最大となる応力状態（図1.1.5の点 $P_1$、$P_2$、$P_3$の応力状態）の作用面（図1.1.6（a）の AB、BC、AC 面）が2次元的な滑動面であると考えられる。これら3個の2次元的滑動面 AB、BC、AC を総称して複合滑動面（Compositely Mobilized Planes；CMP）と名付けている[2),5)]。

図1.1.7（a）、（b）はそれぞれ三軸圧縮条件（$\sigma_1>\sigma_2=\sigma_3$）および三軸伸張条件（$\sigma_1=\sigma_2>\sigma_3$）下の2個の2次元滑動面を示している（等しい2主応力間には滑動面が生じないと考える[6)]）。また、図1.1.8（a）、（b）はそれぞれ三軸圧縮条件および三軸伸張条件下の砂の変形状態の写真（ゴムスリーブにマジックインクで線を描いたもの）を示しているが、図1.1.7（a）、（b）のような滑動面の存在をうかがわせる。

まず、図1.1.9に示すような“2次元的”な主ひずみ増分を定義しよう。すなわち、$\sigma_1\sim\sigma_2$間の$\sigma_1$方向の“2次元的”な主ひずみ増分を $d\varepsilon_{1(12)}$、$\sigma_1\sim\sigma_2$間の$\sigma_2$方向のものを $d\varepsilon_{2(12)}$と名付ける。以下、同様にして$\sigma_2\sim\sigma_3$間では $d\varepsilon_{2(23)}$、$\mathrm{d}\varepsilon_{3(23)}$、$\sigma_1\sim\sigma_3$間では $d\varepsilon_{1(13)}$、$d\varepsilon_{3(13)}$と名付ける。そして、図1.1.9を参照して“2次元的”な主ひずみ増分の重ね合わせを認めれば次式を得る[2),5),6),7)]。

$$\left.\begin{aligned} d\varepsilon_1 &= d\varepsilon_{1(12)}+d\varepsilon_{1(13)} \\ d\varepsilon_2 &= d\varepsilon_{2(12)}+d\varepsilon_{2(23)} \\ d\varepsilon_3 &= d\varepsilon_{3(23)}+d\varepsilon_{3(13)} \end{aligned}\right\} \tag{1.1.1}$$

等方的な試料であれば、三軸圧縮条件（$\sigma_1>\sigma_2=\sigma_3$）下の主ひずみ増分は式（1.1.1）より次式のように表すことができる。

$$\left.\begin{aligned} d\varepsilon_1 &= 2\cdot d\varepsilon_{1(13)} \\ d\varepsilon_2 &= d\varepsilon_3 = d\varepsilon_{3(13)}+d\varepsilon_{3(33)} \end{aligned}\right\} \tag{1.1.2}$$

同様に、三軸伸張条件（$\sigma_1=\sigma_2>\sigma_3$）下の主ひずみ増分は次のように表すことができる。

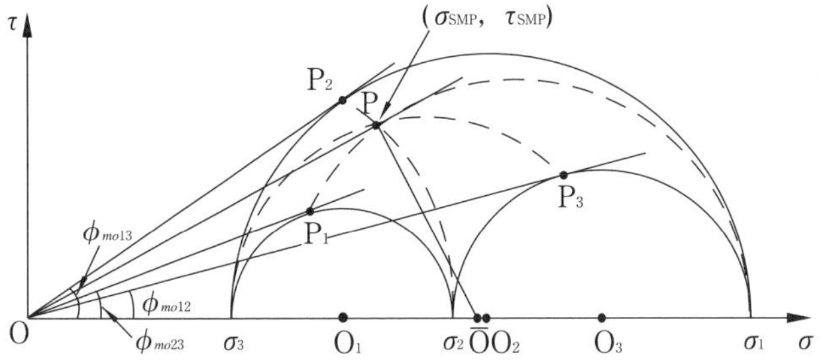


**図1.1.5　3つの滑動面と空間滑動面上の垂直応力とせん断応力**[4)]

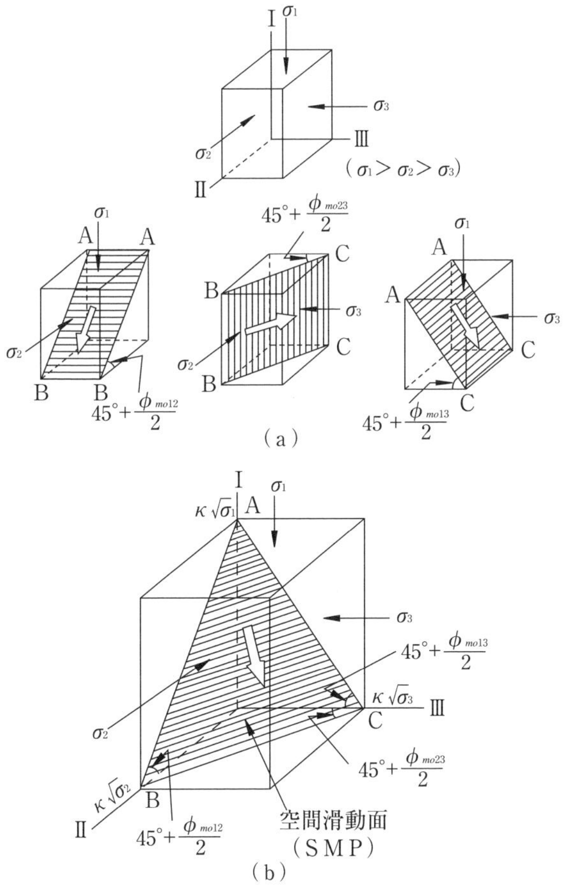


**図1.1.6　3次元応力下の（a）3つの滑動面と（b）空間滑動面（SMP）**

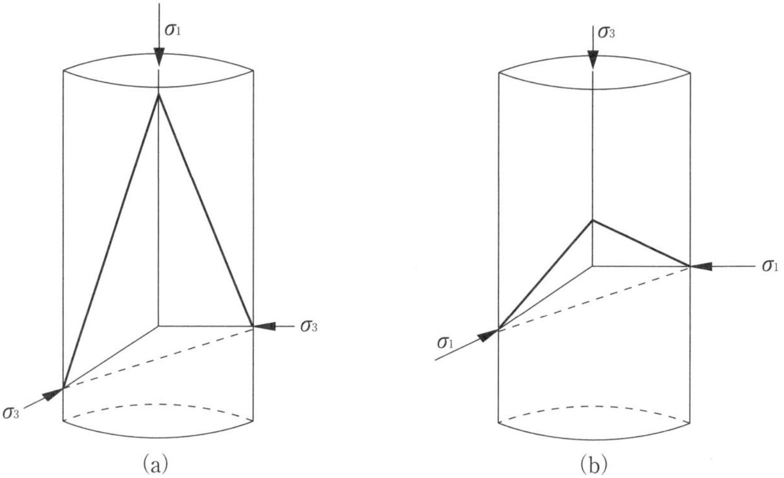


図1.1.7　(a) 三軸圧縮条件下と (b) 三軸伸張条件下の２つの２次元滑動面

図 1.1.8　(a) 三軸圧縮条件下と (b) 三軸伸張条件下の砂の変形状態

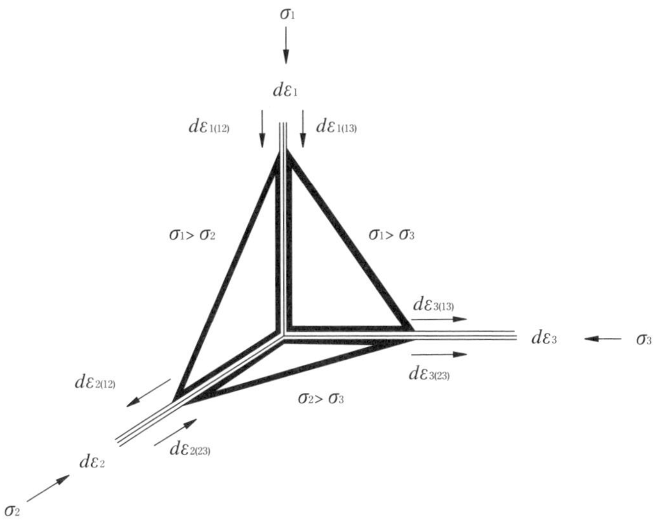


図1.1.9　各２主応力間の“２次元的”な主ひずみ増分とその重ね合わせの理解

$$\left.\begin{aligned} d\varepsilon_1 &= d\varepsilon_2 = d\varepsilon_{1(13)} + d\varepsilon_{1(11)} \\ d\varepsilon_3 &= 2 \cdot d\varepsilon_{3(13)} \end{aligned}\right\} \qquad (1.1.3)$$

ここで、式（1.1.2）の $d\varepsilon_{3(33)}$ や式（1.1.3）の $d\varepsilon_{1(11)}$ は２つの同じ主応力下の“２次元的”な主ひずみ増分であるので、次の等方圧密によるひずみ増分式を適用する。

$$d\varepsilon_{3(33)} = d\varepsilon_{1(11)} = \frac{1}{6}\frac{0.434C_c}{1+e_0}\frac{d\sigma_m}{\sigma_m} \qquad (1.1.4)$$

ここに、$\sigma_m$ は平均主応力、$C_c$ は圧縮指数、$e_0$ は初期間隙比である。式（1.1.4）中の係数1/6は、式（1.1.1）右辺の６項にそれぞれ等方圧密によるひずみ増分が含まれることを考慮すれば理解される（図1.1.9参照）。三軸圧縮試験結果より“２次元的”な主ひずみ増分 $d\varepsilon_{1(13)}$、$d\varepsilon_{3(13)}$ を得るには、式（1.1.2）、式（1.1.4）より実測された $d\varepsilon_1$ を２で割り、実測された $d\varepsilon_3$ から式（1.1.4）による等方圧密成分を引けばよいことがわかる。また、三軸伸張試験結果より“２次元的”な主ひずみ増分 $d\varepsilon_{3(13)}$、$d\varepsilon_{1(13)}$ を得るには、式（1.1.3）、式（1.1.4）より実測された $d\varepsilon_3$ を２で割り、実測された $d\varepsilon_1$ から式（1.1.4）による等方圧密成分を引けばよいことがわかる。なお、平均主応力 $\sigma_m$ 一定条件下の三軸圧縮試験や三軸伸張試験では、式（1.1.2）の $d\varepsilon_{3(33)}$ や式（1.1.3）の $d\varepsilon_{1(11)}$ は式（1.1.4）よりゼロとなるので、三軸圧縮状態では“2次元的”な主ひずみ増分 $d\varepsilon_{1(13)}=d\varepsilon_1$（実測）/2、$d\varepsilon_{3(13)}=d\varepsilon_3$（実測）となり、三軸伸張状態では $d\varepsilon_{1(13)}=d\varepsilon_1$（実測）、$d\varepsilon_{3(13)}=d\varepsilon_3$（実測）/2となることが理解される（図1.1.7参照）。

以上のようにして“2次元的”な主ひずみ増分 $d\varepsilon_{1(13)}$、$d\varepsilon_{3(13)}$ が三軸圧縮試験か三軸伸張試験より得られれば、1つの2次元滑動面{(45° + $\phi_{mo}$/2）面} 上のせん断ひずみ増分 $d\gamma$ や垂直ひずみ増分 $d\varepsilon_N$ は次式で算定される（主応力と主ひずみ増分の方向が一致すると仮定している)。

$$\frac{d\gamma}{2}=\frac{d\varepsilon_{1(13)}-d\varepsilon_{3(13)}}{2}\sin\{2(45^\circ+\phi_{mo}/2)\}$$
$$=\frac{d\varepsilon_{1(13)}-d\varepsilon_{3(13)}}{2}\cos\phi_{mo} \tag{1.1.5}$$

$$d\varepsilon_N=\frac{d\varepsilon_{1(13)}+d\varepsilon_{3(13)}}{2}+\frac{d\varepsilon_{1(13)}-d\varepsilon_{3(13)}}{2}\cos\{2(45^\circ+\phi_{mo}/2)\}$$
$$=\frac{d\varepsilon_{1(13)}+d\varepsilon_{3(13)}}{2}-\frac{d\varepsilon_{1(13)}-d\varepsilon_{3(13)}}{2}\sin\phi_{mo} \tag{1.1.6}$$

また、滑動面（潜在すべり面）上のせん断・垂直応力比 $\tau/\sigma_N$ はモールの応力円に接する原点からの直線の幾何学的な関係から次式で表される（図1.1.10参照)。

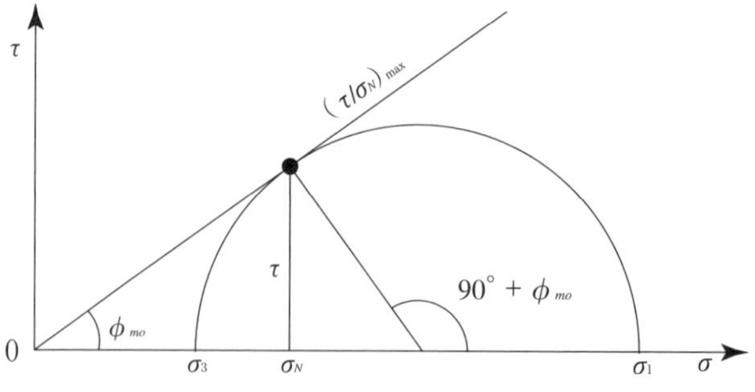


図1.1.10　せん断・垂直応力比が最大となる滑動面

$$\frac{\tau}{\sigma_N}=\tan\phi_{mo}=\frac{\sigma_1-\sigma_3}{2\sqrt{\sigma_1\sigma_3}}=\frac{1}{2}\left(\sqrt{\frac{\sigma_1}{\sigma_3}}-\sqrt{\frac{\sigma_3}{\sigma_1}}\right) \quad (1.1.7)$$

さて、このような滑動面上の応力やひずみを考えることの利点は、前述したように１つの滑動面上で整理すれば、異なるせん断試験結果であっても、同じ応力～ひずみ関係になることである（なぜなら、同じせん断現象として粒子挙動に基づいて根源的に整理しているからである）。このことを、砂の三軸圧縮試験（$\sigma_1>\sigma_2=\sigma_3$）結果と三軸伸張試験（$\sigma_1=\sigma_2>\sigma_3$）結果によって検証しよう。

図1.1.11は１つの２次元滑動面上のせん断・垂直応力比 $\tau/\sigma_N$ と垂直・せん断ひずみ増分比（$-d\varepsilon_N/d\gamma$）の関係を示したものである[5),6)]。これは滑動面上の粒子の平均的な乗り上がり角度（$-d\varepsilon_N/d\gamma$）と滑動面上の応力比 $\tau/\sigma_N$ の間の関係であり、摩擦のある斜面上を乗り上がる粒子に作用する力のつり合い式からも得られるものである。２種の平均有効主応力 $\sigma_m$ のもとで、豊浦砂の三軸圧縮（Comp.）試験結果と三軸伸張（Ext.）試験結果が同じ唯一的な直線上に整理されることは興味深い。このことによって、１つの２次元滑動面（潜在すべり面）上で見れば粒子挙動は本質的に同じであり、それゆえ同じ応力～ひずみ関係になるはずであるという考え方の正しさが検証されたことになる。また、このことが滑動面で整理することの利点である。この滑動面上の唯一的な応力比～ひずみ増分比関係を次式で表す[2),5),6)]。

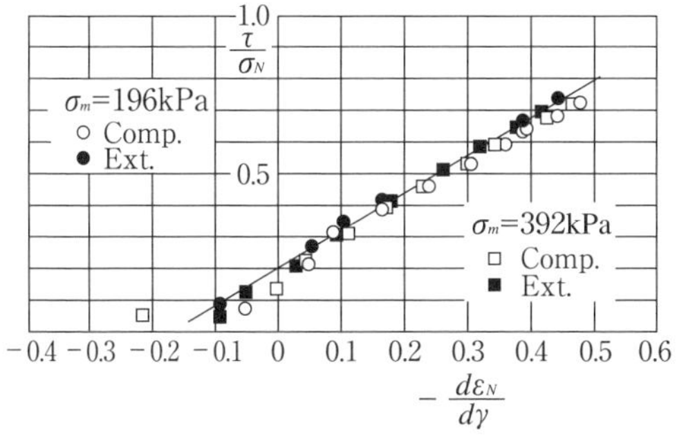


**図1.1.11　豊浦砂の三軸圧縮条件と三軸伸張条件より得られた１つの滑動面上の $\tau/\sigma_N$～$-d\varepsilon_N/d\gamma$ 関係**

$$\frac{\tau}{\sigma_N}=\lambda\left(-\frac{d\varepsilon_N}{d\gamma}\right)+\mu \tag{1.1.8}$$

ここに、$\lambda$、$\mu$ は土質パラメーターである。この関係は、応力比によってひずみ増分比、すなわちひずみ増分の方向が決まるというものであり、後述するように塑性論における塑性ポテンシャル（Plastic Potential）を決定する関係となる。

図1.1.12は1つの2次元滑動面上のせん断・垂直応力比 $\tau/\sigma_N$～せん断ひずみ $\gamma$ 関係と垂直ひずみ $\varepsilon_N$～せん断ひずみ $\gamma$ 関係を示したものである[5),6)]。興味深いことに、応力比～ひずみ関係についても、滑動面上で整理すれば三軸圧縮（Comp.）試験結果と三軸伸張（Ext.）試験結果が唯一的に同じ曲線上にプロットされる。異なるせん断試験結果であっても、このような唯一的な応力～ひずみ関係が得られることも、滑動面で整理することの利点である。このような唯一的な応力～ひずみ関係が得られれば、塑性論でいう硬化則（Hardening Rule）を定めることも容易になる。

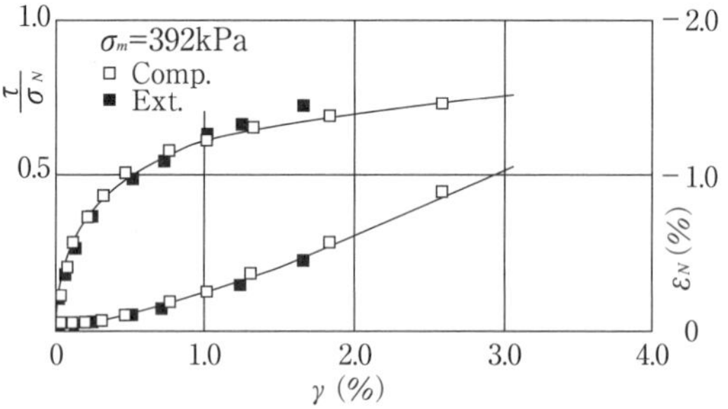


**図1.1.12**　豊浦砂の三軸圧縮条件と三軸伸張条件より得られた1つの滑動面上の $\tau/\sigma_N$～$\gamma$～$\varepsilon_N$関係

図1.1.11、図1.1.12に示す2種の唯一的な応力～ひずみ間の関係は、「等方性試料なら1つの滑動面上の応力～ひずみ挙動は同じである」という前述の考え方を支持するものである。このような1つの滑動面上の唯一的な応力～ひずみ関係と式（1.1.1）で表される“2次元的”な主ひずみ増分の重ね合せ則を

認めれば、3主応力下の主応力～主ひずみ関係は容易に算定される。図1.1.13は三軸圧縮（Comp.）試験結果と三軸伸張（Ext.）試験結果による主応力比 $\sigma_1/\sigma_3$ ～主ひずみ $\varepsilon_1$、$\varepsilon_3$関係の実測値（プロット）と上述の考え方による計算値（実線）の比較を示したものである[5),6)]。前述のように、同じ初期密度の等方性試料に対する平均有効主応力 $\sigma_m$ 一定試験であるので、三軸圧縮試験の $\varepsilon_1$は三軸伸張試験の $\varepsilon_1$のほぼ2倍となっており、三軸伸張試験の $\varepsilon_3$は三軸圧縮試験の $\varepsilon_3$ のほぼ2倍となっているのが見られ興味深い（式(1.1.2)、式(1.1.3)、式(1.1.4)参照)。土の構成式を得るためには、図1.1.11、図1.1.12に示すような応力～ひずみ関係の唯一性が極めて重要となる（そうでなければ、あらゆる応力条件に合わせた無限の試験を行わなくてはならない)。

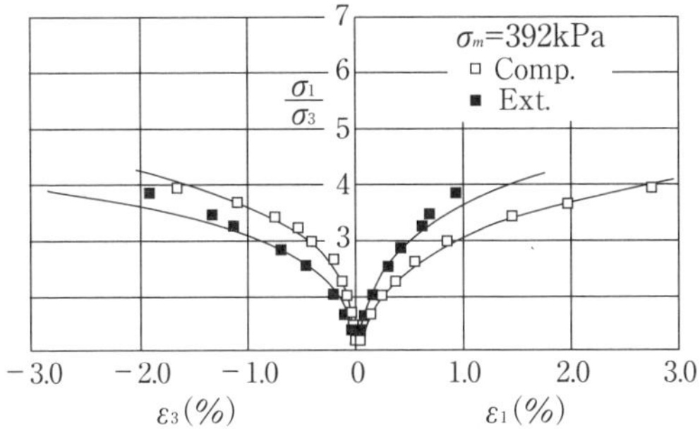


図1.1.13　豊浦砂の三軸圧縮条件と三軸伸張条件より得られた1つの滑動面上の $\sigma_1/\sigma_3$～$\varepsilon_1$、$\varepsilon_3$関係

## (3) 空間滑動面（SMP）に基づいた応力～ひずみ関係

図1.1.6（a）に示す3個の2次元滑動面 AB、BC、AC が意味のある面であれば、それら3個の面を3辺とする面 ABC が自然に浮かび上がってくる。図1.1.6(b)に示すように、この面 ABC を空間滑動面(Spatially Mobilized Plane；SMP）と名付けた[8),9)]（後述するように、空間滑動面は3個の2次元滑動面の特性を3次元応力下で平均化した特性を持つものと考えられる[10)]）。なお、空間滑動面（SMP）上の垂直応力、せん断応力を3次元応力下のモールの円で

示せば図1.1.5中の点Ｐで表され、$\sigma_{SMP}$、$\tau_{SMP}$、$\tau_{SMP}/\sigma_{SMP}$ は次式で表される[5),6),8),9)]。

$$\sigma_{SMP}=\sigma_1 a_1^2+\sigma_2 a_2^2+\sigma_3 a_3^2=3I_3/I_2 \tag{1.1.9}$$

$$\begin{aligned}\tau_{SMP}&=\sqrt{(\sigma_1-\sigma_2)^2 a_1^2 a_2^2+(\sigma_2-\sigma_3)^2 a_2^2 a_3^2+(\sigma_3-\sigma_1)^2 a_3^2 a_1^2}\\&=\sqrt{I_1 I_2 I_3-9I_3^2}/I_2\end{aligned} \tag{1.1.10}$$

$$\frac{\tau_{SMP}}{\sigma_{SMP}}=\sqrt{\frac{I_1 I_2-9I_3}{9I_3}} \tag{1.1.11}$$

ここに、$(a_1,\ a_2,\ a_3)$ はSMPの法線の方向余弦であり、次式で表される。

$$a_i=\sqrt{I_3/(\sigma_i I_2)}\quad (i=1,2,3) \tag{1.1.12}$$

また、$I_1$、$I_2$、$I_3$は有効応力の１次、２次、３次の不変量であり、次式で表される。

$$\left.\begin{aligned}I_1&=\sigma_1+\sigma_2+\sigma_3\\I_2&=\sigma_1\sigma_2+\sigma_2\sigma_3+\sigma_3\sigma_1\\I_3&=\sigma_1\sigma_2\sigma_3\end{aligned}\right\} \tag{1.1.13}$$

さて、図1.1.14中のベクトル$\overrightarrow{OP}$は、主ひずみ増分空間内の主ひずみ増分ベクトル $d\varepsilon_i=(d\varepsilon_1,\ d\varepsilon_2,\ d\varepsilon_3)$を表している。土要素内の土粒子の滑動接点の場所的な分布が一様であれば、土粒子の平均的な滑動方向は主ひずみ増分ベクトルの方向に一致すると考えられる。そこで、図1.1.14に示すような主ひずみ増分ベクトル$\overrightarrow{OP}$のSMPに垂直な成分 $d\varepsilon_{SMP}^*$ と平行な成分 $d\gamma_{SMP}^*$ を考える。主応力の方向と主ひずみ増分の方向が一致するとすれば、$d\varepsilon_{SMP}^*$ と $d\gamma_{SMP}^*$ は次式で表される[6),11),12)]。

$$d\varepsilon_{SMP}^*=d\varepsilon_1 a_1+d\varepsilon_2 a_2+d\varepsilon_3 a_3 \tag{1.1.14}$$

$$d\gamma_{SMP}^*=\sqrt{(d\varepsilon_1 a_2-d\varepsilon_2 a_1)^2+(d\varepsilon_2 a_3-d\varepsilon_3 a_2)^2+(d\varepsilon_3 a_1-d\varepsilon_1 a_3)^2} \tag{1.1.15}$$

ここで、両者の比（$-d\varepsilon_{SMP}^*/d\gamma_{SMP}^*$）はSMPから見た土粒子の平均的な滑動方向（乗り上がり角度）を表しており、それゆえSMP上のせん断・垂直応力比との間に唯一的な関係が成り立つものと期待される。

図1.1.15は４種類の試験結果に対する両者の関係を示したものである。プロットは２種の平均有効主応力 $\sigma_m$ のもとでの豊浦砂の三軸圧縮（Comp.）試験

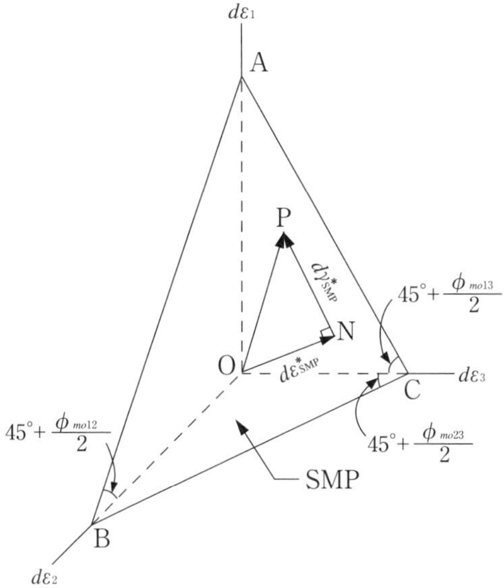


**図1.1.14　主ひずみ増分ベクトルＯＰの空間滑動面に垂直な成分$d\varepsilon^*_{SMP}$と平行な成分$d\gamma^*_{SMP}$**

結果と三軸伸張（Ext.）試験結果を式（1.1.11）、式（1.1.14）、式（1.1.15）を用いて整理したものである[6),11),12)]。図1.1.16は５個の$\sigma_m$一定条件下の豊浦砂の三主応力制御試験結果から得られた同じ関係を示している[6),11),12)]。ここに、$\theta$ は $\pi$ 面上の最大主応力 $\sigma_1$方向からの角度を意味している（後出の図1.2.7参照）。図1.1.15、図1.1.16より、両図に対して全く同じ唯一的な直線関係にプロットされるのが見られ興味深い。このことがSMP上で整理することの大きな利点と考えられる。この相異なる３主応力下でも成立するSMP上の唯一的な応力比～ひずみ増分比関係を次のように表す（なお、厳密にはひずみ増分比ではなく、主ひずみ増分ベクトルのSMPに垂直な成分と平行な成分の比である[6),11),12)]）。

$$\frac{\tau_{SMP}}{\sigma_{SMP}}=\lambda^*\left(-\frac{d\varepsilon^*_{SMP}}{d\gamma^*_{SMP}}\right)+\mu^* \qquad (1.1.16)$$

ここに、$\lambda^*$、$\mu^*$は土質パラメーターである。この関係は、$\tau_{SMP}/\sigma_{SMP}$ によって

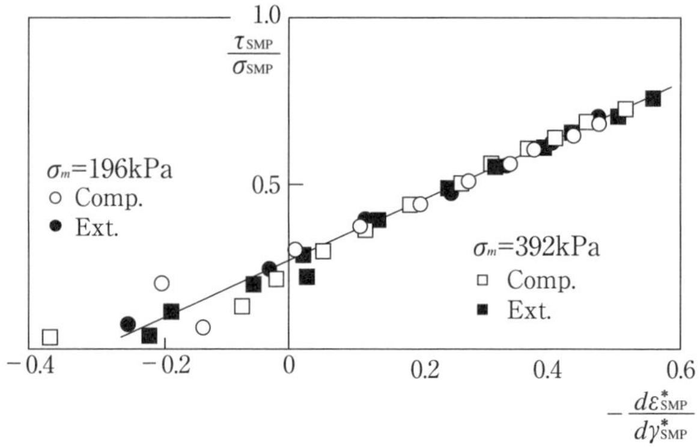


**図1.1.15　豊浦砂の三軸圧縮試験と三軸伸張試験より得られた空間滑動面上の $\tau_{SMP}/\sigma_{SMP}$～$-d\varepsilon^*_{SMP}/d\gamma^*_{SMP}$関係**

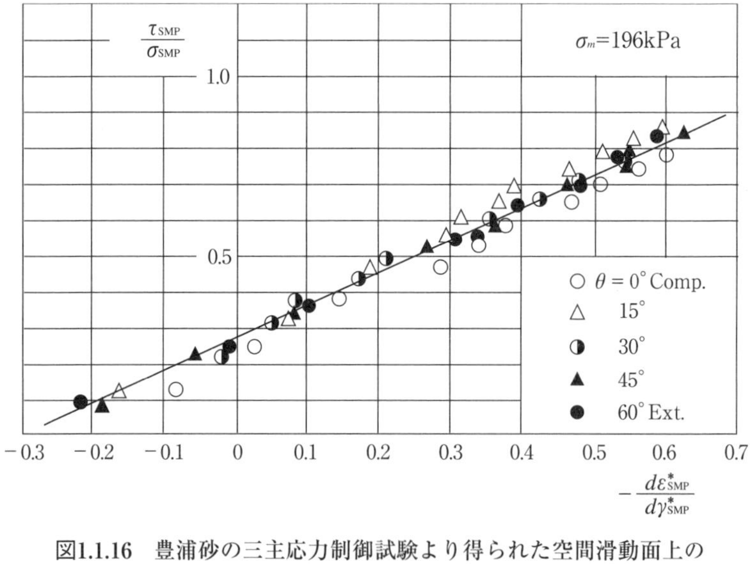


**図1.1.16　豊浦砂の三主応力制御試験より得られた空間滑動面上の $\tau_{SMP}/\sigma_{SMP}$～$-d\varepsilon^*_{SMP}/d\gamma^*_{SMP}$関係**

（$-d\varepsilon^*_{SMP}/d\gamma^*_{SMP}$）の値、すなわちひずみ増分の方向が決まるというものであるので、後述するように塑性論の塑性ポテンシャルを決定する関係となる。なお、図1. 1. 17は図1. 1. 15と同じ試験結果を正八面体面上のせん断・垂直応力比 $\tau_{oct}/$

$\sigma_{oct}$～垂直・せん断ひずみ増分比（$-d\varepsilon_{oct}/d\gamma_{oct}$）関係で整理したものを示している[6),11),12)]。図1.1.17より、正八面体面上の整理では三軸圧縮試験結果（白色のプロット）と三軸伸張試験結果（黒色のプロット）が相当異なる直線上にプロットされ、唯一的に表現されないのが見られる（前述したように、唯一的な関係というのは現象の本質を突いたものでなければ得られない）。

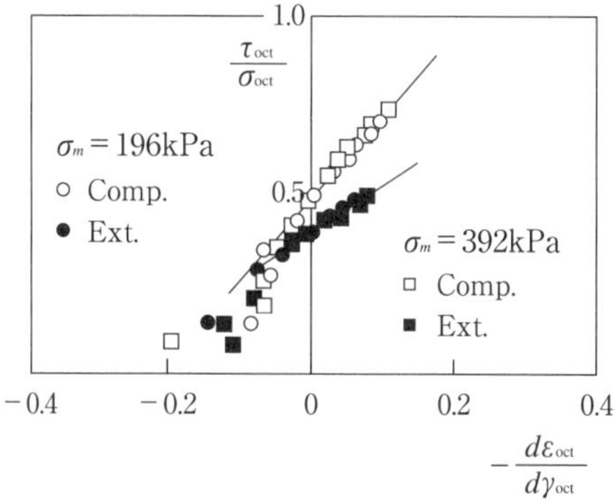


**図1.1.17　図1.1.15と同じ試験結果より得られた正八面体上の $\tau_{oct}/\sigma_{oct}$～$-d\varepsilon_{oct}/d\gamma_{oct}$関係**

図1.1.18は、豊浦砂の三軸圧縮（Comp.）試験結果と三軸伸張（Ext.）試験結果から得られたSMP上のせん断・垂直応力比 $\tau_{SMP}/\sigma_{SMP}$～せん断ひずみ $\gamma^*_{SMP}$ と垂直ひずみ $\varepsilon^*_{SMP}$～せん断ひずみ $\gamma^*_{SMP}$ 関係を示したものである[6),11),12)]。図1.1.19は豊浦砂の三主応力制御試験結果から得られた同じSMP上の応力比～ひずみ関係を示したものである[6),11),12)]。図1.1.18、図1.1.19より、相異なる3主応力下でも、SMP上で整理すれば唯一的な応力比 $\tau_{SMP}/\sigma_{SMP}$～ひずみ（$\varepsilon^*_{SMP}$ と $\gamma^*_{SMP}$）関係が得られるのが見られる。塑性論でいう硬化関数を定めるにはこのような唯一的な応力～ひずみ関係が大切である。図1.1.15、図1.1.16、図1.1.18、図1.1.19に示すような応力～ひずみ関係の唯一性は、粒状体のような摩擦性材料のせん断挙動を支配すると考えられる空間滑動面（SMP）の意義を示唆している。なお図1.1.20は、図1.1.18と同じ試験結果を正八面体面上のせん断・垂直応力比 $\tau_{oct}/\sigma_{oct}$～せん断ひずみ $\gamma_{oct}$ 関係と垂直ひずみ $\varepsilon_{oct}$～せん断ひず

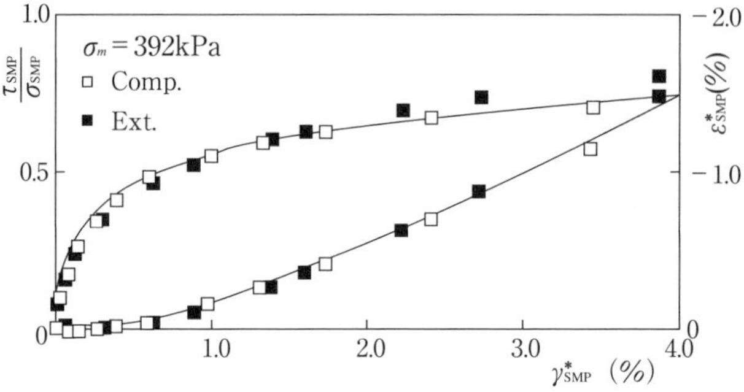


**図1.1.18**　豊浦砂の三軸圧縮試験と三軸伸張試験より得られた空間滑動面上の$\tau_{SMP}/\sigma_{SMP}$～$\gamma^*_{SMP}$～$\varepsilon^*_{SMP}$関係

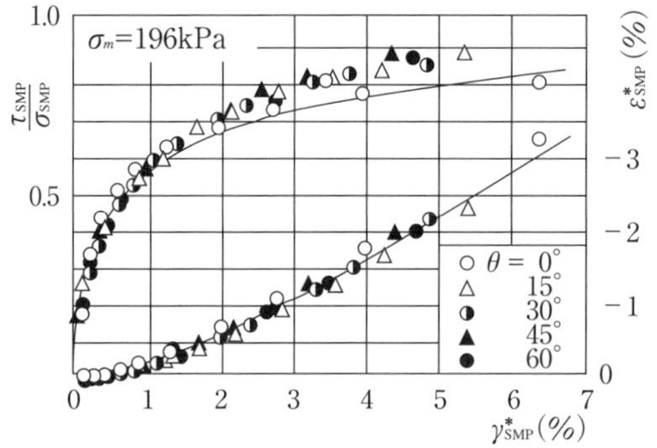


**図1.1.19**　豊浦砂の三主応力制御試験より得られた空間滑動面上の$\tau_{SMP}/\sigma_{SMP}$～$\gamma_{SMP}{}^*$～$\varepsilon_{SMP}{}^*$関係

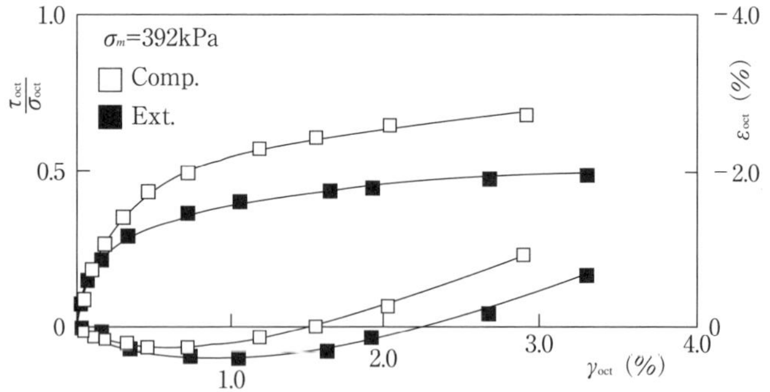


**図1.1.20**　図1.1.18と同じ試験結果より得られた正八面体上の$\tau_{oct}/\sigma_{oct}$～$\gamma_{oct}$～$\varepsilon_{oct}$関係

み $\gamma_{oct}$ 関係で整理したものを示している[6),11),12)]。図1.1.20より、正八面体面上の整理では三軸圧縮試験結果（白四角印）と三軸伸張試験結果（黒四角印）がかなり異なる曲線上にそれぞれプロットされるのが見られる。例えば、Cam-clay モデルは正八面体面上の応力～ひずみ関係に基づいた構成式であるので、これら図1.1.17や図1.1.20の白色と黒色のプロットが同じ線上に乗るとして定式化されており、問題が多いといわねばならない（粘土の場合でも図1.1.17、図1.1.20と同様の結果が得られる）。

SMP 上のひずみ増分に相当する $d\varepsilon^*_{SMP}$ と $d\gamma^*_{SMP}$ は主ひずみ増分と次のような関係がある[6),11),12)]。

$$d\varepsilon_i = a_i d\varepsilon^*_{SMP} + b_i d\gamma^*_{SMP} \tag{1.1.17}$$

ここに、

$$b_i = \frac{\sigma_i - \sigma_{SMP}}{\tau_{SMP}} a_i \tag{1.1.18}$$

相異なる 3 主応力下の主ひずみ（$\varepsilon_1$、$\varepsilon_2$、$\varepsilon_3$）は、図1.1.18、図1.1.19に示すような SMP 上の唯一的な応力～ひずみ関係に基づいて式（1.1.17）より容易に算定できる。計算のための土質パラメーターは、図1.1.15、図1.1.16、図1.1.18、図1.1.19に示すように SMP 上の整理では応力～ひずみ関係が同じになるので、最も簡単な試験、すなわち三軸圧縮試験から定めることができる。図1.1.21（a）～（e）は、三主応力制御試験（$\theta = 0°$（三軸圧縮）、15°、30°、45°、60°（三軸伸張））によって実測された主ひずみ値（プロット）と図1.1.16、図1.1.19に示す唯一的な応力～ひずみ関係と式（1.1.17）より計算された主ひずみ値（実線）の比較を示したものである[6),11),12)]。

以上述べてきたように、3 個の 2 次元滑動面（3 個あわせて複合滑動面（CMP）と総称する）やそれらを 3 辺とする空間滑動面（SMP）が、せん断時の唯一的な応力～ひずみ関係を得るのに重要な役割を果たしているのがわかる。これは、土のような粒状体のせん断変形挙動や破壊挙動が 2 次元滑動面や空間滑動面（SMP）上の粒子挙動で見れば本質的に同じ現象となることを意味しており、それゆえ 2 次元滑動面や空間滑動面（SMP）に着目することの重要性を示している。

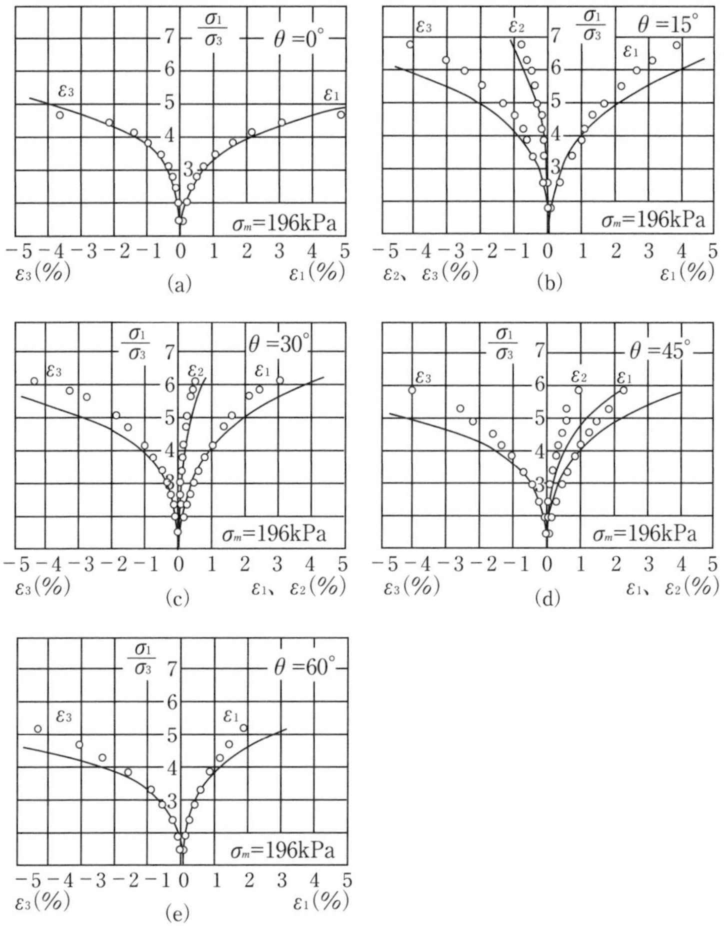


**図1.1.21　豊浦砂の三主応力制御試験とその予測より得られた $\sigma_1/\sigma_3$～ $\varepsilon_1$、$\varepsilon_2$、$\varepsilon_3$関係**

# 1.2　各種材料の破壊規準――SMP 規準の面白さ

## （1）　金属と粒状体の破壊規準

各種材料の破壊規準としては、金属材料を対象とした２次元応力下のトレスカ（Tresca）規準や３次元応力下のミーゼス（Mises）規準、土のような粒状材料を対象とした２次元応力下のモール・クーロン（Mohr-Coulomb）規準が著名である。ここでは、これらの破壊規準の相互関係を整理するとともに、モール・クーロン規準の３次元応力下への拡張と考えられる松岡・中井規準（SMP 規準）について説明しよう。

相異なる３主応力（$\sigma_1$、$\sigma_2$、$\sigma_3$）下ではモールの応力円は３個描けるが、各２主応力間で最大のせん断応力 $\tau_{max}$ が作用する各応力円の頂点（図1.2.1の点 $P_1$、$P_2$、$P_3$）と、最大のせん断・垂直応力比（$\tau/\sigma$）$_{max}$ が作用する原点を通る直線の各応力円への接点（図1.2.3の点 $P_1$、$P_2$、$P_3$）に着目する。ここで、$\tau_{max}$ に着目するのは金属材料の場合には垂直応力の大きさにかかわらずせん断応力によって結晶構造がずらされて破壊が生じると考えられるからであり、（$\tau/\sigma$）$_{max}$ に着目するのは粒状材料の場合にはせん断・垂直応力比によって粒子間の摩擦が切れ、滑って破壊が生じると考えられるからである。$\tau_{max}$ の作用面が$2\alpha=90°$（$\alpha$ は主応力面となす角度）よりわかるように図1.2.2（a）に示す３個の「45°面」であり、（$\tau/\sigma$）$_{max}$ の作用面が$2\alpha=90°+\phi_{moij}$ よりわかるように図1.2.4（a）に示す３個の（$45°+\phi_{moij}/2$）面（$i$、$j$ = 1、2、3；$i<j$）である。この（$45°+\phi_{moij}/2$）面は２次元的な潜在すべり面を意味し、「滑動面」（Mobilized　Plane[2),5)]）と呼んでいる。例えば、図1.2.3の $\phi_{mo13}$が内部摩擦角 $\phi$ に等しくなったとき、図1.2.4（a）の面 AC が（$45°+\phi/2$）面となってすべり面になると考えられる[1)]。図1.2.2（a）の３個の「45°面」を３辺とする面が図1.2.2（b）に示す「正八面体面」（Octahedral Plane）であり、図1.2.4（a）の３個の「滑動面」を３辺とする面が図1.2.4（b）に示す「空間滑動面」（Spatially Mobilized Plane； SMP[8),9)]）と呼ばれるものである。正八面体面上の垂直応力 $\sigma_{oct}$、せん断応力 $\tau_{oct}$ は図1.2.1の点 P に対応し、空間滑動面（SMP）上の垂直応力 $\sigma_{SMP}$、せん断応力 $\tau_{SMP}$ は図1.2.3の点 P に対応している[4)]。なお、図1.2.1、1.2.3において、点 $O_1$、$O_2$、$O_3$、$\bar{O}$ はそれぞれ $\sigma$ 軸上の$(\sigma_2+\sigma_3)/2$、$(\sigma_3+\sigma_1)/2$、$(\sigma_1+\sigma_2)/2$、$(\sigma_1+\sigma_2+\sigma_3)/3$なる点を示している。

さて、図1.2.1において、最大せん断応力説であるトレスカ規準は $\tau_{max}=P_2O_2$

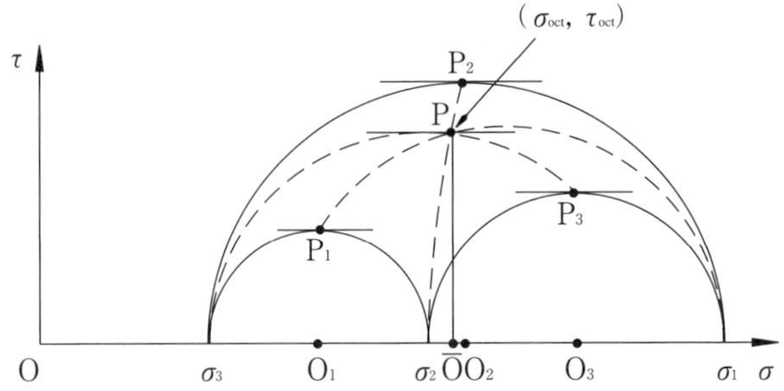


**図1.2.1　３つの45°面と正八面体上の垂直応力とせん断応力**[4)]

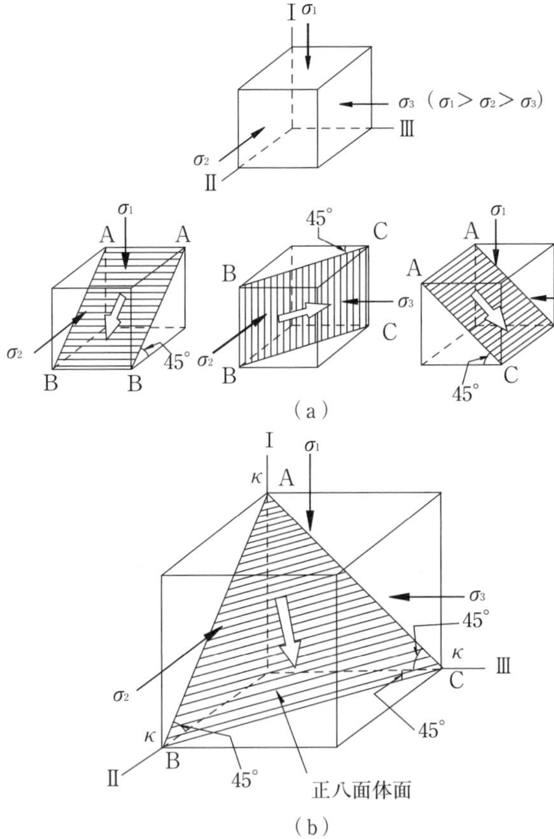


**図1.2.2　３次元応力下の（a）３つの45°面と（b）正八面体面**

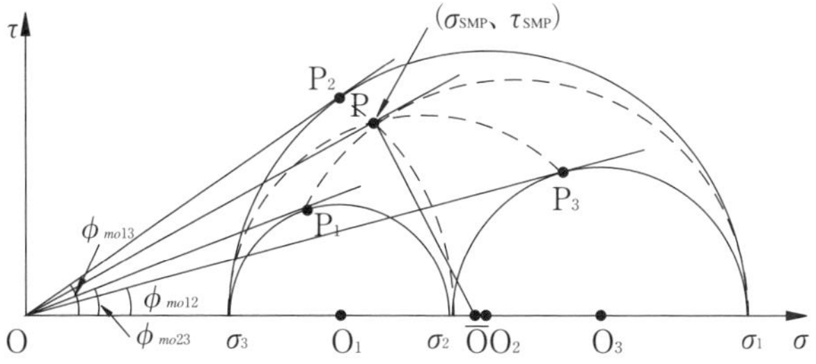


**図1.2.3　3つの滑動面と空間滑動面上の垂直応力とせん断応力**[4]

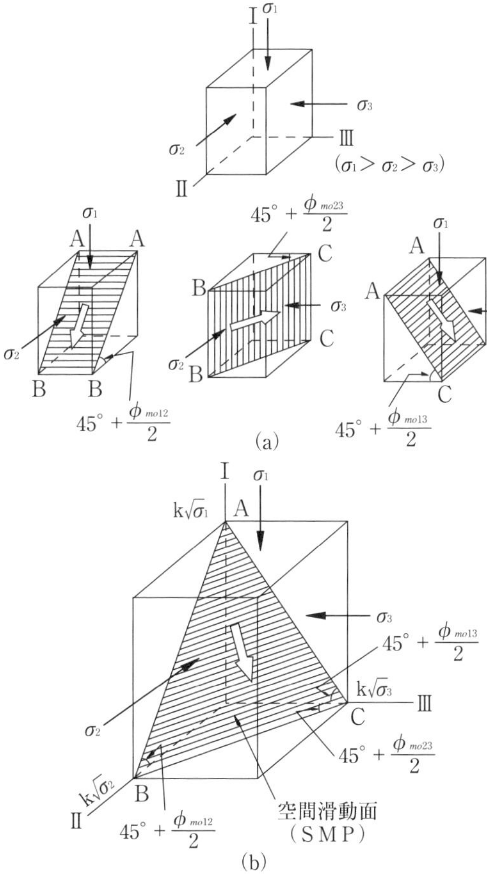


**図1.2.4　3次元応力下の（a）3つの滑動面と（b）空間滑動面**

＝一定、ミーゼス規準は $\tau_{oct}=P\bar{O}$＝一定と表現される。図1.2.3において、最大せん断・垂直応力比説であるモール・クーロン規準（粘着力 $c=0$の場合）は（$\tau/\sigma$）$_{max}$=tan∠$P_2OO_2$＝一定、松岡・中井規準（SMP 規準）は $\tau_{SMP}/\sigma_{SMP}$=tan∠$PO\bar{O}$＝一定と表される（土のような粒状体は粒子間の摩擦すべりによって変形・破壊するので、せん断・垂直応力比がある一定値に達したとき破壊すると考えられる）。式示すれば次のようになる。

トレスカ規準：

$$\tau_{max}=P_2O_2=\frac{\sigma_1-\sigma_3}{2}=\text{一定} \quad (1.2.1)$$

ミーゼス規準：

$$\tau_{oct}=P\bar{O}=\frac{2}{3}\sqrt{\left(\frac{\sigma_1-\sigma_2}{2}\right)^2+\left(\frac{\sigma_2-\sigma_3}{2}\right)^2+\left(\frac{\sigma_3-\sigma_1}{2}\right)^2}=\text{一定} \quad (1.2.2)$$

モール・クーロン規準（粘着力 $c=0$の場合）：

$$(\tau/\sigma)_{max}=\tan\angle P_2OO_2=\frac{\sigma_1-\sigma_3}{2\sqrt{\sigma_1\sigma_3}}=\text{一定} \quad (1.2.3)$$

松岡・中井規準（SMP 規準）：

$$\tau_{SMP}/\sigma_{SMP}=\tan\angle PO\bar{O}$$

$$=\frac{2}{3}\sqrt{\left(\frac{\sigma_1-\sigma_2}{2\sqrt{\sigma_1\sigma_2}}\right)^2+\left(\frac{\sigma_2-\sigma_3}{2\sqrt{\sigma_2\sigma_3}}\right)^2+\left(\frac{\sigma_3-\sigma_1}{2\sqrt{\sigma_3\sigma_1}}\right)^2}=\text{一定} \quad (1.2.4)$$

なお、式（1.2.4）は式（1.1.11）の形を見れば応力の不変量 $I_1$、$I_2$、$I_3$（$I_1=\sigma_1+\sigma_2+\sigma_3$、$I_2=\sigma_1\sigma_2+\sigma_2\sigma_3+\sigma_3\sigma_1$、$I_3=\sigma_1\sigma_2\sigma_3$）を用いて次式で表されることがわかる[8),9)]。

$$I_1I_2/I_3=\text{一定} \quad (1.2.5)$$

上式が3つの応力の不変量すべてを用いた最も簡単な形の無次元量（分子も分母も応力の3次式となるので比をとれば無次元量となる）となっているのは興味深い（真理はシンプルな形になるということか）。なお、$I_1^3/I_3$＝一定というよく似た形の土の破壊規準が実験データに基づいて提案されている[13)]が、ものの考え方に基づいて導かれたものではないし、応力の2次の不変量 $I_2$が入っていない。

ここで非常に面白いのは、式（1.2.1）～式（1.2.4）よりミーゼス規準がトレスカ規準の平方平均（2乗和の平方根）の形であるのと全く同様に、松岡・中井規準（SMP 規準）がモール・クーロン規準の平方平均の形になっていることである（2乗和の平方根は平方平均と呼ばれる一種の平均値である。$\sigma_1$、$\sigma_2$、$\sigma_3$がサイクリックに入れ替わっているが、トレスカ規準やモール・クーロン規準はそのうちの2主応力で決まる2次元の破壊規準である）。さらに、式（1.2.2）、式（1.2.4）の右辺の係数（2/3）まで同じである。このように4つの規準間には明確な相互関係が存在し、他のものが入る余地はない。なお、上式から明らかなように、中間主応力 $\sigma_2$の影響はトレスカ規準やモール・クーロン規準では考慮されていないのに対して、ミーゼス規準や松岡・中井規準（SMP 規準）では考慮されている。結局のところ、モール・クーロン規準が2主応力で決まる2次元的な摩擦法則であるのに対して、松岡・中井規準（SMP 規準）は3次元的な摩擦法則であり、モール・クーロン規準を3主応力の下で平均化した意味をもつといえよう[10]。これら4規準の相互関係を $\pi$ 面（正八面体面）上で図示すれば図1.2.5のようになる。ミーゼス規準はトレスカ規準の正六角形に外接する外に凸な曲線、円形となり、松岡・中井規準（SMP 規準）はモール・クーロン規準のひずんだ六角形に外接する外に凸な曲線、オムスビ形となる。図1.2.6は3次元応力空間における4規準の立体的な形状を図示したものである。モール・クーロン規準や松岡・中井規準（SMP 規準）が原点で0に絞っているのは、摩擦法則であるので拘束圧が0（$\sigma_1=\sigma_2=\sigma_3=0$）となれば強度も0になることを意味している（手のひらの上の砂は吹けば飛ぶことから理解されよう）。図1.2.7は $\pi$ 面（正八面体面）上で表した三主応力制御試験による豊浦砂の破壊時の応力状態（■印）を示している（図1.2.5（b）の1/6の部分を示している[11]）。なお、図中の○印は通常の円柱形供試体に対する三軸圧縮試験（$\sigma_1>\sigma_2=\sigma_3$）および三軸伸張試験（$\sigma_1=\sigma_2>\sigma_3$）の結果を表しているが、■印と○印がほぼ一致することによりこの三主応力制御試験の精度が高いと考えられる。この図より、松岡・中井規準（SMP 規準）が3次元応力下の土の強度をよく表現しているのが見られる。

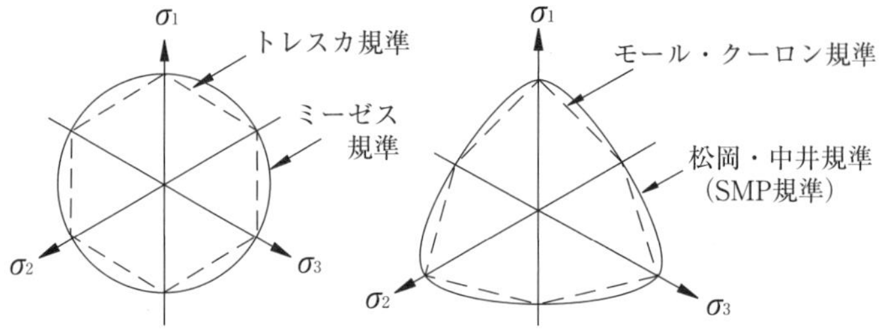


（a）金属材料　　　（b）粒状材料

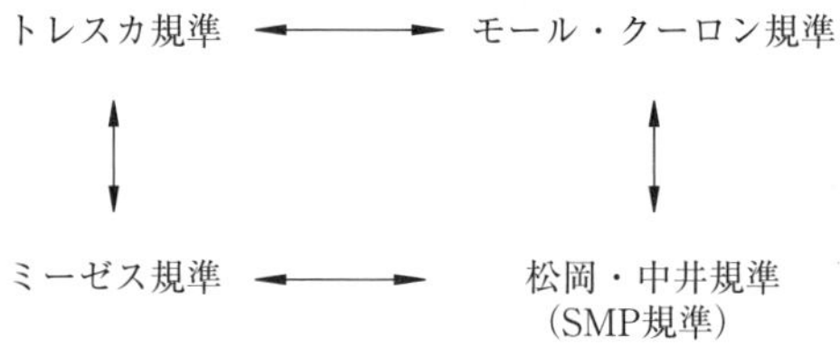


**図1.2.5**　π面（正八面体面）上での4つの破壊規準の相互関係

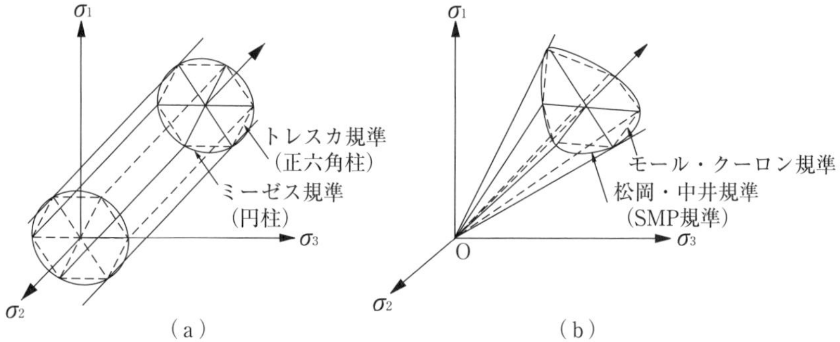


（a）　　　（b）

**図1.2.6**　3次元応力空間で表した（a）トレスカおよびミーゼス規準と（b）モール・クーロンおよび松岡・中井（SMP）規準

以上より、最大せん断応力 $\tau_{max}$ で規定される金属材料（粘着性材料）の場合には2次元応力下の「45°面」やそれを3次元応力下で平均化した「正八面体面」が意味をもち、最大せん断・垂直応力比 $(\tau/\sigma)_{max}$ で規定される粒状材

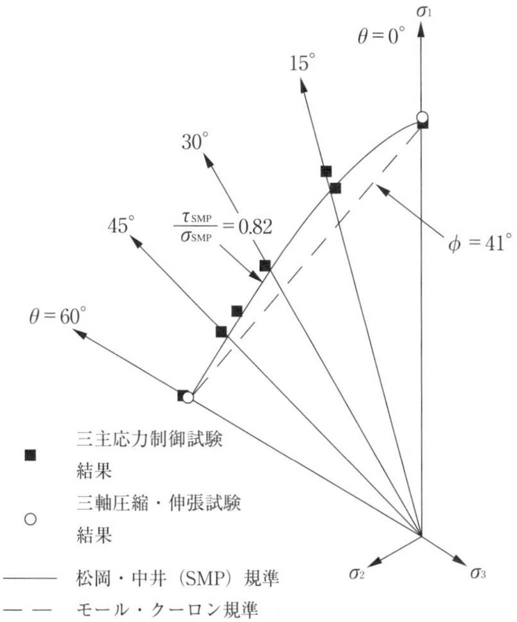


**図1.2.7　π 面（正八面体面）上で表した豊浦砂の破壊時の応力状態[11]とモール・クーロンおよび松岡・中井（SMP）規準**

料（摩擦性材料）の場合には 2 次元応力下の「滑動面」やそれを 3 次元応力下で平均化した「空間滑動面（SMP)」が意味をもつことが理解されよう。ここで、土のような粒状材料の変形や破壊が最大せん断・垂直応力比で規定されるのは、その構成粒子間のすべりが摩擦法則、すなわち巨視的にはせん断・垂直応力比（ある面に沿う、ずらす方向の応力とその面に垂直な押さえ付ける方向の応力との比）に支配されることに基づいている。このように、土のような粒状材料にとって本質的な意味をもつのは、図1.2.4 (a)、(b) に示す滑動面（3 個合わせて複合滑動面[2),5)]（CMP）と呼ぶ）や空間滑動面[8),9)]（SMP）であり、それらに基づいたモール・クーロン規準や松岡・中井規準（SMP 規準）であると考えられる。

### (2) 金属と粒状体の中間材料に対する破壊規準

次に、粒子間に結合力（ボンド）のない粒状体のような摩擦性材料（粘着力 $c=0$、$\phi$ 材料）から、結晶構造による強力な結合力をもつ金属のような粘着性材料（内部摩擦角 $\phi=0$、$c$ 材料）までの、広範囲の工学材料に対する統一的な破壊規準について考えよう。そのために、まず粘着成分を表すパラメーター $\sigma_0$を導入して提案された「拡張された空間滑動面」(Extended SMP) なる概念[14),16)]について説明する。

図1.2.8に示すように、「空間滑動面」(SMP) の概念を、粘着成分を有する摩擦性材料に対しても拡張するために、相異なる3主応力下の3個のモールの応力円に $\sigma$ 軸上の負の1点 $\hat{O}$ ($\hat{O}O=\sigma_0$とする。$\sigma_0=c\cdot\cot\phi$、$c$：粘着力、$\phi$：内部摩擦角）から接する3本の直線 $\hat{O}P_1$、$\hat{O}P_2$、$\hat{O}P_3$を想定する。この点 $\hat{O}$ を新しい座標原点とする $\hat{\tau}\sim\hat{\sigma}$ 座標で考えれば、以前の $\sigma_0=0$の場合（従来のSMP）と同じ定式化が可能となる。この新しい $\hat{\tau}\sim\hat{\sigma}$ 座標系による主応力 $\hat{\sigma}_i$、応力の不変量 $\hat{I}_1$、$\hat{I}_2$、$\hat{I}_3$、拡張SMPの方向余弦 $\hat{a}_i$ は従来のSMPの場合と同様にして次式で表される[15),16)]。

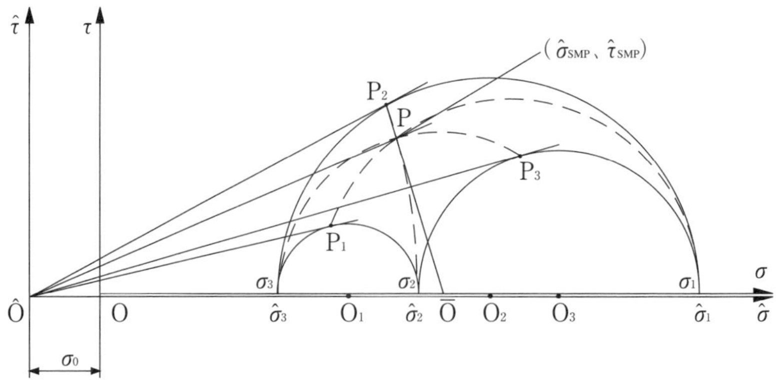


**図1.2.8　拡張SMP上の垂直応力とせん断応力**

$$\hat{\sigma}_i = \sigma_i + \sigma_0 \quad (i = 1、2、3) \tag{1.2.6}$$

$$\left.\begin{aligned} \hat{I}_1 &= \hat{\sigma}_1 + \hat{\sigma}_2 + \hat{\sigma}_3 \\ \hat{I}_2 &= \hat{\sigma}_1\hat{\sigma}_2 + \hat{\sigma}_2\hat{\sigma}_3 + \hat{\sigma}_3\hat{\sigma}_1 \\ \hat{I}_3 &= \hat{\sigma}_1\hat{\sigma}_2\hat{\sigma}_3 \end{aligned}\right\} \tag{1.2.7}$$

$$\hat{a}_i = \sqrt{\hat{I}_3/\left(\hat{\sigma}_i\hat{I}_2\right)} \quad (i = 1、2、3) \tag{1.2.8}$$

式（1.2.8）で表される方向余弦$\hat{a}_i$は、$\sigma_0=0$（すなわち$c=0$）のときは$\hat{a}_i = \sqrt{I_3/\left(\sigma_i I_2\right)} = a_i$（SMPの方向余弦）となり、粒状材料に適用されている従来のSMPの方向余弦と一致する。また、$\sigma_0 \to \infty$（すなわち$\phi=0$）のときは$\hat{a}_i = 1/\sqrt{3}$（正八面体面の方向余弦）となり、金属材料に適用されている正八面体面の方向余弦と一致し興味深い。このことは、拡張SMPを表す図1.2.9からも理解される。すなわち、$\sigma_0=0$のときは図1.2.9の点A、B、Cの値はそれぞれ$k\sqrt{\sigma_1}$、$k\sqrt{\sigma_2}$、$k\sqrt{\sigma_3}$となって従来のSMPと一致し（図1.2.4（b）参照）、$\sigma_0 \to \infty$のときは$\sigma_0$に比して$\sigma_1$、$\sigma_2$、$\sigma_3$が無視されて図1.2.9の点A、B、Cの値はそれぞれ$k\sqrt{\sigma_0}$、$k\sqrt{\sigma_0}$、$k\sqrt{\sigma_0}$となり、3辺の長さが等しくなって正八面体面と一致するのである（図1.2.2（b）参照）。すでに明らかになってい

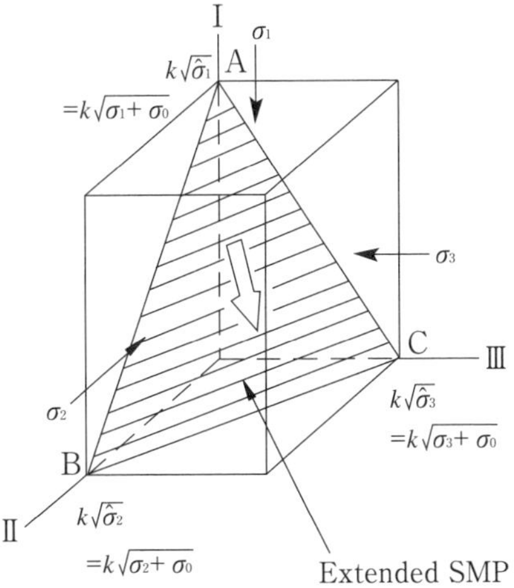


図1.2.9　3次元応力下の拡張SMP

るように、粒状体のような摩擦性材料の変形・強度特性はSMP上で統一的に整理され、一方金属のような粘着性材料の変形・強度特性は正八面体面上で統一的に解釈される。したがって、上記のようにSMP（$\sigma_0=0$のとき）と正八面体面（$\sigma_0\to\infty$のとき）を両端とする拡張SMP（Extended　SMP）は、粘着成分を有する摩擦性材料（粒状体から金属までの全ての工学材料）の変形・破壊挙動を統一的に解釈できる可能性を有している。

拡張SMP上の垂直応力$\hat{\sigma}_{\mathrm{SMP}}$とせん断応力$\hat{\tau}_{\mathrm{SMP}}$は式（1.2.8）を用いて次式で表される。

$$\hat{\sigma}_{\mathrm{SMP}}=\hat{\sigma}_1\hat{a}_1^2+\hat{\sigma}_2\hat{a}_2^2+\hat{\sigma}_3\hat{a}_3^2 \tag{1.2.9}$$

$$\hat{\tau}_{\mathrm{SMP}}=\sqrt{(\hat{\sigma}_1-\hat{\sigma}_2)^2\hat{a}_1^2\hat{a}_2^2+(\hat{\sigma}_2-\hat{\sigma}_3)^2\hat{a}_2^2\hat{a}_3^2+(\hat{\sigma}_3-\hat{\sigma}_1)^2\hat{a}_3^2\hat{a}_1^2} \tag{1.2.10}$$

もし粘着成分を有する摩擦性材料が、従来の摩擦性材料の場合と同様に、$\hat{\tau}_{\mathrm{SMP}}/\hat{\sigma}_{\mathrm{SMP}}$がある一定値に達したときに破壊するとすれば次の破壊規準を得る[14),16)]。

$$\begin{aligned}\frac{\hat{\tau}_{\mathrm{SMP}}}{\hat{\sigma}_{\mathrm{SMP}}}&=\sqrt{\frac{\hat{I}_1\hat{I}_2-9\hat{I}_3}{9\hat{I}_3}}\\&=\frac{2}{3}\sqrt{\frac{(\sigma_1-\sigma_2)^2}{4(\sigma_1+\sigma_0)(\sigma_2+\sigma_0)}+\frac{(\sigma_2-\sigma_3)^2}{4(\sigma_2+\sigma_0)(\sigma_3+\sigma_0)}+\frac{(\sigma_3-\sigma_1)^2}{4(\sigma_3+\sigma_0)(\sigma_1+\sigma_0)}}=\text{一定}\end{aligned} \tag{1.2.11}$$

ここに、$\hat{I}_1$、$\hat{I}_2$、$\hat{I}_3$は新しい座標系で表した応力の不変量であり、式（1.2.6）、式（1.2.7）で表される。

なお、式（1.2.11）は$\sigma_0=0$のときには従来のSMPに基づいた松岡・中井規準（SMP規準）と一致し、$\sigma_0\to\infty$のときには正八面体面に基づいたミーゼス規準と一致することは興味深い（式（1.2.11）は、三軸圧縮条件（$\sigma_1>\sigma_2=\sigma_3$）下では$(\sqrt{2}/3)(\sigma_1-\sigma_3)/\sqrt{(\sigma_1+\sigma_0)(\sigma_3+\sigma_0)}=(2\sqrt{2}/3)\tan\phi=(2\sqrt{2}/3)(c/\sigma_0)$となるので証明できる。他の証明方法としては文献[17)]の註１参照）。図1.2.10は式（1.2.11）による破壊規準（拡張SMP規準）の３次元応力空間における形状（いわゆる破壊曲面）を示したものである。この拡張SMP規準は、$\sigma_0=0$の時には従来のSMP規準の破壊曲面（モール・クーロン規準の破壊曲面を表す、ひずんだ六角形に外接する外に凸な曲面；原点で０に絞る“オムスビ錐形”）に帰着し、$\sigma_0\to\infty$のときにはミーゼス規準の破壊曲面（トレスカ規準の

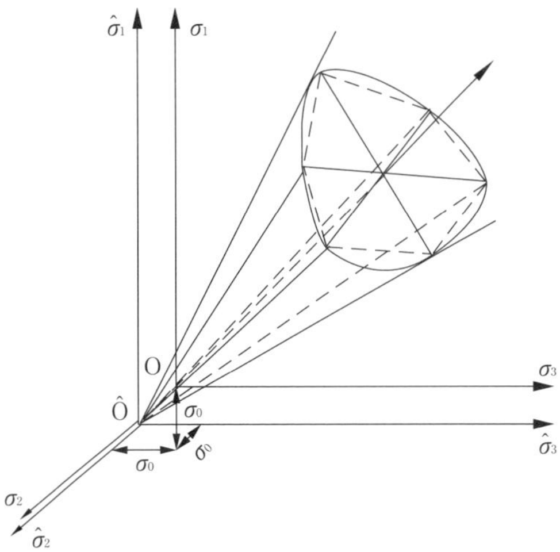


**図1.2.10　拡張SMPに基づいた破壊規準**

破壊曲面を表す正六角形に外接する外に凸な曲面；空間対角線―静水圧線―を軸とする円柱形）に帰着する。なお、拡張 SMP 規準（$\hat{\tau}_{SMP}/\hat{\sigma}_{SMP}$＝一定）は、トレスカ規準（$\tau_{max}$＝一定）、ミーゼス規準（$\tau_{oct}$＝一定）、モール・クーロン規準（$\tau=\sigma\tan\phi$）、一般化モール・クーロン規準（$\tau=c+\sigma\tan\phi=(\sigma+\sigma_0)\tan\phi=\hat{\sigma}\tan\phi$）、および松岡・中井（SMP）規準（$\tau_{SMP}/\sigma_{SMP}$＝一定）と図1.2.11に示すような相互関係を有している。図1.2.11からわかるように、摩擦性材料のための松岡・中井規準（SMP 規準）と粘着性材料のためのミーゼス規準は、拡張 SMP 規準の両端（$\sigma_0=0$と $\sigma_0\to\infty$）に対応する特別なケースとして位置付けられる。したがって、拡張 SMP 規準は、土のような摩擦性材料から金属のような粘着性材料までの広範囲の工学材料の変形・破壊挙動に対して統一的に適用できる可能性がある。

そこで、粘着成分を有する摩擦性材料の代表試料としてセメント混合豊浦砂（混合重量比；豊浦砂：セメント：水＝15：１：３、養生期間約３ヶ月）を選び、実験を行った。図1.2.12は上記のセメント混合豊浦砂の三主応力制御試験（$\sigma_1>\sigma_2>\sigma_3$）による破壊時の応力状態（□印）を正八面体面上で示したもの

|  | （金属材料） | （中間材料） | （粒状材料） |
|---|---|---|---|
| 2次元応力状態 | Tresca ← | General Mohr-Coulomb → | Mohr-Coulomb |
| | ↕ | ↕ | ↕ |
| 3次元応力状態 | Mises ← | Extended SMP → | Matsuoka-Nakai |
| 2次元応力状態 | $\tau_{max}=c$ ← $\phi=0$ | $\tau=c+\sigma\tan\phi$ → $c=0$ | $\tau=\sigma\tan\phi$ |
| | ↕ | ↕ | ↕ |
| 3次元応力状態 | $\tau_{oct}=$const. ← $\sigma_0\to\infty$ ($\phi=0$) | $\dfrac{\hat{\tau}_{SMP}}{\hat{\sigma}_{SMP}}=$const. → $\sigma_0=0$ (c=0) | $\dfrac{\tau_{SMP}}{\sigma_{SMP}}=$const. |

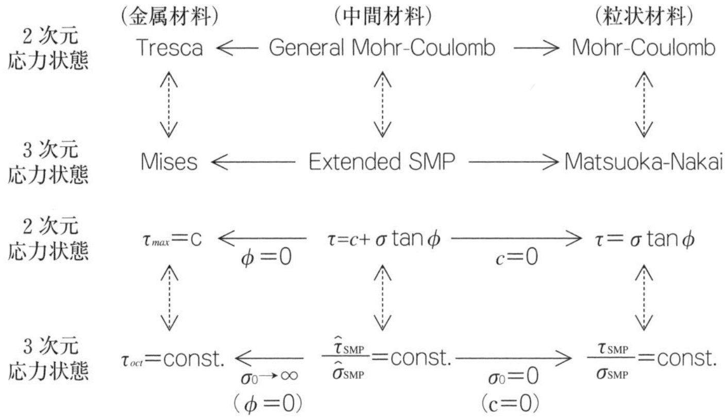

図1.2.11　トレスカ、ミーゼス、モール・クーロン、一般化モール・クーロン、松岡・中井、拡張SMP規準の相互関係

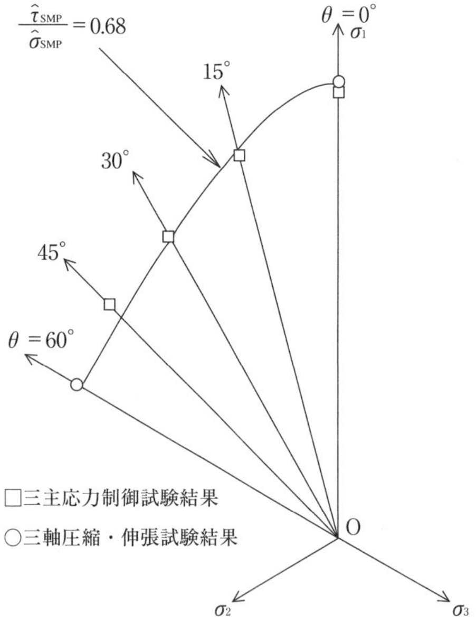

図1.2.12　セメント混合豊浦砂の破壊時の応力状態と拡張SMPに基づいた破壊規準

である[18]）。また、同図中の○印は同じ試料の円柱形供試体に対する三軸圧縮試

験（$\sigma_1 > \sigma_2 = \sigma_3$）および三軸伸張試験（$\sigma_1 = \sigma_2 > \sigma_3$）の結果を示している。これらの試験結果で、ほぼ式（1.2.11）による $\hat{\tau}_{SMP}/\hat{\sigma}_{SMP} = 0.68$（一定）の曲線上にプロットされるのが見られ興味深い。なお、破壊強度だけでなく変形についても拡張SMPに基づいて統一的な整理がなされているが、詳細は文献[18),19)]を参照されたい。

## 1.3 Cam-clay モデルの要点

### （1） Cam-clay モデルとは

Cam-clay というのは実在の粘土ではなく、1960年代に Cambridge 大学で考えられた理論上の仮想粘土モデルであり、正規圧密粘土のための１つの弾塑性構成モデルのことである[20)]（Cam は研究室の横を流れる川の下流域の呼び名ということである）。この Cam-clay モデルは金属塑性論を土質材料に適用した最初の弾塑性構成モデルとして画期的なものであったし、その考え方や式の形も美しかったので、その後の多くの構成式の研究に多大な影響を与えてきた。また、それだけに多くの解説論文が書かれている[21),22)]。しかし、著者にとってはわかりにくかったのである。

そこで、ここでは著者が理解した観点――この考え方によってなぜひずみが算定できるのかという観点から Cam-clay モデルの説明を試みたい。実は、わずかな点と点をつないでなんとかひずみの算出にたどりついているのだが、そこをまず説明したい（著者の観点からすればわずかに2点である）。それが理解されれば、後は数式の展開の問題であって、よくわからない所があっても気分的に楽ではなかろうか。すなわち、土の弾塑性構成式をなるべく数式に頼ることなく、直感的に理解していただくことを目指す。そのため多少の論理性の欠如はご容赦いただきたい。

塑性論の基本的な概念や仮定としては、a）塑性ポテンシャル（Plastic Potential）、b）降伏関数（Yield Function）、c）ひずみ硬化則（Strain Hardening Rule）、d）応力の主軸と塑性ひずみ増分の主軸が一致するという仮定、などが挙げられる。この中で、塑性ポテンシャルというのは塑性ひずみ増分の方向（塑性ひずみ増分比）を決めるものであって、流線が等ポテンシャル線と直交するのと同じく、塑性ポテンシャル曲面に直交する方向に塑性ひずみ増分が発生するというものである。降伏関数というのはどのような応力状態になれば降伏が生じ、塑性ひずみが発生するかを規定するものである。ひずみ硬化則というのは、降伏曲面（降伏関数を応力空間で表示した曲面）が膨れる（あるいは変化する）ときのひずみ硬化の程度を表す法則であって、実際問題として応力状態が与えられたときにひずみの絶対値を決めることに寄与している。

さて、Cam-clay モデルではまずエネルギー式（塑性仕事の式）から応力比～ひずみ増分比関係を導いている（この応力比～ひずみ増分比関係はせん断時の土の最も確からしい応力～ひずみ間の関係であって、エネルギー式だけでなく微視的な滑動粒子接点での力のつり合いなどからもいくつかの関係式が提案されている[23、24]。Rowe のストレス・ダイレイタンシー式[24]もその１つであり、三軸圧縮条件に限れば全ての式がほぼ同じ関係となることがわかっている）。ある応力比の時に土粒子がどこまで動くかということはわかりにくくても、その応力比のもとで滑る土粒子の接点の平均的な角度（その瞬間の平均的な滑動方向）、すなわちひずみ増分の比はある程度わかるのである。ひずみ増分比を弾性ひずみ成分は小さいとして塑性ひずみ増分比とみなすと、これは塑性ひずみ増分の方向を決める関係と見ることができる。そうすると、ある応力比に対して塑性ひずみ増分の方向が決まることになるので、その塑性ひずみ増分の方向がある曲面の垂直方向となるような曲面（塑性ポテンシャル曲面と呼ぶ）を数学的に応力空間内に求めることができる。こうして塑性ポテンシャル関数を決定する。次に、塑性ポテンシャル関数＝降伏関数とみなす関連流動則（Associated Flow Rule）を用いて、降伏関数を決定する。応力状態がこの降伏関数が表す降伏曲面（この場合は塑性ポテンシャル曲面と同じ）の内部にあれば弾性領域ということで弾性ひずみしか発生しないと考え、外部にあれば弾塑性領域ということで塑性ひずみも発生すると考える（ひずみは弾性ひずみと塑性ひずみの和で表される）。

以上の論議には、応力比～ひずみ増分比関係しか用いていないので、これだけではひずみの大きさ（絶対値）を決めることはできない（ひずみ増分の比の情報だけでは、比の片方のひずみ増分の値（大きさ）を与えない限り、他方のひずみ増分の値（大きさ）も決めることはできないのである）。そこで、最後に残っているひずみ硬化則なるものを用いる。Cam-clay モデルでは、図1.3.1に示す Henkel による正規圧密粘土の等含水比線の実験データ[25]に着目し、飽和粘土なら等含水比線はある初期応力状態からの体積ひずみ一定線に相当すること、およびこの等含水比線が上述の降伏曲面の形に近いことを意識して、1つの降伏曲面上では同じ塑性体積ひずみをもつ（そこへ至る応力経路にかかわらず）と考えた。すなわち、塑性体積ひずみを硬化パラメーターとして採用したのである。

この硬化パラメーター（塑性体積ひずみ）の値を最も簡単な実験から決めようということで、等方圧密試験（$e$～log$p$ 関係図、$e$：間隙比（飽和土の場合、

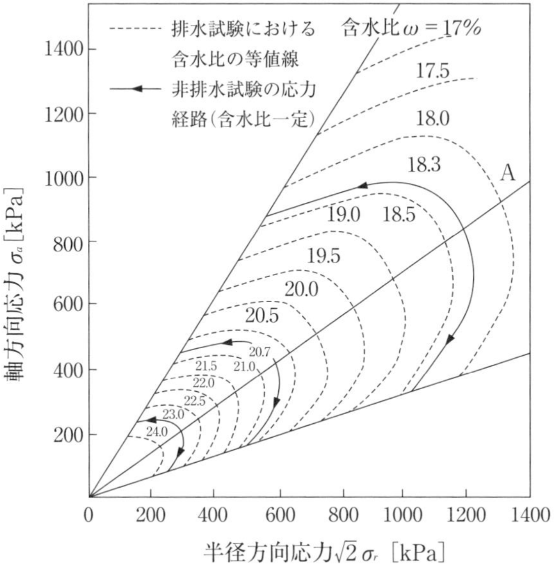


**図1.3.1** 正規圧密粘土の排水せん断と非排水せん断における含水比の等値線

間隙比は含水比と１対１の関係がある)、$p$：圧密圧力）より塑性体積ひずみを求めて、それによって全ての降伏曲面上の塑性体積ひずみを決定し、応力比～塑性ひずみ増分比関係（塑性ポテンシャル関数＝降伏関数に反映されている）より、塑性体積ひずみ増分の値がわかれば比がわかっているのであるから他方の塑性せん断ひずみ増分の値もわかるということである。これで、塑性体積ひずみ増分と塑性せん断ひずみ増分の値が決まったのであるから、応力の主軸と塑性ひずみ増分の主軸が一致するという仮定などを用いて他の全ての塑性ひずみ増分の成分を算定するという考え方である。

著者の理解の仕方によれば、結局のところ、次の２つの点に要約される（いわば２本の柱で建っている)。すなわち、①応力比～ひずみ増分比関係と、②等方圧密時の $e$～$\log p$ 関係による体積ひずみの決定とその Henkel の等含水比線の傾向に基づいたせん断時の体積ひずみの決定への拡張と見ることができる。次に、このような考え方の骨子を強調しながら、Cam-clay モデルを具体的に考えてみよう。

## （２）　Original Cam-clay モデルの要点

Cam-clay モデルは1960年代に Cambridge 大学の Roscoe らによって開発された仮想粘土モデルであり、正規圧密粘土に適用可能な弾塑性構成モデルである。弾塑性構成モデルでは、ひずみ増分 $d\varepsilon_{ij}$ を弾性ひずみ増分 $d\varepsilon_{ij}^e$ と塑性ひずみ増分 $d\varepsilon_{ij}^p$ の和で通常表現する。すなわち、

$$d\varepsilon_{ij}=d\varepsilon_{ij}^e+d\varepsilon_{ij}^p \qquad (1.3.1)$$

ここに、弾性ひずみ増分 $d\varepsilon_{ij}^e$ は後述するように Hooke の式と土の弾性的な性質を組み合わせて決定される。また、塑性ひずみ増分 $d\varepsilon_{ij}^p$ は塑性論の考え方と土の変形・強度特性を融合して以下の方法で決定される。塑性論では塑性ひずみ増分 $d\varepsilon_{ij}^p$ を決定するために、次の３つの基本的な概念を必要とする。

①塑性ひずみ増分の主軸方向

大抵の弾塑性構成モデルでは、「塑性ひずみ増分 $d\varepsilon_{ij}^p$ の主軸方向は応力 $\sigma_{ij}$ の主軸方向と一致する」と仮定する。

②塑性ポテンシャルと降伏関数の決定

塑性ポテンシャルとは、塑性ひずみ増分の方向を規定するものである。すなわち、塑性ひずみ増分の相互の大きさの比と応力状態との関係を規定するものである。また降伏関数とは、塑性ひずみ増分が発生するかしないかを判定するものである。

③ひずみ硬化則の決定

ひずみ硬化則とは、結果的に塑性ひずみ増分の大きさを規定するものと考えることができる。

したがって、Cam-clay モデルは以上の概念と土の力学的性質を融合させて構築されたものである。これから、それらの点を順番に考えていこう。

**ａ）塑性ひずみ増分の主軸方向の仮定および採用された応力パラメーターとひずみ増分パラメーター**

大抵の弾塑性構成モデルと同じように、Cam-clay モデルも塑性ひずみ増分 $d\varepsilon_{ij}^p$ の主軸方向は応力 $\sigma_{ij}$ の主軸方向に一致すると仮定している（図1.3.2参照）。正八面体面（Octahedral Plane； OCT 面）の法線の方向余弦は（$1/\sqrt{3}$, $1/\sqrt{3}$, $1/\sqrt{3}$）であるので、図1.3.2（a）よりベクトル $\overrightarrow{OP}$ の大きさとベクトル $\overrightarrow{PS}$ の大きさは次式のように求められる。

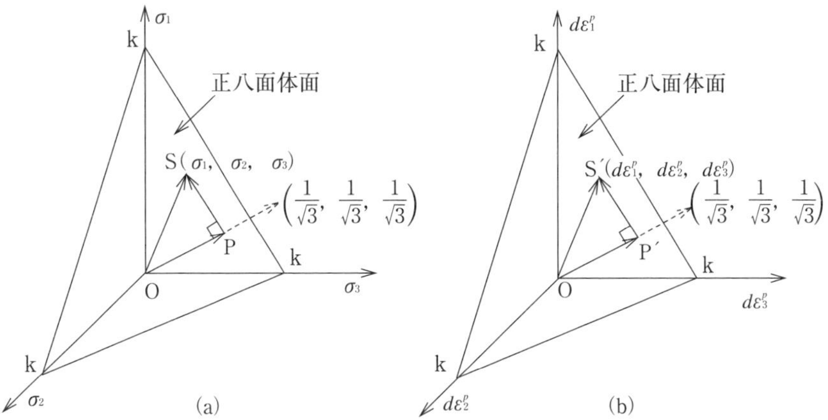


**図1.3.2　（a）主応力空間と（b）塑性主ひずみ増分空間**

$$\left|\overrightarrow{\mathrm{OP}}\right|=\sigma_1\frac{1}{\sqrt{3}}+\sigma_2\frac{1}{\sqrt{3}}+\sigma_3\frac{1}{\sqrt{3}}=\sqrt{3}\frac{\sigma_1+\sigma_2+\sigma_3}{3}=\sqrt{3}p \qquad (1.3.2)$$

$$\left|\overrightarrow{\mathrm{PS}}\right|=\sqrt{\left|\overrightarrow{\mathrm{OS}}\right|^2-\left|\overrightarrow{\mathrm{OP}}\right|^2}=\sqrt{\sigma_1^2+\sigma_2^2+\sigma_3^2-\left\{\frac{1}{\sqrt{3}}(\sigma_1+\sigma_2+\sigma_3)\right\}^2}$$

$$=\frac{1}{\sqrt{3}}\sqrt{(\sigma_1-\sigma_2)^2+(\sigma_2-\sigma_3)^2+(\sigma_3-\sigma_1)^2}=\sqrt{\frac{2}{3}}q \qquad (1.3.3)$$

ここに、$p=\dfrac{\sigma_1+\sigma_2+\sigma_3}{3}$ (1.3.4)

$$q=\frac{1}{\sqrt{2}}\sqrt{(\sigma_1-\sigma_2)^2+(\sigma_2-\sigma_3)^2+(\sigma_3-\sigma_1)^2} \qquad (1.3.5)$$

である。なお、$p$ は正八面体面上の垂直応力 $\sigma_{oct}$ や平均主応力 $\sigma_m$ と同じものであり（$p=\sigma_{oct}=\sigma_m$）、$q$ は正八面体面上のせん断応力 $\tau_{oct}$ の $3/\sqrt{2}$ 倍となっている（$q=(3/\sqrt{2})\,\tau_{oct}$）。また、図1.3.2（b）よりベクトル$\overrightarrow{\mathrm{OP'}}$の大きさとベクトル$\overrightarrow{\mathrm{P'S'}}$の大きさは次式のように求められる。

$$\left|\overrightarrow{\mathrm{OP'}}\right|=d\varepsilon_1^p\frac{1}{\sqrt{3}}+d\varepsilon_2^p\frac{1}{\sqrt{3}}+d\varepsilon_3^p\frac{1}{\sqrt{3}}=\frac{1}{\sqrt{3}}(d\varepsilon_1^p+d\varepsilon_2^p+d\varepsilon_3^p)=\frac{1}{\sqrt{3}}d\varepsilon_v^p \qquad (1.3.6)$$

$$\left|\overrightarrow{\mathrm{P'S'}}\right|=\sqrt{\left|\overrightarrow{\mathrm{OS'}}\right|^2-\left|\overrightarrow{\mathrm{OP'}}\right|^2}=\sqrt{d\varepsilon_1^{p2}+d\varepsilon_2^{p2}+d\varepsilon_3^{p2}-\left\{\frac{1}{\sqrt{3}}(d\varepsilon_1^p+d\varepsilon_2^p+d\varepsilon_3^p)\right\}^2}$$

$$=\frac{1}{\sqrt{3}}\sqrt{(d\varepsilon_1^p-d\varepsilon_2^p)^2+(d\varepsilon_2^p-d\varepsilon_3^p)^2+(d\varepsilon_3^p-d\varepsilon_1^p)^2}=\sqrt{\frac{3}{2}}d\varepsilon_d^p \qquad (1.3.7)$$

ここに、$d\varepsilon_v^p=d\varepsilon_1^p+d\varepsilon_2^p+d\varepsilon_3^p$ (1.3.8)

$$d\varepsilon_d^p=\frac{\sqrt{2}}{3}\sqrt{(d\varepsilon_1^p-d\varepsilon_2^p)^2+(d\varepsilon_2^p-d\varepsilon_3^p)^2+(d\varepsilon_3^p-d\varepsilon_1^p)^2} \qquad (1.3.9)$$

である。なお、$d\varepsilon_v^p$ は塑性体積ひずみ増分であり、また $d\varepsilon_d^p$ は塑性偏差ひずみ増分であって、正八面体面上の塑性せん断ひずみ増分 $d\gamma_{\mathrm{oct}}^p$ の $(1/\sqrt{2})$ 倍となっている（$d\varepsilon_d^p=(1/\sqrt{2})\,d\,\gamma_{\mathrm{oct}}^p$）。

Cam-clay モデルで採用されている応力パラメーターは上記の $p$、$q$ であり、塑性ひずみ増分パラメーターは上記の $d\varepsilon_v^p$、$d\varepsilon_d^p$ である。このことからも、Cam-clay モデルが金属材料の塑性変形挙動を支配する正八面体面に基づいた構成モデルであり、金属塑性論に基づくものであることがわかる（図1.2.2参照）。

### b）塑性ポテンシャルと降伏関数の決定

応力 $\sigma_{ij}$ と塑性ひずみ増分 $d\varepsilon_{ij}^p$ の主軸方向が一致すると仮定しているので、図1.3.2（a）の主応力空間と（b）の塑性主ひずみ増分空間の軸を重ね合わせることができる。塑性ポテンシャル関数を算定するために、応力空間内のある曲面と塑性ひずみ増分方向が直交するという条件（直交条件）を考えると、式(1.3.2)、(1.3.3)、(1.3.6)、(1.3.7）より次式を得る（なお、このとき $\overrightarrow{\mathrm{PS}}$ と $\overrightarrow{\mathrm{P'S'}}$ の方向が一致する——$q$ と $d\varepsilon_d^p$ の方向が一致する——という仮定が入っている）。

$$d\sigma_1 d\varepsilon_1^p + d\sigma_2 d\varepsilon_2^p + d\sigma_3 d\varepsilon_3^p = d\left|\overrightarrow{\mathrm{OP}}\right|\cdot\left|\overrightarrow{\mathrm{OP'}}\right| + d\left|\overrightarrow{\mathrm{PS}}\right|\cdot\left|\overrightarrow{\mathrm{P'S'}}\right| \qquad (1.3.10)$$

$$= \sqrt{3}dp\cdot\frac{1}{\sqrt{3}}d\varepsilon_v^p + \sqrt{\frac{2}{3}}dq\cdot\sqrt{\frac{3}{2}}d\varepsilon_d^p = dp\cdot d\varepsilon_v^p + dq\cdot d\varepsilon_d^p = O$$

上式は次のようにも書き直せる。

$$\frac{dq}{dp}\times\frac{d\varepsilon_d^p}{d\varepsilon_v^p} = -1 \text{（直交条件）} \qquad (1.3.11)$$

この式（1.3.11）は、図1.3.3に示すように $p$ 軸と $d\varepsilon_v^p$ 軸を重ね、$q$ 軸と $d\varepsilon_d^p$ 軸を重ねたときに、塑性ひずみ増分ベクトル（$d\varepsilon_v^p$, $d\varepsilon_d^p$）に直交する応力空間内の曲面を求める条件に当たっている。この曲面が塑性ポテンシャル（$g=0$）となる。

さて、この曲面（塑性ポテンシャル）を決定するためには、塑性ひずみ増分方向（塑性ひずみ増分比）と応力（$p$, $q$）との関係式が必要である。そのた

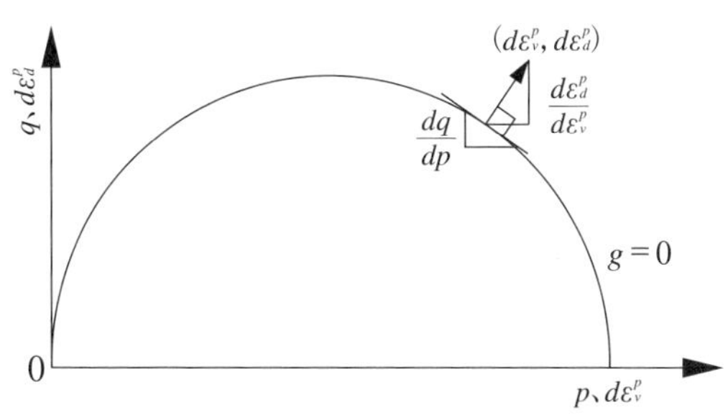


**図1.3.3　塑性ポテンシャルとひずみ増分ベクトル**

め、エネルギー式と呼ばれる次の塑性仕事の式を立てる。

$$dW^p = \sigma_1 d\varepsilon_1^p + \sigma_2 d\varepsilon_2^p + \sigma_3 d\varepsilon_3^p = pd\varepsilon_v^p + qd\varepsilon_d^p \quad (1.3.12)$$

上式の第2等号は式（1.3.10）より理解されるであろう。そして、Cam-clay モデルでは破壊時に $q_f=Mp$、$d\varepsilon_v^p=0$ と考えるので次式を得る（$q_f=Mp$ は $\tau_f=\sigma\tan\phi$ に対応する考え（後述するように厳密には異なる）であり、正規圧密粘土の体積ひずみはせん断時に圧縮の一途をたどって破壊時には体積ひずみ増分＝0になると考えるのである。なお、$M$ は大文字の $\mu$（キャピタル・ミュー）で強度定数を表す）。

$$dW^p = pd\varepsilon_v^p + qd\varepsilon_d^p = q_f d\varepsilon_d^p = Mpd\varepsilon_d^p \quad (1.3.13)$$

上式は一見良さそうな式に見えるが、これには大きな仮定が入っていることに注意すべきである。式（1.3.13）の第1等号（あるいは式（1.3.12））は一般的な式であるが、式（1.3.13）の第2、第3等号は破壊時にしか成り立たない式である。式（1.3.13）はそれらを等しいと置いて、これから見るようにこの関係式をせん断初期から破壊までの全せん断過程で用いるのである。これは大きな仮定と言わねばならないであろう。式（1.3.13）を整理すると次式を得る。

$$\frac{q}{p} = M - \frac{d\varepsilon_v^p}{d\varepsilon_d^p} \quad (1.3.14)$$

これがCam-clay モデルの応力比〜塑性ひずみ増分比関係であり、塑性ひずみ増分ベクトルの方向と応力比（$q/p$）の関係式と見ることができる。前述したように、著者の観点によればこの式（1.3.14）（応力比〜ひずみ増分比関係）がCam-clay モデルの1つ目の要点となっている。式（1.3.14）を図示すれば図1.3.4のようになる。

次に、塑性ひずみ増分方向（塑性ひずみ増分比）と応力比（$q/p$）の関係式：式（1.3.14）が得られたのであるから、直交条件：式（1.3.11）と組み合わせて（$p$, $q$）応力空間での塑性ポテンシャル関数を求めよう。式（1.3.11）、式（1.3.14）より次式を得る。

$$\frac{dq}{dp} + M - \frac{q}{p} = 0 \quad (1.3.15)$$

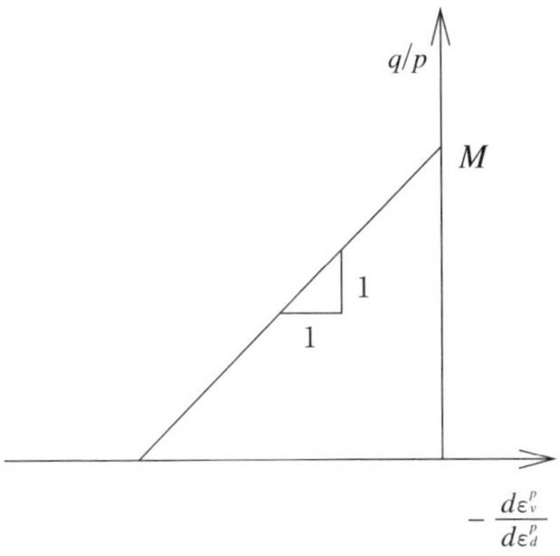


図1.3.4　Cam-clayモデルで採用された応力比～ひずみ増分比関係

問題1.1　この常微分方程式（1.3.15）を解きなさい。

〔解〕

$$\frac{q}{p} = x \text{ とおくと } q = px$$

$$\frac{dq}{dp} = \frac{d(px)}{dp} = x + p\frac{dx}{dp}$$

よって原式は、$x + p\dfrac{dx}{dp} + M - x = 0$

$$\frac{dx}{dp} + \frac{M}{p} = 0$$

$$dx + M\frac{dp}{p} = 0$$

$$\int dx + M\int\frac{dp}{p} = C$$

$$x + M\ln p = C$$

$$M\ln p + \frac{q}{p} - C = 0 \text{（}C\text{：積分定数）}$$

以上より、式（1.3.14）を満足するような塑性ひずみ増分方向（塑性ひずみ増分比）をその曲線の垂直方向にする塑性ポテンシャル関数 $g$ は次式となる。

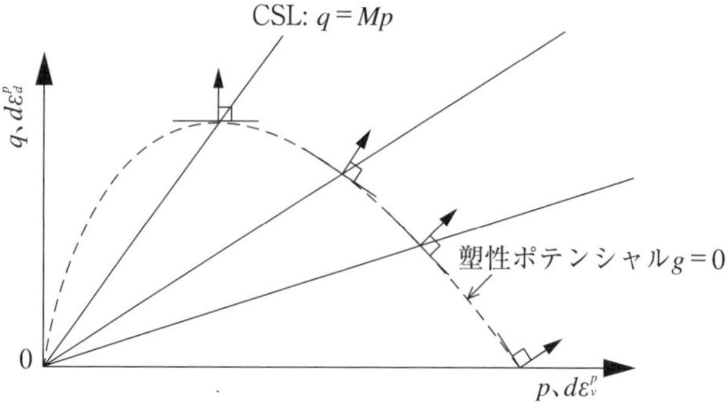


**図1.3.5**　Cam-clayモデルの塑性ポテンシャルとひずみ増分ベクトル

$$g = M\ln p + \frac{q}{p} - C = 0 \qquad (1.3.16)$$

ここに、$C$ は積分定数であり、ln は自然対数（常用対数でない）を意味する。図1.3.5は式（1.3.14）の示す塑性ひずみ増分ベクトル方向と破線で表した塑性ポテンシャル $g = 0$（式（1.3.16））の形の関係を図示したものである。式（1.3.14）より、$q/p = 0$ のときは $d\varepsilon_d^p/d\varepsilon_v^p = 1/M$、$q/p = M$（破壊線のことを Cam-clay モデルでは限界状態線――Critical State Line（CSL）と呼ぶ）のときは $d\varepsilon_v^p = 0$ となる。したがって、そのような塑性ひずみ増分方向に直交する塑性ポテンシャル曲線は図中の破線のようになり、式（1.3.16）はその関数形を示すものとなっている。

ここで、降伏関数 $f$ が塑性ポテンシャル関数 $g$ と等しいとする関連流動則（Associated Flow Rule）を採用すれば、式（1.3.16）より降伏関数 $f$ は次式となる。

$$f = M\ln p + \frac{q}{p} - C = 0 \qquad (1.3.17)$$

ここで、式（1.3.17）において $q = 0$ のとき $p = p_x$ とすれば $C = M\ln p_x$ となり、次式を得る。

$$f = M\ln p + \frac{q}{p} - M\ln p_x = 0 \qquad (1.3.18)$$

図1.3.6は式（1.3.18）の表す降伏関数 $f = 0$ の曲線（降伏線と呼ぶ）の形を示している。この降伏線上に現在の応力状態があるとして、この降伏線の内部に

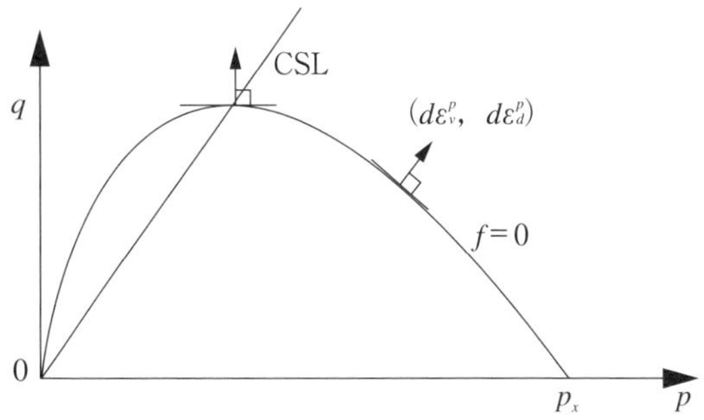


図1.3.6　Cam-clayモデルの降伏関数$f=0$の曲線

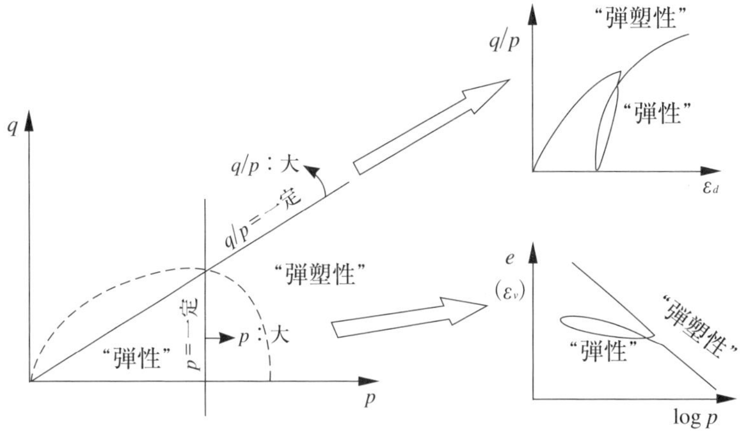


図1.3.7　降伏線の力学的意味

応力状態が変化したときは弾性ひずみしか発生しない弾性領域にあると考え、外部に応力状態が変化したときは塑性ひずみも発生する弾塑性領域にあると考えるのである（$p_x$が大きくなれば降伏線は相似的に拡大する）。

さて、ここで降伏線の力学的意味を考えよう。図1.3.7は多くの人が理解しやすいせん断時の$q/p$＝一定という降伏線と圧密時の$p$＝一定という降伏線を描いたものである。応力比$q/p$（あるいは$\tau/\sigma$）が大きくなれば摩擦性材料である土は大きなひずみが発生し（塑性ひずみが発生したと見なす）、小さくなれば添図のようにあまりひずみが発生しない（弾性ひずみと見なす）ことが知られている。また拘束応力（平均主応力）$p$ が大きくなれば圧密が生じて $e$～log$p$ 関係からもわかるように大きなひずみが発生し（塑性ひずみが発生したと見なす）、小さくなればあまりひずみが発生しない（弾性ひずみと見なす）ことが知られている。したがって、$q/p$＝一定や $p$＝一定はそれぞれ１つの降伏線とみることができるが、これら２つの降伏線を１つの降伏曲線で表現しようとすると、図1.3.7中の破線のような形の曲線になると考えられる。以上より、図1.3.6のような降伏曲線の力学的な意味は、せん断時の $q/p$→大のときに発生する塑性ひずみと圧密時の $p$→大のときに発生する塑性ひずみを１つの降伏曲線（降伏関数）で表現しようとしたものと見ることもできよう。

ｃ）ひずみ硬化則の決定

塑性ひずみ増分方向（比）や塑性ひずみが発生するかどうかの判定だけでは塑性ひずみの大きさは決まらないので、ひずみ硬化則と呼ばれるものを導入する。Cam-clay モデルの場合は $p$ 軸に沿う等方圧密試験結果（いわゆる $e$～log$p$ 関係）を利用することを考えた（等方圧密試験は土のひずみを測定する試験の中で最も簡単なものと言えよう）。図1.3.8は $e$～log$p$ 関係の載荷→除荷→再載荷曲線を、$e$～ln$p$（自然対数）関係に変え、２本の直線（その勾配をそれぞれ $\lambda$、$\kappa$ とする）で近似して表現したものである。除荷→再載荷曲線はほぼ同じ直線上を動くとみて弾性ひずみ（勾配 $\kappa$）とみなした。なお、圧縮指数 $C_c$ と $\lambda$、膨張指数 $C_s$ と $\kappa$ の関係は、それぞれ $\lambda=0.434C_c$、$\kappa=0.434C_s$ となる。そうすると図1.3.8より次の関係が成り立つ。

$$\triangle e=e-e_0=-\lambda\ln\frac{p_x}{p_0} \tag{1.3.19}$$

$$\varepsilon_v=\frac{-\triangle e}{1+e_0}=\frac{\lambda}{1+e_0}\ln\frac{p_x}{p_0} \tag{1.3.20}$$

$$\varepsilon_v^e=\frac{\kappa}{1+e_0}\ln\frac{p_x}{p_0} \tag{1.3.21}$$

$$\varepsilon_v^p=\varepsilon_v-\varepsilon_v^e=\frac{\lambda-\kappa}{1+e_0}\ln\frac{p_x}{p_0} \tag{1.3.22}$$

ここに、$\varepsilon_v$ は体積ひずみ、$\varepsilon_v^e$ は弾性体積ひずみ、$\varepsilon_v^p$ は塑性体積ひずみを表す。

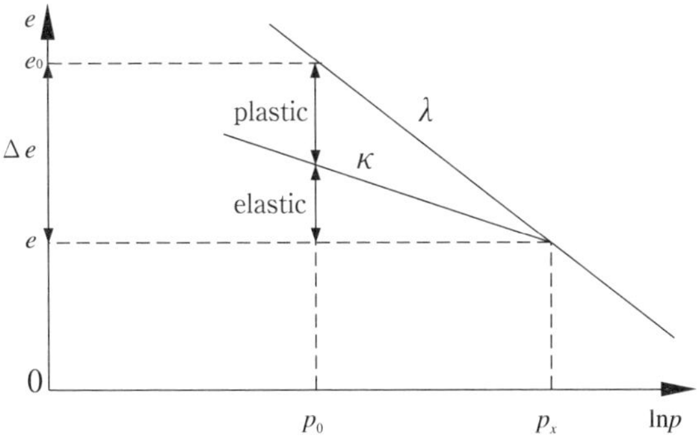


図1.3.8　等方圧密・膨張試験結果

式（1.3.22）より、

$$\ln p_x = \frac{1+e_0}{\lambda-\kappa}\varepsilon_v^p + \ln p_0 \qquad (1.3.23)$$

これを式（1.3.18）に代入すれば、

$$M\ln p + \frac{q}{p} - M\left(\frac{1+e_0}{\lambda-\kappa}\varepsilon_v^p + \ln p_0\right) = 0 \qquad (1.3.24)$$

これを整理すると、

$$f = \frac{\lambda-\kappa}{1+e_0}\ln\frac{p}{p_0} + \frac{\lambda-\kappa}{1+e_0}\frac{1}{M}\frac{q}{p} - \varepsilon_v^p = 0 \qquad (1.3.25)$$

式（1.3.25）が Cam-clay モデルの降伏関数であるが、$f=f(p,q,\varepsilon_v^p)=0$なる形をしているのが見られる。一般の塑性論では、降伏関数$f=f(\sigma_{ij},H)=0$（$\sigma_{ij}$：応力、$H$：硬化パラメーター）なる形で表されるので、両者を比較すれば Cam-clay モデルでは$p$、$q$で$\sigma_{ij}$を表し、塑性体積ひずみ$\varepsilon_v^p$が硬化パラメーターになっているのがわかる。

図1.3.9は Cam-clay モデルの（$p,q$）応力空間での降伏線（降伏関数を表す曲線）を示している。上記の式（1.3.25）の誘導過程（式（1.3.18）に式（1.3.23）を代入）からわかるように、Cam-clay モデルでは同じ降伏線上の$\varepsilon_v^p$の値は同じであり、その$\varepsilon_v^p$の値を等方圧密試験から定めている（Henkel の等含水比線のデータの傾向から、同じ降伏曲面上の$\varepsilon_v^p$の値は同じと考えているの

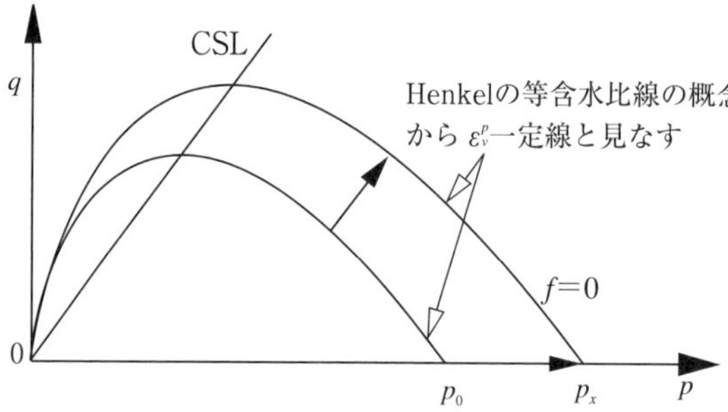


**図1.3.9　Cam-clayモデルの降伏線の意味**

である)。これによって等方圧密時だけでなくせん断時の $\varepsilon_v^p$ の値をも決定するのである（$\varepsilon_v^p$ の大きさがわかれば、ひずみ増分比 $d\varepsilon_v^p/d\varepsilon_d^p$ がわかっているのであるから $\varepsilon_d^p$ の大きさもわかる)。このようにして等方圧密試験データ（$e$～log$p$ 関係）からひずみの大きさ（絶対値）を求めるのが、Cam-clay モデルの２つ目の要点であると著者は理解している。なお、図1.3.9に示す降伏線が外向きに拡大するにつれて、$\varepsilon_v^p$ の値はだんだん大きくなるのがわかる。ここで、式（1.3.25）を書き換えれば次式を得る。

$$\varepsilon_v^p=\frac{\lambda-\kappa}{1+e_0}\ln\frac{p}{p_0}+\frac{\lambda-\kappa}{1+e_0}\frac{1}{M}\frac{q}{p} \qquad (1.3.26)$$

ここで、上式の右辺第１項は $p$ の増加（圧密）による塑性体積ひずみの増加を表しており、右辺第２項は $q/p$ の増加（せん断）による塑性体積ひずみの増加（いわゆるダイレイタンシー）を表していると見ることができ興味深い[26)]。

流動則より、$d\varepsilon_{ij}^p$ は塑性ポテンシャル関数 $g$ に直交する方向に発生するので、

$$d\varepsilon_{ij}^p=\Lambda\frac{\partial g}{\partial\sigma_{ij}} \qquad (1.3.27)$$

ここに、$\Lambda$ はあるスカラー量であり、$\partial g/\partial\sigma_{ij}$ は $g$ に直交する方向を表す。前述したようにCam-clay モデルでは塑性ポテンシャル関数 $g$＝降伏関数 $f$ という仮定（いわゆる関連流動則）が用いられているので、

$$d\varepsilon_{ij}^p=\Lambda\frac{\partial f}{\partial\sigma_{ij}} \qquad (1.3.28)$$

次に、$\Lambda$ の決定法について述べよう。$f(p,\ q,\ \varepsilon_v^p)=0$であるから、$df=0$すな

わち、

$$df = \frac{\partial f}{\partial p}dp + \frac{\partial f}{\partial q}dq + \frac{\partial f}{\partial \varepsilon_v^p}d\,\varepsilon_v^p = 0 \qquad (1.3.29)$$

ここで、

$$\begin{aligned} d\,\varepsilon_v^p &= d\,\varepsilon_1^p + d\,\varepsilon_2^p + d\,\varepsilon_3^p = d\,\varepsilon_{11}^p + d\,\varepsilon_{22}^p + d\,\varepsilon_{33}^p \\ &= \Lambda\left(\frac{\partial f}{\partial \sigma_{11}} + \frac{\partial f}{\partial \sigma_{22}} + \frac{\partial f}{\partial \sigma_{33}}\right) = \Lambda\frac{\partial f}{\partial \sigma_{ii}}\ \text{（総和規約）} \end{aligned} \qquad (1.3.30)$$

式（1.3.30）を式（1.3.29）に代入して $\Lambda$ を求めれば、

$$\Lambda = -\frac{\dfrac{\partial f}{\partial p}dp + \dfrac{\partial f}{\partial q}dq}{\dfrac{\partial f}{\partial \varepsilon_v^p}\dfrac{\partial f}{\partial \sigma_{ii}}} \qquad (1.3.31)$$

式（1.3.31）を式（1.3.28）に代入すれば、$d\varepsilon_{ij}^p$ が算定できることになる。

d）$d\varepsilon_{ij}^e$ の決定法

弾性ひずみ $d\varepsilon_{ij}^e$ は等方弾性式（Hooke の式）と $e$～ln$p$ 関係の膨張曲線（この除荷・再載荷曲線を弾性的な挙動と見ている）から次のようにして定めている。等方弾性式（$E$：ヤング率、$\nu$：ポアソン比）より、

$$\begin{aligned} d\,\varepsilon_{11}^e &= \frac{1}{E}\left\{d\,\sigma_{11} - \nu\left(d\,\sigma_{22} + d\,\sigma_{33}\right)\right\} \\ &= \frac{1+\nu}{E}d\,\sigma_{11} - \frac{\nu}{E}\left(d\,\sigma_{11} + d\,\sigma_{22} + d\,\sigma_{33}\right) \end{aligned} \qquad (1.3.32)$$

一般的に式示すれば、

$$d\,\varepsilon_{ij}^e = \frac{1+\nu}{E}d\,\sigma_{ij} - \frac{\nu}{E}d\,\sigma_{mm}\delta_{ij} \qquad (1.3.33)$$

ここに、$d\,\sigma_{mm} = d\,\sigma_{11} + d\,\sigma_{22} + d\,\sigma_{33}$（総和規約）、$\delta_{ij} = 1$（$i=j$）、0（$i \neq j$）でクロネッカーのデルタと呼ばれる。

式（1.3.33）より、

$$d\,\varepsilon_v^e = d\,\varepsilon_{11}^e + d\,\varepsilon_{22}^e + d\,\varepsilon_{33}^e = \frac{3(1-2\nu)}{E}dp \qquad (1.3.34)$$

また、$e$～ln$p$ 関係の勾配 $\kappa$ の膨張曲線（図1.3.8）より、

$$\varepsilon_v^e = \frac{\kappa}{1+e_0}ln\frac{p}{p_0} \rightarrow d\,\varepsilon_v^e = \frac{\kappa}{1+e_0}\frac{dp}{p} \qquad (1.3.35)$$

式（1.3.34）と式（1.3.35）を比較することにより、$E$ は次のように表される。

$$E=\frac{3(1-2\nu)(1+e_0)}{\kappa}p \tag{1.3.36}$$

ここで、弾性係数 $E$ が平均主応力（拘束圧）$p$ に比例することに注意できよう。なお、ポアソン比 $\nu$ は $\nu=0$ または0.3または1/3と仮定されることが多い。

以上まとめると、Cam-clay モデルでは土要素のひずみ $d\varepsilon_{ij}$ は次のように求められる。すなわち、$d\varepsilon_{ij}=d\varepsilon_{ij}^e+d\varepsilon_{ij}^p$（式（1.3.1））と表され、$d\varepsilon_{ij}^e$ は式（1.3.33）より、$d\varepsilon_{ij}^p$ は式（1.3.28）、（1.3.31）より算定できる。必要なパラメーターは、$\lambda$、$\kappa$、$e_0$、$M$、$\nu$ である。

e）$d\varepsilon_{ij}^p=\Lambda\dfrac{\partial f}{\partial\sigma_{ij}}$ の具体的な計算法

降伏関数（＝塑性ポテンシャル関数）$f$ については式（1.3.25）で与えられている。

$$f=\frac{\lambda-\kappa}{1+e_0}\ln\frac{p}{p_0}+\frac{\lambda-\kappa}{1+e_0}\frac{1}{M}\frac{q}{p}-\varepsilon_v^p=0 \tag{1.3.25}$$

例えば、

$$\frac{\partial f}{\partial\sigma_{11}}=\frac{\partial f}{\partial p}\frac{\partial p}{\partial\sigma_{11}}+\frac{\partial f}{\partial q}\frac{\partial q}{\partial\sigma_{11}} \tag{1.3.37}$$

一般的に表せば、

$$\frac{\partial f}{\partial\sigma_{ij}}=\frac{\partial f}{\partial p}\frac{\partial p}{\partial\sigma_{ij}}+\frac{\partial f}{\partial q}\frac{\partial q}{\partial\sigma_{ij}} \tag{1.3.38}$$

$$\frac{\partial f}{\partial p}=\frac{\lambda-\kappa}{1+e_0}\frac{1}{p}-\frac{\lambda-\kappa}{1+e_0}\frac{1}{M}\frac{q}{p^2}=\frac{\lambda-\kappa}{1+e_0}\frac{1}{Mp}\left(M-\frac{q}{p}\right) \tag{1.3.39}$$

例えば、

$$\frac{\partial p}{\partial\sigma_{11}}=\frac{\partial\left(\dfrac{\sigma_{11}+\sigma_{22}+\sigma_{33}}{3}\right)}{\partial\sigma_{11}}=\frac{1}{3} \tag{1.3.40}$$

同様に、

$$\frac{\partial p}{\partial\sigma_{22}}=\frac{1}{3}、\ \frac{\partial p}{\partial\sigma_{33}}=\frac{1}{3} \tag{1.3.41}$$

一般的に表示すれば、

$$p=\frac{\sigma_{ii}}{3}\ \text{（総和規約）、}\ \frac{\partial p}{\partial\sigma_{ij}}=\frac{\delta_{ij}}{3}、\ \delta_{ij}=\begin{cases}1(i=j)\\0(i\neq j)\end{cases} \tag{1.3.42}$$

$$\frac{\partial f}{\partial q}=\frac{\lambda-\kappa}{1+e_0}\frac{1}{Mp} \tag{1.3.43}$$

式（1.3.5）より、

$$q=\frac{1}{\sqrt{2}}\sqrt{\left(\sigma_1-\sigma_2\right)^2+\left(\sigma_2-\sigma_3\right)^2+\left(\sigma_3-\sigma_1\right)^2} \tag{1.3.44}$$

$$=\frac{1}{\sqrt{2}}\sqrt{\left(\sigma_{11}-\sigma_{22}\right)^2+\left(\sigma_{22}-\sigma_{33}\right)^2+\left(\sigma_{33}-\sigma_{11}\right)^2+3\left(\sigma_{12}^2+\sigma_{13}^2+\sigma_{21}^2+\sigma_{23}^2+\sigma_{31}^2+\sigma_{32}^2\right)}$$

例えば、

$$\frac{\partial q}{\partial \sigma_{11}}$$

$$=\frac{1}{2\sqrt{2}}\frac{2\left(\sigma_{11}-\sigma_{22}\right)+2\left(\sigma_{33}-\sigma_{11}\right)\times\left(-1\right)}{\sqrt{\left(\sigma_{11}-\sigma_{22}\right)^2+\left(\sigma_{22}-\sigma_{33}\right)^2+\left(\sigma_{33}-\sigma_{11}\right)^2+3\left(\sigma_{12}^2+\sigma_{13}^2+\sigma_{21}^2+\sigma_{23}^2+\sigma_{31}^2+\sigma_{32}^2\right)}}$$

$$=\frac{2\sigma_{11}-\sigma_{22}-\sigma_{33}}{2q}=\frac{3\left(\sigma_{11}-p\right)}{2q} \tag{1.3.45}$$

同様に、

$$\frac{\partial q}{\partial \sigma_{22}}=\frac{3\left(\sigma_{22}-p\right)}{2q}、\ \frac{\partial q}{\partial \sigma_{33}}=\frac{3\left(\sigma_{33}-p\right)}{2q} \tag{1.3.46}$$

一般的に表示すれば、次式を得る。

$$q=\sqrt{\frac{3}{2}\left(\sigma_{ij}-p\,\delta_{ij}\right)\left(\sigma_{ij}-p\,\delta_{ij}\right)} \tag{1.3.47}$$

$$\frac{\partial q}{\partial \sigma_{ij}}=\sqrt{\frac{3}{2}}\frac{\dfrac{\partial\left(\sigma_{kl}-p\,\delta_{kl}\right)}{\partial \sigma_{ij}}\left(\sigma_{kl}-p\,\delta_{kl}\right)\times 2}{2\sqrt{\left(\sigma_{mn}-p\,\delta_{mn}\right)\left(\sigma_{mn}-p\,\delta_{mn}\right)}}=\frac{3\left(\delta_{ik}\delta_{jl}-\dfrac{1}{3}\delta_{ij}\delta_{kl}\right)\left(\sigma_{kl}-p\,\delta_{kl}\right)}{2q}$$

$$=\frac{3\left(\sigma_{ij}-p\,\delta_{ij}\right)}{2q} \tag{1.3.48}$$

**問題1.2**　式（1.3.47）、（1.3.48）を証明しなさい。

〔解〕

式（1.3.47）中の（$\sigma_{ij}-p\,\delta_{ij}$）は偏差応力テンソル $s_{ij}$ の定義そのものであり、偏差応力テンソルの絶対値（自乗和のルート）は次のように計算される。

$$\sqrt{s_{ij}s_{ij}}=\sqrt{\left(\sigma_{ij}-p\,\delta_{ij}\right)\left(\sigma_{ij}-p\,\delta_{ij}\right)}$$

$$=\sqrt{\sigma_{ij}\sigma_{ij}-2p\,\sigma_{ij}\delta_{ij}+p^2\delta_{ij}\delta_{ij}}$$
$$=\sqrt{\sigma_{ij}\sigma_{ij}-3p^2}$$

ここで、$\sigma_{ij}\delta_{ij}=\sigma_{11}\delta_{11}+\sigma_{22}\delta_{22}+\sigma_{33}\delta_{33}=3p$、$\delta_{ij}\delta_{ij}=\delta_{11}\delta_{11}+\delta_{22}\delta_{22}+\delta_{33}\delta_{33}=3$であることを考慮している。さて、主応力で表示すると、

$$\sqrt{s_{ij}s_{ij}}=\sqrt{\sigma_{ij}\sigma_{ij}-3p^2}=\sqrt{\sigma_1^2+\sigma_2^2+\sigma_3^2-3p^2}$$
$$=\sqrt{\sigma_1^2+\sigma_2^2+\sigma_3^2-\left\{\frac{1}{\sqrt{3}}(\sigma_1+\sigma_2+\sigma_3)\right\}^2}$$
$$=\sqrt{\left|\overrightarrow{OS}\right|^2-\left|\overrightarrow{OP}\right|^2}=\left|\overrightarrow{PS}\right|$$ （式（1.3.3）、図1.3.2（a）参照）

式（1.3.3）より、$q$ は次式のように表される。

$$q=\sqrt{\frac{3}{2}}\left|\overrightarrow{PS}\right|=\sqrt{\frac{3}{2}}\sqrt{s_{ij}s_{ij}}=\sqrt{\frac{3}{2}}\sqrt{(\sigma_{ij}-p\,\delta_{ij})(\sigma_{ij}-p\,\delta_{ij})} \qquad (1.3.47)$$

次に、

$$\frac{\partial q}{\partial \sigma_{ij}}=\sqrt{\frac{3}{2}}\frac{\frac{\partial}{\partial \sigma_{ij}}\left\{(\sigma_{kl}-p\,\delta_{kl})(\sigma_{kl}-p\,\delta_{kl})\right\}}{2\sqrt{(\sigma_{mn}-p\,\delta_{mn})(\sigma_{mn}-p\,\delta_{mn})}}$$

ここで、

$$\frac{\partial}{\partial \sigma_{ij}}\left\{(\sigma_{kl}-p\,\delta_{kl})(\sigma_{kl}-p\,\delta_{kl})\right\}$$
$$=\left(\frac{\partial \sigma_{kl}}{\partial \sigma_{ij}}-\frac{\partial p}{\partial \sigma_{ij}}\delta_{kl}\right)(\sigma_{kl}-p\,\delta_{kl})+(\sigma_{kl}-p\,\delta_{kl})\left(\frac{\partial \sigma_{kl}}{\partial \sigma_{ij}}-\frac{\partial p}{\partial \sigma_{ij}}\delta_{kl}\right)$$
$$=2\times\left(\delta_{ik}\delta_{jl}-\frac{1}{3}\delta_{ij}\delta_{kl}\right)(\sigma_{kl}-p\,\delta_{kl})$$
$$=2\times\left(\delta_{ik}\delta_{jl}\sigma_{kl}-\frac{1}{3}\delta_{ij}\delta_{kl}\sigma_{kl}-p\,\delta_{ik}\delta_{jl}\delta_{kl}+\frac{p}{3}\delta_{ij}\delta_{kl}\delta_{kl}\right)$$
$$=2\times(\sigma_{ij}-p\,\delta_{ij}-p\,\delta_{ij}+p\,\delta_{ij})=2\times(\sigma_{ij}-p\,\delta_{ij})$$

ここでも、$\sigma_{kl}\delta_{kl}=3p$、$\delta_{kl}\delta_{kl}=3$を考慮に入れている。

$$\therefore\frac{\partial q}{\partial \sigma_{ij}}=\sqrt{\frac{3}{2}}\frac{2(\sigma_{ij}-p\,\delta_{ij})}{2\sqrt{(\sigma_{mn}-p\,\delta_{mn})(\sigma_{mn}-p\,\delta_{mn})}}$$
$$=\frac{3(\sigma_{ij}-p\,\delta_{ij})}{2q} \qquad (1.3.48)$$

式（1.3.38）、式（1.3.39）、式（1.3.42）、式（1.3.43）、式（1.3.48）より、

$$\frac{\partial f}{\partial \sigma_{ij}} = \frac{\lambda-\kappa}{1+e_0}\frac{1}{M}\frac{1}{p}\left(M-\frac{q}{p}\right)\frac{\delta_{ij}}{3} + \frac{\lambda-\kappa}{1+e_0}\frac{1}{M}\frac{1}{p}\frac{3(\sigma_{ij}-p\,\delta_{ij})}{2q}$$

$$= \frac{\lambda-\kappa}{1+e_0}\frac{1}{Mp}\left\{\frac{1}{3}\left(M-\frac{q}{p}\right)\delta_{ij} + \frac{3(\sigma_{ij}-p\,\delta_{ij})}{2q}\right\} \qquad (1.3.49)$$

また、式（1.3.31）より、

$$\Lambda = -\frac{\dfrac{\partial f}{\partial p}dp + \dfrac{\partial f}{\partial q}dq}{\dfrac{\partial f}{\partial \varepsilon_v^p}\dfrac{\partial f}{\partial \sigma_{ii}}} \qquad (1.3.31)$$

ここで、式（1.3.25）より、

$$\frac{\partial f}{\partial \varepsilon_v^p} = -1 \qquad (1.3.50)$$

また、式（1.3.49）より、

$$\frac{\partial f}{\partial \sigma_{ii}} = \frac{\lambda-\kappa}{1+e_0}\frac{1}{Mp}\left\{\left(M-\frac{q}{p}\right) + \frac{3(\sigma_{11}-p)}{2q} + \frac{3(\sigma_{22}-p)}{2q} + \frac{3(\sigma_{33}-p)}{2q}\right\}$$

$$= \frac{\lambda-\kappa}{1+e_0}\frac{1}{Mp}\left(M-\frac{q}{p}\right) \qquad (1.3.51)$$

ゆえに、$\Lambda$ は式（1.3.39）、式（1.3.43）、式（1.3.50）、式（1.3.51）より次のように求められる。

$$\Lambda = \frac{\dfrac{\lambda-\kappa}{1+e_0}\dfrac{1}{Mp}\left(M-\dfrac{q}{p}\right)dp + \dfrac{\lambda-\kappa}{1+e_0}\dfrac{1}{Mp}dq}{\dfrac{\lambda-\kappa}{1+e_0}\dfrac{1}{Mp}\left(M-\dfrac{q}{p}\right)} \qquad (1.3.52)$$

$$= dp + \frac{dq}{\left(M-\dfrac{q}{p}\right)}$$

$$\therefore d\,\varepsilon_{ij}^p = \Lambda\frac{\partial f}{\partial \sigma_{ij}}$$

$$= \frac{\lambda-\kappa}{1+e_0}\frac{1}{Mp}\left\{\frac{1}{3}\left(M-\frac{q}{p}\right)\delta_{ij} + \frac{3(\sigma_{ij}-p\,\delta_{ij})}{2q}\right\}\left\{dp + \frac{dq}{\left(M-\dfrac{q}{p}\right)}\right\} \qquad (1.3.53)$$

さて、式（1.3.53）が Original Cam-clay モデルによる所要の塑性ひずみ増

分 $d\varepsilon_{ij}^p$ の一般式である。ここで、１つの例題として塑性体積ひずみ増分 $d\varepsilon_v^p$ と塑性偏差ひずみ増分 $d\varepsilon_d^p$ を求めてみよう。式（1.3.53）より、

$$d\varepsilon_{11}^p=\frac{\lambda-\kappa}{1+e_0}\frac{1}{Mp}\left\{\frac{1}{3}\left(M-\frac{q}{p}\right)+\frac{3(\sigma_{11}-p)}{2q}\right\}\left\{dp+\frac{dq}{\left(M-\frac{q}{p}\right)}\right\} \tag{1.3.54}$$

$$d\varepsilon_{22}^p=\frac{\lambda-\kappa}{1+e_0}\frac{1}{Mp}\left\{\frac{1}{3}\left(M-\frac{q}{p}\right)+\frac{3(\sigma_{22}-p)}{2q}\right\}\left\{dp+\frac{dq}{\left(M-\frac{q}{p}\right)}\right\} \tag{1.3.55}$$

$$d\varepsilon_{33}^p=\frac{\lambda-\kappa}{1+e_0}\frac{1}{Mp}\left\{\frac{1}{3}\left(M-\frac{q}{p}\right)+\frac{3(\sigma_{33}-p)}{2q}\right\}\left\{dp+\frac{dq}{\left(M-\frac{q}{p}\right)}\right\} \tag{1.3.56}$$

$d\varepsilon_v^p=d\varepsilon_{11}^p+d\varepsilon_{22}^p+d\varepsilon_{33}^p$ であるから（$\sigma_{11}+\sigma_{22}+\sigma_{33}=3p$ である）、

$$d\varepsilon_v^p=\frac{\lambda-\kappa}{1+e_0}\frac{1}{Mp}\left(M-\frac{q}{p}\right)\left\{dp+\frac{dq}{\left(M-\frac{q}{p}\right)}\right\} \tag{1.3.57}$$

あるいは、式（1.3.26）からも次のように $d\varepsilon_v^p$ が求められる。

$$\begin{aligned}d\varepsilon_v^p&=\frac{\partial\varepsilon_v^p}{\partial p}dp+\frac{\partial\varepsilon_v^p}{\partial q}dq\\&=\left(\frac{\lambda-\kappa}{1+e_0}\frac{1}{p}-\frac{\lambda-\kappa}{1+e_0}\frac{1}{M}\frac{q}{p^2}\right)dp+\frac{\lambda-\kappa}{1+e_0}\frac{1}{M}\frac{1}{p}dq\\&=\frac{\lambda-\kappa}{1+e_0}\frac{1}{Mp}\left(M-\frac{q}{p}\right)dp+\frac{\lambda-\kappa}{1+e_0}\frac{1}{Mp}dq\\&=\frac{\lambda-\kappa}{1+e_0}\frac{1}{Mp}\left(M-\frac{q}{p}\right)\left\{dp+\frac{dq}{\left(M-\frac{q}{p}\right)}\right\}\end{aligned} \tag{1.3.58}$$

また、式（1.3.14）より $\dfrac{d\varepsilon_v^p}{d\varepsilon_d^p}=M-\dfrac{q}{p}$ を意識すれば、$d\varepsilon_d^p$ は直ちに次のように求められる。

$$d\varepsilon_d^p=\frac{\lambda-\kappa}{1+e_0}\frac{1}{Mp}\left\{dp+\frac{dq}{\left(M-\frac{q}{p}\right)}\right\} \tag{1.3.59}$$

したがって、$d\varepsilon_v^p$、$d\varepsilon_d^p$ はマトリックス表示すれば次のように簡潔に表示される。

$$\begin{Bmatrix} d\varepsilon_v^p \\ d\varepsilon_d^p \end{Bmatrix} = \frac{\lambda-\kappa}{1+e_0}\frac{1}{Mp}\begin{bmatrix} \left(M-\dfrac{q}{p}\right) & 1 \\ 1 & \dfrac{1}{\left(M-\dfrac{q}{p}\right)} \end{bmatrix}\begin{Bmatrix} dp \\ dq \end{Bmatrix} \tag{1.3.60}$$

以上の検討より、Cam-clay モデルの 2 本の柱がよりはっきりしたのではなかろうか。すなわち、すでに述べたように Henkel の等含水比線の傾向に基づいて降伏曲面の硬化パラメーターとして塑性体積ひずみ $\varepsilon_v^p$ を採用し、それを等方圧密時の $e$～log$p$ 関係から決定したこと（式（1.3.25）あるいは式（1.3.26）に反映されている）と応力比～ひずみ増分比関係（式（1.3.14））の 2 点である。上記の $d\varepsilon_v^p$、$d\varepsilon_d^p$ の誘導でも式（1.3.26）や式（1.3.14）を用いた。そして、応力 $\sigma_{ij}$ の主軸方向と塑性ひずみ増分 $d\varepsilon_{ij}^p$ の主軸方向が一致するという仮定等によって、一般塑性ひずみ増分 $d\varepsilon_{ij}^p$ の式（1.3.53）を得ていると理解される。

**問題1.3**　Original Cam-clay モデルに基づいて、下記の試験条件下での応力～ひずみ関係（$q/p$～$\varepsilon_d$～$\varepsilon_v$ 関係、$q$～$\varepsilon_d$ 関係、$\sigma_1'/\sigma_3'$～$\varepsilon_1$、$\varepsilon_3$関係、$\varepsilon_v$～$\varepsilon_1$関係）と応力経路（$q$～$p$ 関係、$(\sigma_1'-\sigma_3')/2$～$(\sigma_1'+\sigma_3')/2$関係）を計算しなさい。モデルパラメーターは $Cc/(1+e_0)=11.7\%$、$Cs/(1+e_0)=1.6\%$、$\phi=34°$、$\nu=0.3$とする。なお、この問題においては、$\sigma_1$、$\sigma_3$、$\sigma_m$ をそれぞれ全応力表示の最大主応力、最小主応力、平均主応力とし、$\sigma_1'$、$\sigma_3'$、$p$ をそれぞれ有効応力表示の最大主応力、最小主応力、平均主応力とする（この本全体としては、応力は原則として有効応力を表すものとして用いてきた）。

(a) それぞれ $p=196$kPa、$\sigma_3'=196$kPa、$\sigma_1'=196$kPa のときの排水条件下での三軸圧縮（Comp.）試験と三軸伸張（Ext.）試験

(b) それぞれ $\sigma_m=196$kPa、$\sigma_3=196$kPa、$\sigma_1=196$kPa のときの非排水条件下での三軸圧縮（Comp.）試験と三軸伸張（Ext.）試験

〔解〕

上述のように Original Cam-clay モデルのパラメーターは $\lambda$、$\kappa$、$e_0$、$M$、$\nu$ である。このうち、$\lambda$ と $\kappa$ はそれぞれ $e$～ln$p$ 関係の圧縮曲線と膨張曲線の勾配であり、圧縮指数 $C_c$、膨張指数 $C_s$ との間には次の関係がある。

$$\lambda = \frac{-\Delta e}{\Delta(\ln p)} = \frac{-\Delta e}{\Delta\left(\dfrac{\log p}{\log e}\right)} = \frac{-\Delta e}{\Delta \log p}\log e = 0.434C_c \qquad (1.3.61)$$

同様にして、

$$\kappa = 0.434C_s \qquad (1.3.62)$$

限界状態での応力比 $q/p=M$ は三軸圧縮条件下では次のように表される。

$$M = \left[\frac{q}{p}\right]_{CS} = \left[\frac{\sigma_1-\sigma_3}{(\sigma_1+2\sigma_3)/3}\right]_{CS} = \left[\frac{3(\sigma_1/\sigma_3-1)}{\sigma_1/\sigma_3+2}\right]_{CS} \qquad (1.3.63)$$

また、

$$\left(\frac{\sigma_1}{\sigma_3}\right)_{CS} = \frac{1+\sin\phi}{1-\sin\phi} \qquad (1.3.64)$$

上式を式（1.3.63）に代入すれば次式を得る。

$$M = \frac{6\sin\phi}{3-\sin\phi} \qquad (1.3.65)$$

$e_0$は初期間隙比であり、$\nu$ はポアソン比である。

(a)　排水条件下での応力～ひずみ関係の予測

排水条件下の試験では応力値が既知であるので、初期応力条件より応力増分を与えながらひずみを計算する。一例として、$\sigma_3'=196$kPa の三軸圧縮試験の場合の計算結果を表1.3.1に示す。

表1.3.1についての注意事項を列挙する。

①列について、計算のステップ数が少ない場合には、$\sigma_1'$ の増分値は初期に大きくし、破壊に近づくにつれて小さくする方が精度は良くなる。⑦と⑧列の計算には式（1.3.33）を用いる。弾性係数 $E$ の計算には式（1.3.36）を用いる。⑨と⑩列の計算には式（1.3.54）と式（1.3.56）を用いる。

表1.3.1により得られた $\sigma_3'=196$kPa の三軸圧縮試験の予測結果を図1.3.10に示す。図中の線上の黒点は表1.3.1中の計算値を表し、実線はモデルの予測

表 1.3.1　Original Cam-clay モデルによる $\sigma_3'=196\mathrm{kPa}$ の排水三軸圧縮試験結果の予測

| ①$\sigma_1'$ | ②$\sigma_3'$ | ③$p$ | ④$q$ | ⑤$dp$ | ⑥$dq$ | ⑦$d\varepsilon_1^e$ | ⑧$d\varepsilon_3^e$ | ⑨$d\varepsilon_1^p$ | ⑩$d\varepsilon_3^p$ | ⑪$\varepsilon_1$ | ⑫$\varepsilon_3$ | ⑬$\varepsilon_d$ | ⑭$\varepsilon_v$ |
|---|---|---|---|---|---|---|---|---|---|---|---|---|---|
| (kPa) | (kPa) | (kPa) | (kPa) | (kPa) | (kPa) | (%) | (%) | (%) | (%) | (%) | (%) | (%) | (%) |
| 196 | 196 | 196.00 | 0 | 0 | 0 | 0 | 0 | 0 | 0 | 0 | 0 | 0 | 0 |
| 245 | 196 | 212.33 | 49 | 16.33 | 49.0 | 0.134 | −0.040 | 1.228 | −0.106 | 1.362 | −0.146 | 1.005 | 1.071 |
| 294 | 196 | 228.67 | 98 | 16.33 | 49.0 | 0.124 | −0.037 | 1.251 | −0.176 | 2.737 | −0.359 | 2.064 | 2.019 |
| 333 | 196 | 241.67 | 137 | 13.00 | 39.0 | 0.094 | −0.028 | 1.033 | −0.188 | 3.863 | −0.575 | 2.959 | 2.713 |
| 372 | 196 | 254.67 | 176 | 13.00 | 39.0 | 0.089 | −0.027 | 1.084 | −0.241 | 5.037 | −0.843 | 3.920 | 3.351 |
| 402 | 196 | 264.67 | 206 | 10.00 | 30.0 | 0.064 | −0.019 | 0.854 | −0.215 | 5.955 | −1.077 | 4.688 | 3.802 |
| 431 | 196 | 274.33 | 235 | 9.67 | 29.0 | 0.062 | −0.019 | 0.909 | −0.254 | 6.926 | −1.349 | 5.517 | 4.227 |
| 461 | 196 | 284.33 | 265 | 10.00 | 30.0 | 0.060 | −0.018 | 0.981 | −0.301 | 7.967 | −1.669 | 6.424 | 4.630 |
| 490 | 196 | 294.00 | 294 | 9.67 | 29.0 | 0.058 | −0.017 | 1.079 | −0.360 | 9.104 | −2.046 | 7.433 | 5.012 |
| 519 | 196 | 303.67 | 323 | 9.67 | 29.0 | 0.056 | −0.017 | 1.214 | −0.437 | 10.374 | −2.500 | 8.582 | 5.375 |
| 549 | 196 | 313.67 | 353 | 10.00 | 30.0 | 0.054 | −0.016 | 1.409 | −0.542 | 11.837 | −3.058 | 9.930 | 5.721 |
| 578 | 196 | 323.33 | 382 | 9.67 | 29.0 | 0.053 | −0.016 | 1.709 | −0.700 | 13.598 | −3.774 | 11.581 | 6.050 |
| 608 | 196 | 333.33 | 412 | 10.00 | 30.0 | 0.051 | −0.015 | 2.221 | −0.963 | 15.871 | −4.753 | 13.749 | 6.365 |
| 627 | 196 | 339.67 | 431 | 6.33 | 19.0 | 0.033 | −0.010 | 1.882 | −0.846 | 17.786 | −5.608 | 15.596 | 6.569 |
| 647 | 196 | 346.33 | 451 | 6.67 | 20.0 | 0.033 | −0.010 | 2.626 | −1.221 | 20.445 | −6.839 | 18.189 | 6.767 |
| 666 | 196 | 352.67 | 470 | 6.33 | 19.0 | 0.032 | −0.010 | 4.477 | −2.149 | 24.954 | −8.997 | 22.634 | 6.959 |
| 686 | 196 | 359.33 | 490 | 6.67 | 20.0 | 0.032 | −0.009 | 16.907 | −8.366 | 41.893 | −17.370 | 39.511 | 7.147 |

線である。後出の図1.3.11～図1.3.13、図1.3.18～図1.3.20の線上の黒点も同じ意味をもつ。

図1.3.11には、$\sigma_3'=196\mathrm{kPa}$ の排水三軸圧縮試験の応力経路を示している。排水試験であるため、有効応力経路と全応力経路は同じになる。

(b)　非排水条件下での有効応力経路および応力～ひずみ関係の予測

非排水条件は式で表せば、$d\varepsilon_v=0$となる。弾塑性論を用いる場合には、

$$d\varepsilon_v = d\varepsilon_v^e + d\varepsilon_v^p = 0 \tag{1.3.66}$$

となる。式（1.3.35)、式（1.3.57）を式（1.3.66）に代入して、次式を得る。

$$\frac{\kappa}{1+e_0}\cdot\frac{dp}{p}+\frac{\lambda-\kappa}{1+e_0}\cdot\frac{1}{Mp}\left\{\left(M-\frac{q}{p}\right)dp+dq\right\}=0 \tag{1.3.67}$$

$\sigma_m=196\mathrm{kPa}$ の非排水三軸伸張試験の場合を例として説明する。

$\sigma_m=$一定であるので、

$$dp = d(\sigma_m-u) = -du \tag{1.3.68}$$

$$dq = d(\sigma_1'-\sigma_3') = d(\sigma_1-\sigma_3) = d\sigma_1 - d\sigma_3 \tag{1.3.69}$$

ここで、$u$ は過剰間隙水圧である。

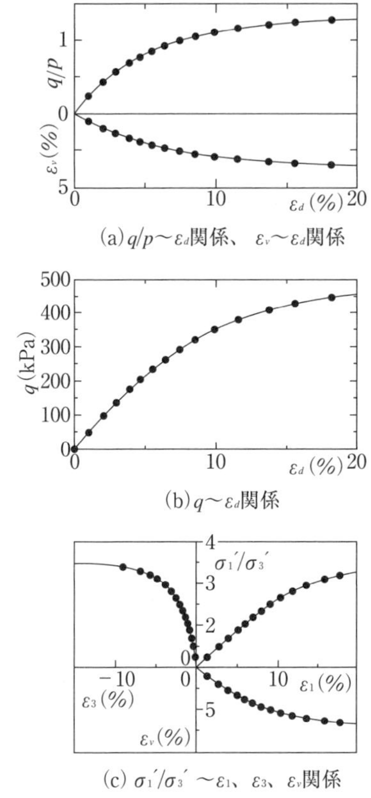


(a) $q/p \sim \varepsilon_d$関係、$\varepsilon_v \sim \varepsilon_d$関係

(b) $q \sim \varepsilon_d$関係

(c) $\sigma_1'/\sigma_3' \sim \varepsilon_1$、$\varepsilon_3$、$\varepsilon_v$関係

**図1.3.10**　Original Cam-clayモデルによる排水条件下（$\sigma_3'=196$kPa）の三軸圧縮試験の予測結果

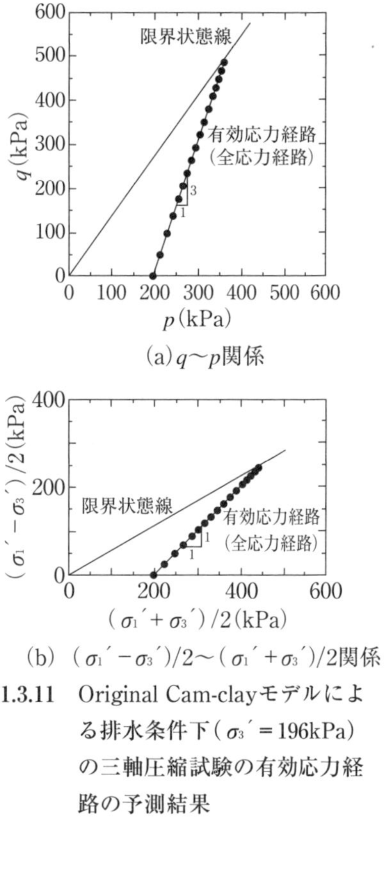


(a) $q \sim p$関係

(b) $(\sigma_1'-\sigma_3')/2 \sim (\sigma_1'+\sigma_3')/2$関係

**図1.3.11**　Original Cam-clayモデルによる排水条件下（$\sigma_3'=196$kPa）の三軸圧縮試験の有効応力経路の予測結果

式（1.3.68)、式（1.3.69）を式（1.3.67）に代入して整理すれば次式を得る。

$$du = \frac{dq}{M + \dfrac{M\kappa}{\lambda-\kappa} - \dfrac{q}{\sigma_m - u}} \qquad (1.3.70)$$

非排水試験の場合の予測が排水試験の場合と異なるところは、有効応力の値が与えられないので、与えられた全応力より式（1.3.70）のような式を用いて、過剰間隙水圧 $u$ を計算し、さらに全応力と過剰間隙水圧より有効応力を算定しなければならない点である。有効応力が算定できれば、後の計算手順は排水

**表 1.3.2**　Original Cam-clay モデルによる $\sigma_m=196$kPa の非排水三軸伸張試験結果の予測

| ① $\sigma_3$ | ② $\sigma_1$ | ③ $\sigma_m$ | ④ $du$ | ⑤ $u$ | ⑥ $\sigma_3'$ | ⑦ $\sigma_1'$ | ⑧ $p$ | ⑨ $q$ | ⑩ $dp$ | ⑪ $dq$ |
|---|---|---|---|---|---|---|---|---|---|---|
| (kPa) | (kPa) | (kPa) | (kPa) | (kPa) | (kPa) | (kPa) | (kPa) | (kPa) | (kPa) | (kPa) |
| 196 | 196 | 196 | 0 | 0 | 196 | 196 | 196 | 0 | 0 | 0 |
| 186.20 | 200.90 | 196 | 9.692 | 9.69 | 176.51 | 191.21 | 186.31 | 14.70 | －9.69 | 14.70 |
| 176.40 | 205.80 | 196 | 10.252 | 19.94 | 156.46 | 185.86 | 176.06 | 29.40 | －10.25 | 14.70 |
| 166.60 | 210.70 | 196 | 10.961 | 30.91 | 135.70 | 179.80 | 165.10 | 44.10 | －10.96 | 14.70 |
| 156.80 | 215.60 | 196 | 11.898 | 42.80 | 114.00 | 172.80 | 153.20 | 58.80 | －11.90 | 14.70 |
| 152.88 | 217.56 | 196 | 5.028 | 47.83 | 105.05 | 169.73 | 148.17 | 64.68 | －5.03 | 5.88 |
| 147.00 | 220.50 | 196 | 8.050 | 55.88 | 91.12 | 164.62 | 140.12 | 73.50 | －8.05 | 8.82 |
| 141.12 | 223.44 | 196 | 8.783 | 64.67 | 76.46 | 158.78 | 131.34 | 82.32 | －8.78 | 8.82 |
| 137.20 | 225.40 | 196 | 6.391 | 71.06 | 66.14 | 154.34 | 124.94 | 88.20 | －6.39 | 5.88 |
| 133.28 | 227.36 | 196 | 7.011 | 78.07 | 55.21 | 149.29 | 117.93 | 94.08 | －7.01 | 5.88 |
| 127.40 | 230.30 | 196 | 12.265 | 90.33 | 37.07 | 139.97 | 105.67 | 102.90 | －12.26 | 8.82 |
| 125.44 | 231.28 | 196 | 4.983 | 95.31 | 30.13 | 135.97 | 100.69 | 105.84 | －4.98 | 2.94 |
| 123.48 | 232.26 | 196 | 5.750 | 101.06 | 22.42 | 131.20 | 94.94 | 108.78 | －5.75 | 2.94 |
| 121.52 | 233.24 | 196 | 7.086 | 108.15 | 13.37 | 125.09 | 87.85 | 111.72 | －7.09 | 2.94 |
| 121.13 | 233.44 | 196 | 1.877 | 110.03 | 11.10 | 123.41 | 85.97 | 112.31 | －1.88 | 0.59 |
| 120.74 | 233.63 | 196 | 2.111 | 112.14 | 8.60 | 121.49 | 83.86 | 112.90 | －2.11 | 0.59 |
| 120.54 | 233.73 | 196 | 1.215 | 113.35 | 7.19 | 120.38 | 82.65 | 113.19 | －1.22 | 0.29 |
| 120.52 | 233.74 | 196 | 0.133 | 113.49 | 7.03 | 120.25 | 82.51 | 113.22 | －0.13 | 0.03 |
| 120.51 | 233.74 | 196 | 0.040 | 113.53 | 6.99 | 120.22 | 82.47 | 113.23 | －0.04 | 0.01 |
| 120.51 | 233.75 | 196 | 0.054 | 113.58 | 6.93 | 120.17 | 82.42 | 113.24 | －0.05 | 0.01 |

| ⑫ $d\varepsilon_3^e$ | ⑬ $d\varepsilon_1^e$ | ⑭ $d\varepsilon_3^p$ | ⑮ $d\varepsilon_1^p$ | ⑯ $\varepsilon_3$ | ⑰ $\varepsilon_1$ | ⑱ $\varepsilon_d$ | ⑲ $\varepsilon_v$ |
|---|---|---|---|---|---|---|---|
| (%) | (%) | (%) | (%) | (%) | (%) | (%) | (%) |
| 0 | 0 | 0 | 0 | 0 | 0 | 0 | 0 |
| －0.052 | 0.008 | －0.016 | 0.026 | －0.068 | 0.034 | 0.068 | 0.001 |
| －0.055 | 0.007 | －0.021 | 0.032 | －0.144 | 0.073 | 0.145 | 0.002 |
| －0.060 | 0.007 | －0.028 | 0.039 | －0.232 | 0.119 | 0.234 | 0.006 |
| －0.066 | 0.006 | －0.041 | 0.051 | －0.340 | 0.176 | 0.344 | 0.013 |
| －0.028 | 0.002 | －0.018 | 0.022 | －0.386 | 0.200 | 0.391 | 0.014 |
| －0.045 | 0.002 | －0.038 | 0.042 | －0.469 | 0.244 | 0.475 | 0.020 |
| －0.049 | 0.001 | －0.055 | 0.055 | －0.573 | 0.300 | 0.582 | 0.028 |
| －0.035 | 0.000 | －0.048 | 0.044 | －0.656 | 0.345 | 0.667 | 0.033 |
| －0.039 | －0.001 | －0.070 | 0.060 | －0.765 | 0.403 | 0.779 | 0.042 |
| －0.069 | －0.006 | －0.256 | 0.187 | －1.089 | 0.584 | 1.115 | 0.079 |
| －0.026 | －0.004 | －0.117 | 0.079 | －1.232 | 0.660 | 1.261 | 0.087 |
| －0.030 | －0.006 | －0.222 | 0.138 | －1.483 | 0.791 | 1.516 | 0.100 |
| －0.035 | －0.010 | －0.760 | 0.420 | －2.278 | 1.201 | 2.319 | 0.124 |
| －0.008 | －0.003 | －0.247 | 0.132 | －2.534 | 1.330 | 2.576 | 0.126 |
| －0.009 | －0.004 | －0.718 | 0.369 | －3.261 | 1.695 | 3.304 | 0.129 |
| －0.005 | －0.003 | －2.512 | 1.262 | －5.778 | 2.954 | 5.821 | 0.130 |
| －0.001 | 0 | －0.602 | 0.301 | －6.381 | 3.255 | 6.424 | 0.130 |
| 0 | 0 | －0.310 | 0.155 | －6.691 | 3.410 | 6.734 | 0.130 |
| 0 | 0 | －8.001 | 4.001 | －14.690 | 7.411 | 14.735 | 0.130 |

試験の場合と同じである。

表1.3.2は、$\sigma_m = 196\text{kPa}$ の非排水三軸伸張試験の場合の Original Cam-clay モデルによる予測値を示している。

図1.3.12、図1.3.13は表1.3.2の予測結果を示したものである。図1.3.12(c) の中にせん断時の体積ひずみがわずかながら出ることについては、数値計算の

(a) $q/p \sim \varepsilon_d$ 関係

(b) $q \sim \varepsilon_d$ 関係

(c) $\sigma_1'/\sigma_3' \sim \varepsilon_1,\ \varepsilon_3,\ \varepsilon_v$ 関係

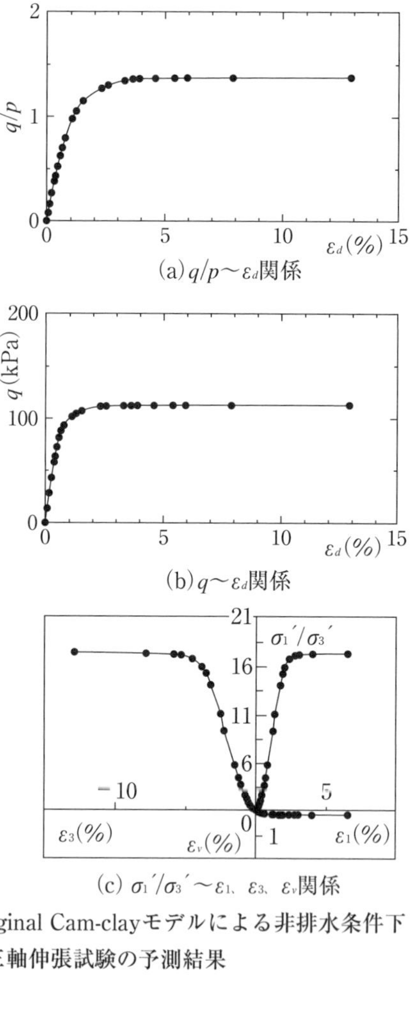

**図1.3.12** Original Cam-clayモデルによる非排水条件下（$\sigma_m = 196\text{kPa}$）の三軸伸張試験の予測結果

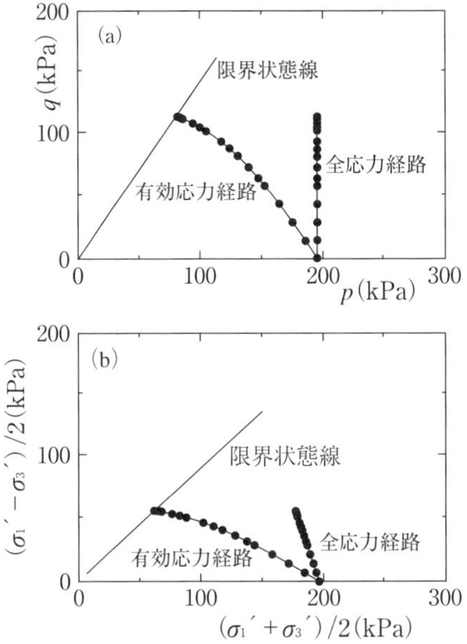


**図1.3.13　Original Cam-clayモデルによる非排水条件下（$\sigma_m$＝196kPa）の三軸伸張試験の有効応力経路の予測結果**

誤差によるものであり、計算ステップ数が多いほど小さくなる。厳密には $d\varepsilon_v$ ＝0になるべきものである。

## （3） Modified Cam-clay モデルの要点

Original Cam-clay モデルは1963年に提案されたが[20]、図1.3.5よりわかるように塑性ポテンシャル曲線が $p$ 軸と直交しないので等方圧密時（$p$ 軸上を応力状態が移動する時）でも、塑性体積ひずみ増分 $d\varepsilon_v^p$ だけでなく塑性せん断ひずみ増分 $d\varepsilon_d^p$ も発生することになり不都合となる（等方圧密時には応力が等方的に作用するので通常等方的な圧縮ひずみが生じ、せん断ひずみは生じないと考えられる）。そこで、このような欠点を補うべく、1968年に Modified Cam-clay モデルが提案された[27]。このモデルでは、塑性ポテンシャル線＝降伏線を $p$ 軸と直交するようにし、かつ単純な親しみやすい形にするために、楕円と仮定している（論文ではエネルギー式を少し変更し、その結果として応力比～ひずみ増分比関係が少し変わり、塑性ポテンシャル線が結果的に楕円になったように書かれているが、これは楕円となるように逆算したものであると理解してよいであろう。Cambridge 大学に近い研究者たちがそう言っている）。すなわち、Original Cam-clay モデルと違うところはエネルギー式から出る応力比～ひずみ増分比関係だけである。

**a）塑性ひずみ増分の主軸方向の仮定、および採用された応力パラメーターとひずみ増分パラメーター**

これらはすべて Original Cam-clay モデルの場合と全く同じである（1.3(2)a）参照）。

**b）塑性ポテンシャルと降伏関数の決定**

エネルギー式とも呼ばれる塑性仕事の式を再録すれば次のようになる。

$$dW^p=\sigma_1 d\varepsilon_1^p+\sigma_2 d\varepsilon_2^p+\sigma_3 d\varepsilon_3^p=p d\varepsilon_v^p+q d\varepsilon_d^p \tag{1.3.12}$$

Modified Cam-clay モデルでは、次のように仮定する。

$$dW^p=p\sqrt{(d\varepsilon_v^p)^2+(Md\varepsilon_d^p)^2} \tag{1.3.71}$$

すなわち、

$$dW^p=pd\varepsilon_v^p+qd\varepsilon_d^p=p\sqrt{(d\varepsilon_v^p)^2+(Md\varepsilon_d^p)^2} \tag{1.3.72}$$

上式を整理すると、$q/p=\sqrt{M^2+(d\varepsilon_v^p/d\varepsilon_d^p)^2}-d\varepsilon_v^p/d\varepsilon_d^p$

$$\frac{d\varepsilon_v^p}{d\varepsilon_d^p}=\frac{M^2-(q/p)^2}{2(q/p)}=\frac{M^2p^2-q^2}{2pq} \tag{1.3.73}$$

これが Modified Cam-clay モデルの応力比～ひずみ増分比関係であり、図示すれば図1.3.14のようになっている。

次に、塑性ひずみ増分比（塑性ひずみ増分方向）（$d\varepsilon_v^p/d\varepsilon_d^p$）と応力比（$q/p$）の関係式：式（1.3.73）が得られたのであるから、直交条件：式（1.3.11）と組み合わせて Modified Cam-clay モデルの塑性ポテンシャル関数を求めよう。式（1.3.11）、式（1.3.73）より次式を得る。

$$\frac{dq}{dp}+\frac{M^2-(q/p)^2}{2(q/p)}=0 \tag{1.3.74}$$

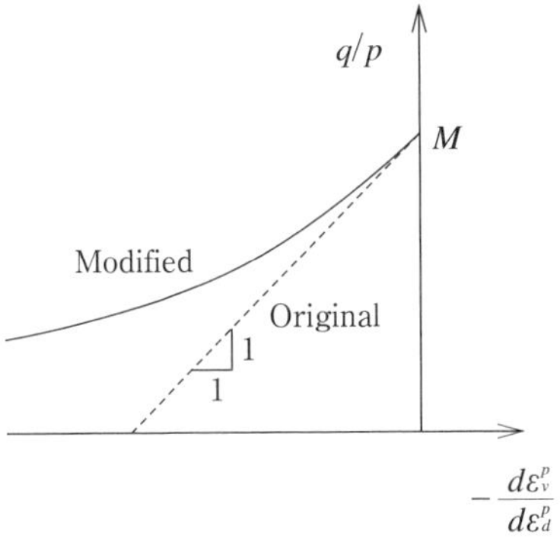


図1.3.14 Modified Cam-clayモデルで採用された応力比～ひずみ増分比関係

**問題1.4** この常微分方程式（1.3.74）を解きなさい。

〔解〕

$$\frac{q}{p}=x \text{ とおくと } q=px$$

$$\frac{dq}{dp}=\frac{d(px)}{dp}=x+p\frac{dx}{dp}$$

よって原式は、

$$x+p\frac{dx}{dp}+\frac{M^2-x^2}{2x}=0$$

$$x^2+M^2+2xdx\frac{p}{dp}=0$$

$$\int\frac{2xdx}{x^2+M^2}+\int\frac{dp}{p}=C' \quad (C' \text{：積分定数})$$

$$\ln(x^2+M^2)+\ln p=\ln C \quad (C'=\ln C)$$

$$(x^2+M^2)p=C$$

$$\left\{\left(\frac{q}{p}\right)^2+M^2\right\}p=C$$

$$\therefore \quad q^2+M^2p^2-Cp=0 \quad (C \text{：積分定数})$$

以上より、Modified Cam-clay モデルの塑性ポテンシャル関数 $g$ は次式となる。

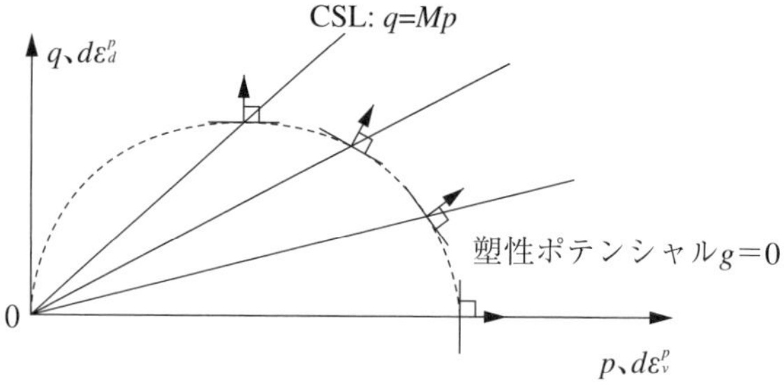


**図1.3.15**　Modified Cam-clayモデルの塑性ポテンシャルとひずみ増分ベクトル

$$g = q^2 + M^2p^2 - Cp = 0 \qquad (1.3.75)$$

ここに、$C$ は積分定数である。図1.3.15は式（1.3.73）の示す塑性ひずみ増分ベクトルの方向と破線で表した塑性ポテンシャル $g=0$（式（1.3.75））の形の関係を図示したものである（式（1.3.73）より $q/p=0$のときは $d\varepsilon_d^p=0$、$q/p=M$（破壊）のときは $d\varepsilon_v^p=0$となり、不都合な点はなくなった）。式（1.3.75）の形と図1.3.15より、塑性ポテンシャルは楕円形であることがわかる。

さて、降伏関数$f$ が塑性ポテンシャル関数 $g$ と等しいとする関連流動則（Associated Flow Rule）を採用すれば、式（1.3.75）より降伏関数$f$ は次式となる。

$$f = q^2 + M^2p^2 - Cp = 0 \qquad (1.3.76)$$

ここで、式（1.3.76）において $q=0$のとき $p=p_x$ とすれば $C=M^2p_x$ となり、次式を得る。

$$f = q^2 + M^2p^2 - M^2p_xp = 0 \qquad (1.3.77)$$

なお、図1.3.16は式（1.3.77）の表す Modified Cam-clay モデルの降伏線の形（楕円形）を示している。

### c）ひずみ硬化則の決定

Modified Cam-clay モデルのひずみ硬化則の考え方は、降伏線の形が楕円になっているだけで、他は Original Cam-clay モデルの場合と全く同じである。

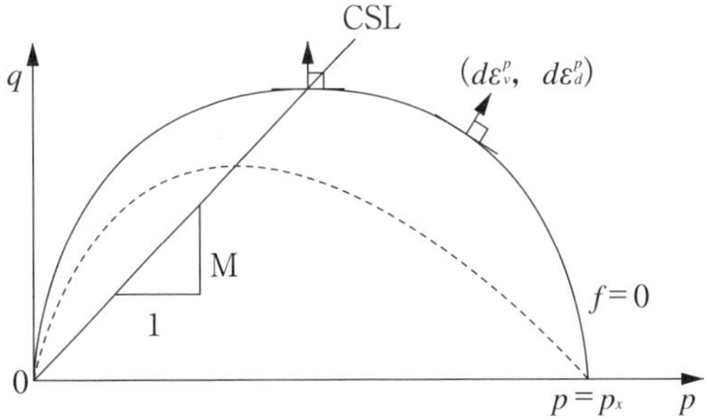


図1.3.16　Modified Cam-clayモデルの降伏関数$f=0$の曲線
（破線はOriginal Cam-clayモデルの降伏関数を示す）

方針は降伏関数：式（1.3.77）に $e$～ln$p$ 関係から得られた式（1.3.23）を代入することである。すなわち、式（1.3.77）より、

$$q^2+M^2p^2=M^2p^2\times\frac{p_x}{p} \tag{1.3.78}$$

上式の両辺の自然対数をとれば、

$$\ln(q^2+M^2p^2)=\ln M^2p^2+\ln p_x-\ln p \tag{1.3.79}$$

$$\ln\left(1+\frac{q^2}{M^2p^2}\right)=\ln p_x-\ln p \tag{1.3.80}$$

式（1.3.80）に式（1.3.23）を代入すれば、

$$\ln\left(1+\frac{q^2}{M^2p^2}\right)=\frac{1+e_0}{\lambda-\kappa}\varepsilon_v^p+\ln p_0-\ln p \tag{1.3.81}$$

上式を整理すると降伏関数$f$として次式を得る。

$$f=\frac{\lambda-\kappa}{1+e_0}\ln\frac{p}{p_0}+\frac{\lambda-\kappa}{1+e_0}\ln\left(1+\frac{q^2}{M^2p^2}\right)-\varepsilon_v^p=0 \tag{1.3.82}$$

これが Modified Cam-clay モデルの降伏関数である（Original Cam-clay モデルの降伏関数：式（1.3.25）と比較されたい）。式（1.3.82）より、Modified Cam-clay モデルでは Original Cam-clay モデルと同じく応力 $\sigma_{ij}$ を $p$、$q$ で表し、$\varepsilon_v^p$ が硬化パラメーターであることがわかる。

図1.3.17は Modified Cam-clay モデルの降伏線（楕円形）を表したものであ

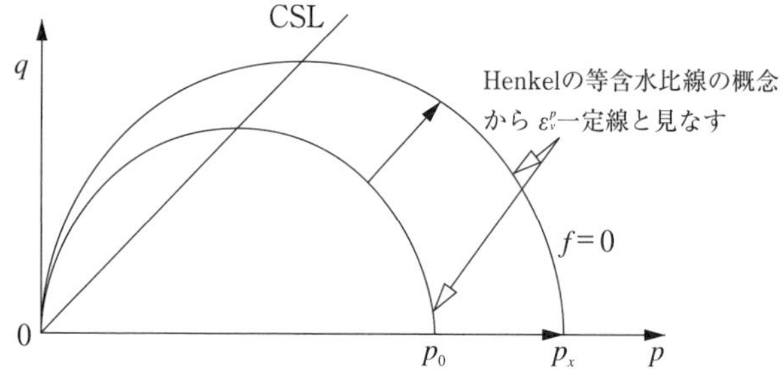


図1.3.17　Modified Cam-clayモデルの降伏線の意味

る。$\varepsilon_v^p$を硬化パラメーターとしているので、同じ降伏線上の $\varepsilon_v^p$ の値は同じであり、降伏線が外向きに拡大するにつれて $\varepsilon_v^p$ の値がだんだん大きくなるのがわかる（等方圧密のように $p$ 軸に沿って $p$ の値が大きくなると $\varepsilon_v^p$ の値が大きくなることからも理解される）。式（1.3.82）を書き換えれば次式を得る。

$$\varepsilon_v^p = \frac{\lambda-\kappa}{1+e_0}\ln\frac{p}{p_0} + \frac{\lambda-\kappa}{1+e_0}\ln\left(1+\frac{q^2}{M^2p^2}\right) \qquad (1.3.83)$$

ここで、上式の右辺第1項は $p$ の増加（圧密）による塑性体積ひずみの増加を表しており、右辺第2項は $q/p$ の増加（せん断）による塑性体積ひずみの増加（いわゆるダイレイタンシー）を表していると見ることができる（なお、破壊時（$q/p=M$）には式（1.3.26）の右辺第2項は（$\lambda-\kappa$）/（$1+e_0$）となる が、式（1.3.83）の右辺第2項は（$\lambda-\kappa$）/（$1+e_0$）×ln2＝（$\lambda-\kappa$）/（$1+e_0$）×0.693となって7割程度の少し小さい値となる）。

d）$d\varepsilon_{ij}^e$ の決定法

Original　Cam-clay モデルの場合と全く同じであり、式(1.3.33)、式(1.3.36)などをそのまま用いることができる（1.3(2)d）参照）。

e）$d\varepsilon_{ij}^p$ の具体的な計算法

何度も述べているように、Original Cam-clay モデルとは次式で与えられる降伏関数（＝塑性ポテンシャル関数）$f$ だけが少し違っている。

$$f = \frac{\lambda-\kappa}{1+e_0}\ln\frac{p}{p_0} + \frac{\lambda-\kappa}{1+e_0}\ln\left(1+\frac{q^2}{M^2p^2}\right) - \varepsilon_v^p = 0 \qquad (1.3.82)$$

上式を用いて、

$$\frac{\partial f}{\partial \sigma_{ij}}=\frac{\partial f}{\partial p}\frac{\partial p}{\partial \sigma_{ij}}+\frac{\partial f}{\partial q}\frac{\partial q}{\partial \sigma_{ij}} \tag{1.3.38}$$

なる計算を行うが、$\partial p/\partial \sigma_{ij}$（式(1.3.42)）や$\partial q/\partial \sigma_{ij}$（式(1.3.48)）は Original Cam-clay モデルの場合と同じであるので、結局$\partial f/\partial p$と$\partial f/\partial q$の計算が新たに必要となるだけである。

$$\frac{\partial f}{\partial p}=\frac{\lambda-\kappa}{1+e_0}\frac{1}{p}+\frac{\lambda-\kappa}{1+e_0}\frac{1}{1+\dfrac{q^2}{M^2p^2}}\times(-2)\frac{q^2}{M^2}\frac{1}{p^3}$$

$$=\frac{\lambda-\kappa}{1+e_0}\frac{1}{p}\left(1-\frac{2q^2}{M^2p^2+q^2}\right)=\frac{\lambda-\kappa}{1+e_0}\frac{1}{p}\frac{M^2p^2-q^2}{M^2p^2+q^2} \tag{1.3.84}$$

$$\frac{\partial f}{\partial q}=\frac{\lambda-\kappa}{1+e_0}\frac{M^2p^2}{M^2p^2+q^2}\times\frac{2q}{M^2p^2}=\frac{\lambda-\kappa}{1+e_0}\frac{2q}{M^2p^2+q^2} \tag{1.3.85}$$

式（1.3.42)、式（1.3.48)、式（1.3.84)、式（1.3.85）と式（1.3.38）より、

$$\frac{\partial f}{\partial \sigma_{ij}}=\frac{\lambda-\kappa}{1+e_0}\frac{1}{p}\frac{M^2p^2-q^2}{M^2p^2+q^2}\frac{\delta_{ij}}{3}+\frac{\lambda-\kappa}{1+e_0}\frac{2q}{M^2p^2+q^2}\frac{3(\sigma_{ij}-p\,\delta_{ij})}{2q}$$

$$=\frac{\lambda-\kappa}{1+e_0}\left\{\frac{M^2p^2-q^2}{M^2p^2+q^2}\frac{\delta_{ij}}{3p}+\frac{3(\sigma_{ij}-p\,\delta_{ij})}{M^2p^2+q^2}\right\} \tag{1.3.86}$$

式（1.3.31）を再録すれば、

$$\Lambda=-\frac{\dfrac{\partial f}{\partial p}dp+\dfrac{\partial f}{\partial q}dq}{\dfrac{\partial f}{\partial \varepsilon_v^p}\dfrac{\partial f}{\partial \sigma_{ii}}} \tag{1.3.31}$$

また、

$$\frac{\partial f}{\partial \varepsilon_v^p}=-1 \tag{1.3.87}$$

式（1.3.86）より、

$$\frac{\partial f}{\partial \sigma_{ii}}=\frac{\partial f}{\partial \sigma_{ij}}\delta_{ij}=\frac{\lambda-\kappa}{1+e_0}\frac{1}{p}\frac{M^2p^2-q^2}{M^2p^2+q^2} \tag{1.3.88}$$

式（1.3.31)、式（1.3.84)、式（1.3.85)、式（1.3.87)、式（1.3.88）より、$\Lambda$ は次のように求めることができる。

$$\Lambda=\frac{\dfrac{\lambda-\kappa}{1+e_0}\dfrac{1}{p}\dfrac{M^2p^2-q^2}{M^2p^2+q^2}dp+\dfrac{\lambda-\kappa}{1+e_0}\dfrac{2q}{M^2p^2+q^2}dq}{\dfrac{\lambda-\kappa}{1+e_0}\dfrac{1}{p}\dfrac{M^2p^2-q^2}{M^2p^2+q^2}}$$

$$=dp+\frac{2pq}{M^2p^2-q^2}dq \tag{1.3.89}$$

$$\therefore d\varepsilon_{ij}^p=\Lambda\frac{\partial f}{\partial\sigma_{ij}}$$

$$=\frac{\lambda-\kappa}{1+e_0}\left\{\frac{M^2p^2-q^2}{M^2p^2+q^2}\frac{\delta_{ij}}{3p}+\frac{3(\sigma_{ij}-p\,\delta_{ij})}{M^2p^2+q^2}\right\}\left(dp+\frac{2pq}{M^2p^2-q^2}dq\right) \tag{1.3.90}$$

さて、式（1.3.90）が Modified Cam-clay モデルによる所要の塑性ひずみ増分 $d\varepsilon_{ij}^p$ の一般式である。ここで、塑性体積ひずみ増分 $d\varepsilon_v^p$ と塑性偏差ひずみ増分 $d\varepsilon_d^p$ を求めてみよう。式（1.3.90）より、

$$d\varepsilon_{11}^p=\frac{\lambda-\kappa}{1+e_0}\left\{\frac{M^2p^2-q^2}{M^2p^2+q^2}\frac{1}{3p}+\frac{3(\sigma_{11}-p)}{M^2p^2+q^2}\right\}\left(dp+\frac{2pq}{M^2p^2-q^2}dq\right) \tag{1.3.91}$$

$$d\varepsilon_{22}^p=\frac{\lambda-\kappa}{1+e_0}\left\{\frac{M^2p^2-q^2}{M^2p^2+q^2}\frac{1}{3p}+\frac{3(\sigma_{22}-p)}{M^2p^2+q^2}\right\}\left(dp+\frac{2pq}{M^2p^2-q^2}dq\right) \tag{1.3.92}$$

$$d\varepsilon_{33}^p=\frac{\lambda-\kappa}{1+e_0}\left\{\frac{M^2p^2-q^2}{M^2p^2+q^2}\frac{1}{3p}+\frac{3(\sigma_{33}-p)}{M^2p^2+q^2}\right\}\left(dp+\frac{2pq}{M^2p^2-q^2}dq\right) \tag{1.3.93}$$

ここに、$d\varepsilon_v^p=d\varepsilon_{11}^p+d\varepsilon_{22}^p+d\varepsilon_{33}^p$ であるから（$\sigma_{11}+\sigma_{22}+\sigma_{33}=3p$ である）、

$$d\varepsilon_v^p=\frac{\lambda-\kappa}{1+e_0}\frac{1}{p}\frac{M^2p^2-q^2}{M^2p^2+q^2}\left(dp+\frac{2pq}{M^2p^2-q^2}dq\right) \tag{1.3.94}$$

あるいは、式（1.3.83）からも次のように $d\varepsilon_v^p$ が求められる。

$$d\varepsilon_v^p=\frac{\partial\varepsilon_v^p}{\partial p}dp+\frac{\partial\varepsilon_v^p}{\partial q}dq$$

$$=\left(\frac{\lambda-\kappa}{1+e_0}\frac{1}{p}-\frac{\lambda-\kappa}{1+e_0}\frac{M^2p^2}{M^2p^2+q^2}\frac{2q^2}{M^2}\frac{1}{p^3}\right)dp+\frac{\lambda-\kappa}{1+e_0}\frac{M^2p^2}{M^2p^2+q^2}\frac{2q}{M^2p^2}dq$$

$$=\frac{\lambda-\kappa}{1+e_0}\frac{1}{p}\frac{M^2p^2-q^2}{M^2p^2+q^2}dp+\frac{\lambda-\kappa}{1+e_0}\frac{2q}{M^2p^2+q^2}dq \tag{1.3.95}$$

ここで、式（1.3.95）と式（1.3.94）が一致することは容易にわかる。また、式（1.3.73）より、

$$\frac{d\varepsilon_v^p}{d\varepsilon_d^p}=\frac{M^2p^2-q^2}{2pq}$$

を意識すれば、$d\varepsilon_d^p$ は直ちに次のように求められる。

$$d\varepsilon_d^p=\frac{\lambda-\kappa}{1+e_0}\frac{1}{p}\frac{2pq}{M^2p^2+q^2}\left(dp+\frac{2pq}{M^2p^2-q^2}dq\right) \tag{1.3.96}$$

したがって、$d\varepsilon_v^p$、$d\varepsilon_d^p$ はマトリックス表示すれば次のように表示される。

$$\begin{Bmatrix} d\varepsilon_v^p \\ d\varepsilon_d^p \end{Bmatrix}=\frac{\lambda-\kappa}{1+e_0}\frac{1}{p}\frac{2pq}{M^2p^2+q^2}\begin{bmatrix} \dfrac{M^2p^2-q^2}{2pq} & 1 \\ 1 & \dfrac{2pq}{M^2p^2-q^2} \end{bmatrix}\begin{Bmatrix} dp \\ dq \end{Bmatrix} \tag{1.3.97}$$

**問題1.5**　Modified Cam-clay モデルに基づいて、下記の試験条件下での応力～ひずみ関係（$q/p$～$\varepsilon_d$～$\varepsilon_v$ 関係、$q$～$\varepsilon_d$ 関係、$\sigma_1'/\sigma_3'$～$\varepsilon_1$、$\varepsilon_3$関係、$\varepsilon_v$～$\varepsilon_1$関係）と応力経路（$q$～$p$ 関係、$(\sigma_1'-\sigma_3')/2$～$(\sigma_1'+\sigma_3')/2$関係）を計算しなさい。モデルパラメーターは $C_c/(1+e_0)=11.7\%$、$C_s/(1+e_0)=1.6\%$、$\phi=34°$、$\nu=0.3$とする。なお、この問題においては、$\sigma_1$、$\sigma_3$、$\sigma_m$ をそれぞれ全応力表示の最大主応力、最小主応力、平均主応力とし、$\sigma_1'$、$\sigma_3'$、$p$ をそれぞれ有効応力表示の最大主応力、最小主応力、平均主応力とする（この本全体としては、応力は原則として有効応力を表すものとして用いてきた）。

(a)　それぞれ $p=196$kPa、$\sigma_3'=196$kPa、$\sigma_1'=196$kPa のときの排水条件下での三軸圧縮（Comp.）試験と三軸伸張（Ext.）試験

(b)　それぞれ $\sigma_m=196$kPa、$\sigma_3=196$kPa、$\sigma_1=196$kPa のときの非排水条件下での三軸圧縮（Comp.）試験と三軸伸張（Ext.）試験

〔解〕

Modified Cam-clay モデルに基づいて応力～ひずみ関係を予測する方法は基本的に Original Cam-clay モデルに基づいた予測方法と同じであり、問題1.3を参照されたい。ただし、具体的な計算式は異なる。

モデルパラメーター($\lambda$、$\kappa$、$e_0$、$M$、$\nu$)の決め方については、Original Cam-clay モデルの場合と同じである。

### (a) 排水条件下での応力～ひずみ関係の予測

一例として、$\sigma_3'=196$kPa の三軸圧縮試験の場合の計算結果を表1.3.3に示す。表中の⑦と⑧列の弾性ひずみ増分の計算は、Original Cam-clay モデルと同じ方法で行う。表中の⑨と⑩列の塑性ひずみ増分については、式（1.3.91）と式（1.3.93）を用いる。

**表1.3.3**　Modified Cam-clay モデルによる $\sigma_3'=196$kPa の排水三軸圧縮試験結果の予測

| ①$\sigma_1'$ | ②$\sigma_3'$ | ③$p$ | ④$q$ | ⑤$dp$ | ⑥$dq$ | ⑦$d\varepsilon_1^e$ | ⑧$d\varepsilon_3^e$ | ⑨$d\varepsilon_1^p$ | ⑩$d\varepsilon_3^p$ | ⑪$\varepsilon_1$ | ⑫$\varepsilon_3$ | ⑬$\varepsilon_d$ | ⑭$\varepsilon_v$ |
|---|---|---|---|---|---|---|---|---|---|---|---|---|---|
| (kPa) | (kPa) | (kPa) | (kPa) | (kPa) | (kPa) | (%) | (%) | (%) | (%) | (%) | (%) | (%) | (%) |
| 196.0 | 196 | 196.00 | 0 | 0 | 0 | 0 | 0 | 0 | 0 | 0 | 0 | 0 | 0 |
| 245.0 | 196 | 212.33 | 49.0 | 16.33 | 49.0 | 0.134 | −0.040 | 0.327 | 0.116 | 0.461 | 0.076 | 0.257 | 0.613 |
| 294.0 | 196 | 228.67 | 98.0 | 16.33 | 49.0 | 0.124 | −0.037 | 0.540 | 0.053 | 1.125 | 0.092 | 0.689 | 1.308 |
| 333.2 | 196 | 241.73 | 137.2 | 13.07 | 39.2 | 0.094 | −0.028 | 0.564 | −0.016 | 1.783 | 0.048 | 1.157 | 1.879 |
| 372.4 | 196 | 254.80 | 176.4 | 13.07 | 39.2 | 0.089 | −0.027 | 0.695 | −0.084 | 2.567 | −0.062 | 1.753 | 2.443 |
| 401.8 | 196 | 264.60 | 205.8 | 9.80 | 29.4 | 0.064 | −0.019 | 0.599 | −0.106 | 3.231 | −0.187 | 2.279 | 2.856 |
| 431.2 | 196 | 274.40 | 235.2 | 9.80 | 29.4 | 0.062 | −0.019 | 0.684 | −0.154 | 3.977 | −0.360 | 2.891 | 3.257 |
| 460.6 | 196 | 284.20 | 264.6 | 9.80 | 29.4 | 0.060 | −0.018 | 0.782 | −0.210 | 4.818 | −0.588 | 3.604 | 3.643 |
| 490.0 | 196 | 294.00 | 294.0 | 9.80 | 29.4 | 0.058 | −0.017 | 0.901 | −0.276 | 5.777 | −0.881 | 4.439 | 4.015 |
| 519.4 | 196 | 303.80 | 323.4 | 9.80 | 29.4 | 0.056 | −0.017 | 1.054 | −0.360 | 6.888 | −1.258 | 5.431 | 4.371 |
| 548.8 | 196 | 313.60 | 352.8 | 9.80 | 29.4 | 0.054 | −0.016 | 1.265 | −0.472 | 8.207 | −1.747 | 6.636 | 4.713 |
| 578.2 | 196 | 323.40 | 382.2 | 9.80 | 29.4 | 0.053 | −0.016 | 1.578 | −0.636 | 9.837 | −2.398 | 8.157 | 5.041 |
| 607.6 | 196 | 333.20 | 411.6 | 9.80 | 29.4 | 0.051 | −0.015 | 2.102 | −0.904 | 11.990 | −3.318 | 10.205 | 5.355 |
| 627.2 | 196 | 339.73 | 431.2 | 6.53 | 19.6 | 0.033 | −0.010 | 1.806 | −0.808 | 13.830 | −4.136 | 11.977 | 5.559 |
| 646.8 | 196 | 346.27 | 450.8 | 6.53 | 19.6 | 0.033 | −0.010 | 2.555 | −1.185 | 16.417 | −5.330 | 14.498 | 5.756 |
| 666.4 | 196 | 352.80 | 470.4 | 6.53 | 19.6 | 0.032 | −0.010 | 4.410 | −2.115 | 20.859 | −7.455 | 18.876 | 5.949 |
| 686.0 | 196 | 359.33 | 490.0 | 6.53 | 19.6 | 0.032 | −0.009 | 16.843 | −8.334 | 37.734 | −15.799 | 35.689 | 6.136 |

表1.3.3によって得られた $\sigma_3'=196$kPa の三軸圧縮試験の予測結果を図1.3.18中に実線で示す。図中には、参考のために、Original Cam-clay モデルによる予測結果も破線で示してある。同図より、同じモデルパラメーターでの Modified Cam-clay モデルによるひずみは Original Cam-clay モデルによるひずみよりも小さくなっている。これは、Original モデルの塑性ポテンシャル曲線が“痩（や）せ型”を呈しているためである。すなわち、図1.3.5と図1.3.15を比較すればわかるように同じ応力比での塑性ひずみ増分ベクトルの勾配は、Modified モデルの方が小さい（ねている）ために、同じ塑性体積ひずみ増分に対して Modified モデルによる塑性せん断ひずみ増分が小さいためである。

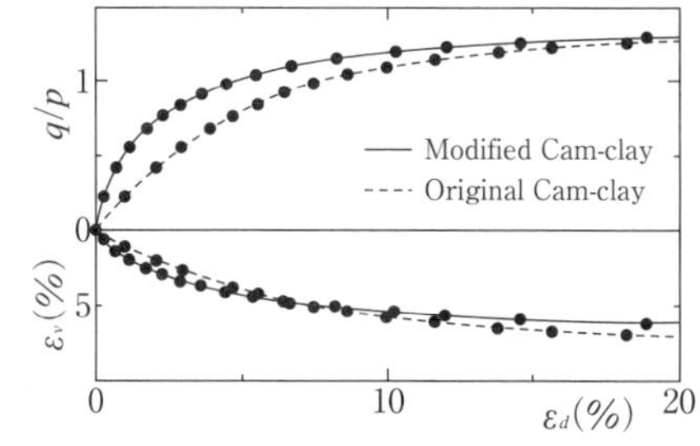


(a) $q/p$～$\varepsilon_d$関係、$\varepsilon_v$～$\varepsilon_d$関係

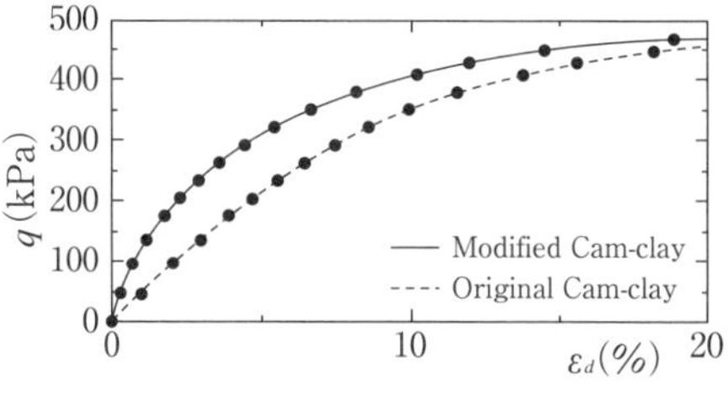


(b) $q$～$\varepsilon_d$関係

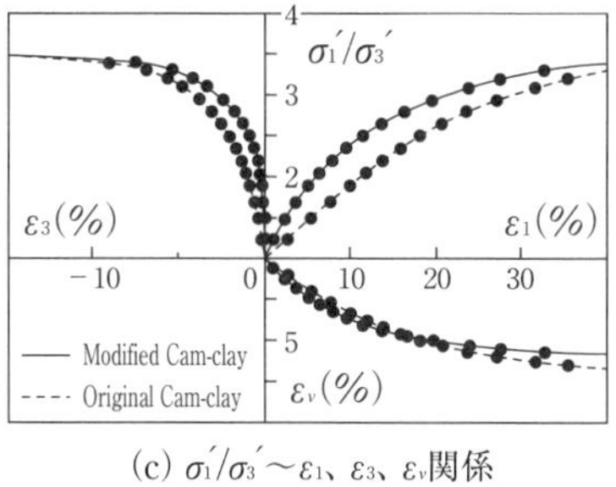


(c) $\sigma_1'/\sigma_3'$～$\varepsilon_1$、$\varepsilon_3$、$\varepsilon_v$関係

**図1.3.18　Modified Cam-clayモデルによる排水条件下($\sigma_3$＝196kPa)の三軸圧縮試験の予測結果**

(b)　非排水条件下での有効応力経路および応力～ひずみ関係の予測

式（1.3.35）と式（1.3.95）を非排水条件式（$d\varepsilon_v = d\varepsilon_v^e + d\varepsilon_v^p = 0$）に代入すると、

$$\frac{\kappa}{1+e_0}\cdot\frac{dp}{p}+\frac{\lambda-\kappa}{1+e_0}\cdot\frac{1}{M^2p^2+q^2}\left\{\frac{M^2p^2-q^2}{p}dp+2qdq\right\}=0 \qquad (1.3.98)$$

ここに,

$$p=\sigma_m-u \qquad (1.3.99)$$

$$dp = d\sigma_m - du \tag{1.3.100}$$

なお、$u$ は過剰間隙水圧である。

ここでは、$\sigma_m = 196$kPa の非排水三軸伸張試験の場合を例として説明する。$\sigma_m =$ 一定であるので、

$$dp = d(\sigma_m - u) = -du \tag{1.3.101}$$

$$dq = d(\sigma_1' - \sigma_3') = d(\sigma_1 - \sigma_3) = d\sigma_1 - d\sigma_3 \tag{1.3.102}$$

式（1.3.99)、式（1.3.101)、式（1.3.102）を式（1.3.98）に代入して、整理すれば次式を得る。

$$du = \frac{2(\lambda - \kappa)\eta dq}{\lambda(M^2 - \eta^2) + 2\kappa\eta^2} \tag{1.3.103}$$

ここに,

$$\eta = \frac{q}{\sigma_m - u} \tag{1.3.104}$$

非排水条件での応力～ひずみ関係を予測する手順については、Modified Cam-clay モデルの場合も Original Cam-clay モデルの場合と同じである。表1.3.4は、$\sigma_m = 196$kPa の非排水三軸伸張試験の Modified Cam-clay モデルによる予測値を示している。④列の過剰間隙水圧増分の計算には式（1.3.103）を用いている。他の計算方法は排水条件の場合と同じである。

図1.3.19、図1.3.20は、表1.3.4の予測結果を図示したものである。図1.3.20の両モデルの予測結果より、Modified Cam-clay モデルの方が有効応力経路が立つのが見られる。また、図1.3.20の両モデルの予測結果より、Modified Cam-clay モデルによる非排水強度 $q_u$ の方が高くなるのが見られる。これは、Cam-clay モデルの硬化パラメーターは塑性体積ひずみ $\varepsilon_v^p$ であるので、非排水条件（$d\varepsilon_v = 0$）の応力経路は塑性体積ひずみ増分 $d\varepsilon_v^p = 0$の降伏曲線に近くなり（弾性体積ひずみ増分 $d\varepsilon_v^e$ は一般に小さいので)、図1.3.16よりわかるように Modified Cam-clay モデルの方が降伏曲線が立って、限界状態線（$q/p = M$）との交点が高いためである。なお、図1.3.19(c)の中にせん断時の体積ひずみがわずかながら出ることについては、図1.3.12(c)と同じ原因によるものである。

**表 1.3.4**　Modified Cam-clay モデルによる $\sigma_m = 196\text{kPa}$ の非排水三軸伸張試験結果の予測

| ①$\sigma_3$ | ②$\sigma_1$ | ③$\sigma_m$ | ④$du$ | ⑤$u$ | ⑥$\sigma'_3$ | ⑦$\sigma'_1$ | ⑧$p$ | ⑨$q$ | ⑩$dp$ | ⑪$dq$ | ⑫$d\varepsilon_3^e$ | ⑬$d\varepsilon_1^e$ |
|---|---|---|---|---|---|---|---|---|---|---|---|---|
| (kPa) | (kPa) | (kPa) | (kPa) | (kPa) | (kPa) | (kPa) | (kPa) | (kPa) | (kPa) | (kPa) | (%) | (%) |
| 196 | 196 | 196 | 0 | 0 | 196 | 196 | 196 | 0 | 0 | 0 | 0 | 0 |
| 176.4 | 205.8 | 196 | 4.068 | 4.07 | 172.33 | 201.73 | 191.93 | 29.40 | −4.07 | 29.40 | −0.082 | 0.034 |
| 166.6 | 210.7 | 196 | 3.153 | 7.22 | 159.38 | 203.48 | 188.78 | 44.10 | −3.15 | 14.70 | −0.043 | 0.016 |
| 156.8 | 215.6 | 196 | 4.350 | 11.57 | 145.23 | 204.03 | 184.43 | 58.80 | −4.35 | 14.70 | −0.045 | 0.015 |
| 147.0 | 220.5 | 196 | 5.706 | 17.28 | 129.72 | 203.22 | 178.72 | 73.50 | −5.71 | 14.70 | −0.049 | 0.013 |
| 137.2 | 225.4 | 196 | 7.320 | 24.60 | 112.60 | 200.80 | 171.40 | 88.20 | −7.32 | 14.70 | −0.053 | 0.012 |
| 127.4 | 230.3 | 196 | 9.370 | 33.97 | 93.43 | 196.33 | 162.03 | 102.90 | −9.37 | 14.70 | −0.059 | 0.009 |
| 119.6 | 234.2 | 196 | 9.427 | 43.39 | 76.17 | 190.83 | 152.61 | 114.66 | −9.43 | 11.80 | −0.053 | 0.005 |
| 117.6 | 235.2 | 196 | 2.686 | 46.08 | 71.52 | 189.12 | 149.92 | 117.60 | −2.69 | 2.94 | −0.014 | 0.001 |
| 113.7 | 237.2 | 196 | 5.994 | 52.07 | 61.61 | 185.09 | 143.93 | 123.48 | −5.99 | 5.88 | −0.030 | 0.001 |
| 109.8 | 239.1 | 196 | 7.013 | 59.09 | 50.67 | 180.03 | 136.91 | 129.36 | −7.01 | 5.88 | −0.033 | −0.001 |
| 107.8 | 240.1 | 196 | 4.055 | 63.14 | 44.66 | 176.96 | 132.86 | 132.30 | −4.06 | 2.94 | −0.018 | −0.002 |
| 105.8 | 241.1 | 196 | 4.552 | 67.70 | 38.14 | 173.38 | 128.30 | 135.24 | −4.55 | 2.94 | −0.020 | −0.002 |
| 103.9 | 242.1 | 196 | 5.230 | 72.93 | 30.95 | 169.13 | 123.07 | 138.18 | −5.23 | 2.94 | −0.022 | −0.004 |
| 101.9 | 243.0 | 196 | 6.240 | 79.16 | 22.76 | 163.88 | 116.84 | 141.12 | −6.24 | 2.94 | −0.025 | −0.006 |
| 100.9 | 243.5 | 196 | 3.844 | 83.01 | 17.93 | 160.52 | 112.99 | 142.59 | −3.84 | 1.47 | −0.014 | −0.005 |
| 100.5 | 243.8 | 196 | 2.239 | 85.25 | 15.20 | 158.53 | 110.75 | 143.32 | −2.24 | 0.74 | −0.008 | −0.003 |
| 99.96 | 244.0 | 196 | 2.506 | 87.75 | 12.21 | 156.27 | 108.25 | 144.06 | −2.51 | 0.74 | −0.009 | −0.004 |
| 99.76 | 244.1 | 196 | 1.136 | 88.89 | 10.87 | 155.23 | 107.11 | 144.35 | −1.14 | 0.29 | −0.004 | −0.002 |
| 99.67 | 244.2 | 196 | 0.605 | 89.50 | 10.17 | 154.67 | 106.50 | 144.50 | −0.61 | 0.15 | −0.002 | −0.001 |
| 99.57 | 244.2 | 196 | 0.629 | 90.12 | 9.44 | 154.09 | 105.88 | 144.65 | −0.63 | 0.15 | −0.002 | −0.001 |
| 99.53 | 244.2 | 196 | 0.261 | 90.39 | 9.14 | 153.85 | 105.61 | 144.71 | −0.26 | 0.06 | −0.001 | 0 |
| 99.51 | 244.3 | 196 | 0.133 | 90.52 | 8.99 | 153.73 | 105.48 | 144.74 | −0.13 | 0.03 | 0 | 0 |
| 99.50 | 244.3 | 196 | 0.080 | 90.60 | 8.90 | 153.65 | 105.40 | 144.75 | −0.08 | 0.02 | 0 | 0 |
| 99.49 | 244.3 | 196 | 0.040 | 90.64 | 8.85 | 153.61 | 105.36 | 144.76 | −0.04 | 0.01 | 0 | 0 |

| ⑭$d\varepsilon_3^p$ | ⑮$d\varepsilon_1^p$ | ⑯$\varepsilon_3$ | ⑰$\varepsilon_1$ | ⑱$\varepsilon_d$ | ⑲$\varepsilon_v$ |
|---|---|---|---|---|---|
| (%) | (%) | (%) | (%) | (%) | (%) |
| 0 | 0 | 0 | 0 | 0 | 0 |
| 0.003 | 0.007 | −0.079 | 0.041 | 0.080 | 0.002 |
| 0.001 | 0.006 | −0.121 | 0.062 | 0.122 | 0.004 |
| 0.000 | 0.010 | −0.167 | 0.087 | 0.169 | 0.006 |
| −0.004 | 0.016 | −0.219 | 0.115 | 0.223 | 0.012 |
| −0.012 | 0.025 | −0.284 | 0.152 | 0.291 | 0.020 |
| −0.029 | 0.043 | −0.372 | 0.204 | 0.384 | 0.036 |
| −0.049 | 0.055 | −0.474 | 0.264 | 0.492 | 0.054 |
| −0.013 | 0.013 | −0.500 | 0.278 | 0.519 | 0.056 |
| −0.043 | 0.040 | −0.573 | 0.319 | 0.595 | 0.064 |
| −0.074 | 0.061 | −0.681 | 0.379 | 0.707 | 0.076 |
| −0.048 | 0.037 | −0.747 | 0.414 | 0.774 | 0.080 |
| −0.072 | 0.051 | −0.839 | 0.463 | 0.868 | 0.086 |
| −0.122 | 0.080 | −0.983 | 0.538 | 1.014 | 0.094 |
| −0.263 | 0.156 | −1.271 | 0.689 | 1.307 | 0.107 |
| −0.236 | 0.132 | −1.521 | 0.816 | 1.558 | 0.112 |
| −0.187 | 0.101 | −1.716 | 0.915 | 1.754 | 0.113 |
| −0.414 | 0.216 | −2.138 | 1.127 | 2.177 | 0.116 |
| −0.293 | 0.151 | −2.436 | 1.276 | 2.475 | 0.116 |
| −0.234 | 0.119 | −2.672 | 1.394 | 2.711 | 0.116 |
| −0.546 | 0.275 | −3.220 | 1.668 | 3.259 | 0.117 |
| −0.451 | 0.227 | −3.672 | 1.894 | 3.711 | 0.117 |
| −0.476 | 0.238 | −4.148 | 2.132 | 4.187 | 0.117 |
| −0.834 | 0.417 | −4.983 | 2.550 | 5.022 | 0.117 |
| −9.484 | 4.742 | −14.47 | 7.292 | 14.506 | 0.117 |

(a) $q/p \sim \varepsilon_d$ 関係

(b) $q \sim \varepsilon_d$ 関係

(c) $\sigma_1'/\sigma_3' \sim \varepsilon_1$、$\varepsilon_3$、$\varepsilon_v$ 関係

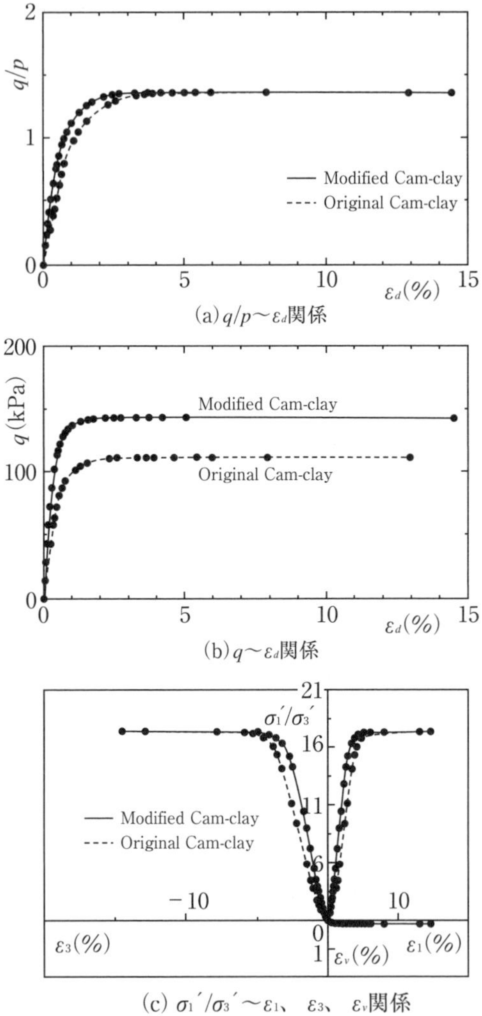

図1.3.19 Modified Cam-clayモデルによる非排水条件下 ($\upsilon_m = 196\text{kPa}$) の三軸伸張試験の予測結果

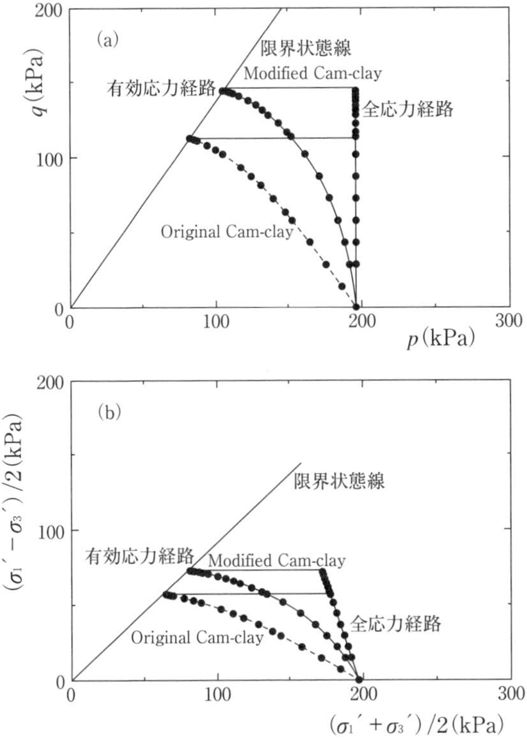


**図1.3.20**　Modified Cam-clayモデルによる非排水条件下（$\sigma_m$＝196kPa）の三軸伸張試験の有効応力経路の予測結果

# 1.4　SMP 規準と Cam-clay モデルの合体──変換応力 $\tilde{\sigma}_{ij}$ の登場[28)]

Cam-clay モデルは金属塑性論を土質材料に適用したという経緯もあって、せん断降伏規準や破壊規準に拡張ミーゼス規準（Extended Mises 規準）$q/p$＝一定を用いている。金属材料の降伏規準や破壊規準としては、すでに1.2(1)で述べたようにミーゼス規準（Mises 規準）$q=(3/\sqrt{2})\tau_{\mathrm{oct}}$＝一定を用いることが多いが、土は摩擦性材料であって手のひらの上の砂が吹けば飛ぶように拘束圧 $p=0$ のときはせん断抵抗 $q=0$ となるので、$q=$ 一定のミーゼス規準ではなく $q/p=$ 一定の拡張ミーゼス規準を用いたのであろう（$q=$ 一定のミーゼス規準は主応力空間で表示すれば空間対角線（Space Diagonal）を軸とする円柱形となり、$q/p=$ 一定の拡張ミーゼス規準は主応力空間で表示すれば空間対角線を軸とする円錐形となる。図1.4.1(a)参照)。しかしながら、土のような粒状体は摩擦性材料であるので、すでに述べたように2次元応力下ではモール・クーロン規準、3次元応力下ではSMP規準（松岡・中井規準）に従うと考えられる。したがって、円柱形を円錐形に修正するだけでは不十分であって、図1.4.1(b)に示すような“オムスビ錐形”としなければならない。

さて、図1.4.1は(a)拡張トレスカ規準（正六角錐形）と拡張ミーゼス規準（円錐形）、および(b)モール・クーロン規準（ひずんだ六角錐形）とSMP規準（オムスビ錐形）の主応力空間における形を示したものであり、図1.4.2はそれらの空間対角線（図1.4.1中の斜めの矢印）の方向から見た $\pi$ 面（正八面体面）上の形を示したものである（図.1.2.5と比較すれば切り口の形は一致する)。図1.4.1より、拡張ミーゼス規準が拡張トレスカ規準を表す正六角錐形に外接する円錐形で表されるのと全く同様に、SMP規準がモール・クーロン規準を表すひずんだ六角錐形に外接する“オムスビ錐形”で表されるのが見られる。また図1.4.2より、$\pi$ 面上では拡張ミーゼス規準が拡張トレスカ規準を表す正六角形に外接する、外に凸なスムーズな曲線、円となるのと全く同様に、SMP規準がモール・クーロン規準を表すひずんだ六角形に外接する、外に凸なスムーズな曲線、オムスビ形となるのが見られる。図1.4.3は藤の森粘土と呼ばれる人工練返し再圧密粘性土の三軸圧縮試験、三軸伸張試験、三主応力制御試験による破壊時の応力状態とモール・クーロン規準（点線)、SMP規準（実線)、拡張ミーゼス規準（一点鎖線）の比較を示したものである。同図より、実測値（○印と■印）は実線で表されるSMP規準に最も近く、一点鎖線で表される拡張ミーゼス規準（Cam-clay モデルで用いられている）とは遠く離れているのが見られる。

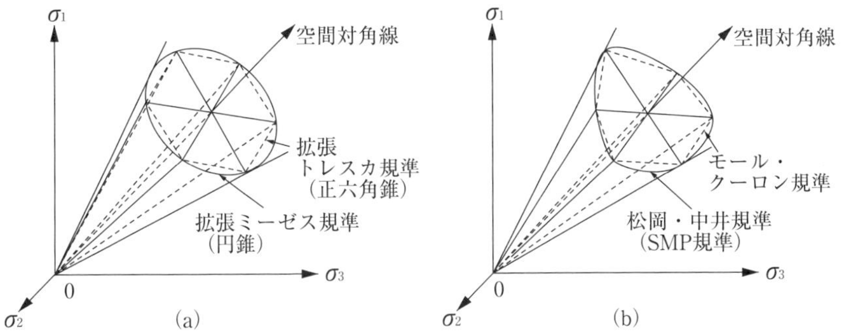


**図1.4.1**　3次元応力空間で表わした（a）拡張トレスカおよび拡張ミーゼス規準と（b）モール・クーロンおよび松岡・中井規準（SMP規準）

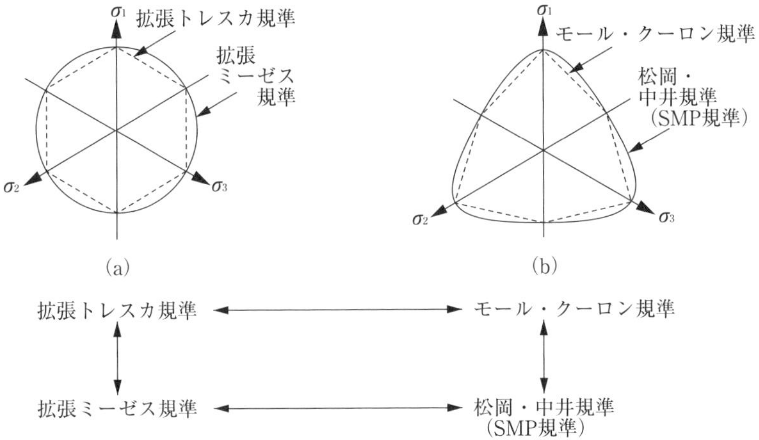


**図1.4.2**　$\pi$ 面上での4つの破壊規準の相互関係

そこで、次のような発想の転換をはかってみた。すなわち、図1.4.4に示すように $\pi$ 面上の SMP 規準のオムスビ形（実線）を円形（点線）―― $\pi$ 面上の拡張ミーゼス規準の形――に変換することを考える。そのような変換を可能にする応力間の関係を求めるのである（いわば、ひずんだ鏡を通して見ればオムスビ形が常に円形に見えるような関係を求めることに相当する）。図1.4.4に示すように、通常の応力空間の点 A′ を $\sigma_{ij}$ とし、変換応力空間の点 A を $\tilde{\sigma}_{ij}$ と

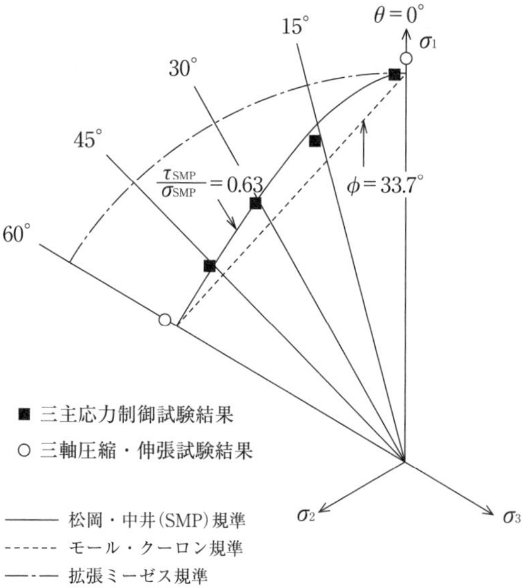


**図1.4.3**　$\pi$面上で表わした藤の森粘土の破壊時の応力状態[33]とモール・クーロン規準、松岡・中井（SMP）規準および拡張ミーゼス規準

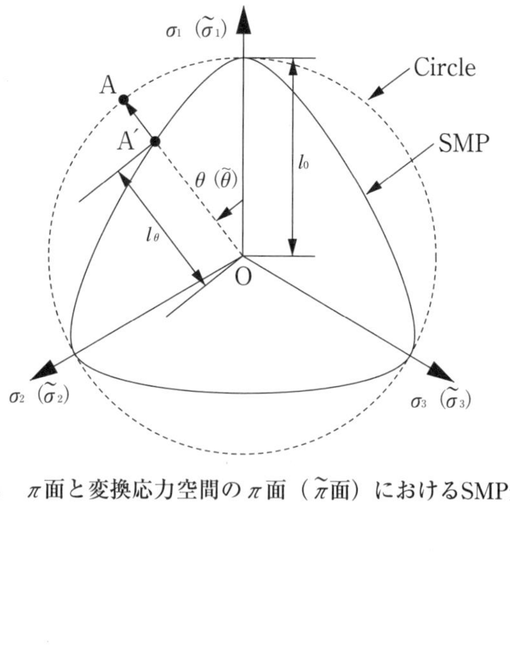


**図1.4.4**　$\pi$面と変換応力空間の$\pi$面（$\tilde{\pi}$面）におけるSMP規準

すれば、両者の間には次の関係が成り立つ。

$$\tilde{p}=p \tag{1.4.1}$$

$$\tilde{\theta}=\theta \tag{1.4.2}$$

$$\sqrt{\tilde{s}_{ij}\tilde{s}_{ij}}=l_0 \tag{1.4.3}$$

ここに、$\tilde{p}$はこれから求める変換応力テンソル$\tilde{\sigma}_{ij}$の平均主応力であり、$\theta$と$\tilde{\theta}$はそれぞれ図1.4.4に示しているように $\pi$ 面上での $\sigma_1$方向と OA′ 方向の夾角と、$\tilde{\pi}$面上での$\tilde{\sigma}_1$方向と OA の夾角である。$\tilde{s}_{ij}$は変換応力$\tilde{\sigma}_{ij}$の偏差応力成分であり、次式で表される。

$$\tilde{s}_{ij}=\tilde{\sigma}_{ij}-\tilde{p}\,\delta_{ij} \tag{1.4.4}$$

$l_0$は $\pi$ 面上での三軸圧縮応力経路線と SMP 曲線の交点と原点 O との長さ、すなわち $\theta=0^\circ$ の時の SMP 曲線（点 A′ を通る）上の点から原点 O への長さであり、次式で表される。

$$\begin{aligned} l_0 &= \frac{2\sqrt{6}p}{3\sqrt{1+8\left(\tau_{\mathrm{SMP}}/\sigma_{\mathrm{SMP}}\right)^{-2}/9}-1} \\ &=2\sqrt{\frac{2}{3}}\frac{I_1}{3\sqrt{\left(I_1I_2-I_3\right)/\left(I_1I_2-9I_3\right)}-1} \end{aligned} \tag{1.4.5}$$

式（1.4.2)、(1.4.3）はそれぞれ次のように書き換えることができる（$\cos 3\theta=\sqrt{6}\frac{s_{ik}s_{kl}s_{li}}{\left(s_{mn}s_{mn}\right)^{3/2}}$ と表されるので)。

$$\frac{\tilde{s}_{ik}\tilde{s}_{kl}\tilde{s}_{li}}{\left(\tilde{s}_{mn}\tilde{s}_{mn}\right)^{3/2}}=\frac{s_{ik}s_{kl}s_{li}}{\left(s_{mn}s_{mn}\right)^{3/2}} \tag{1.4.6}$$

$$\sqrt{\tilde{s}_{ij}\tilde{s}_{ij}}=\frac{l_0}{l_\theta}\sqrt{s_{ij}s_{ij}} \tag{1.4.7}$$

ここに、$l_\theta$ は図1.4.4に示すように OA′ の長さである。式（1.4.7）は通常の応力 $\sigma_{ij}$ の偏差応力成分の大きさ $\sqrt{s_{ij}s_{ij}}$ を $l_0/l_\theta$、すなわち OA/OA′ の割合で引き伸ばして変換応力の偏差応力成分の大きさ $\sqrt{\tilde{s}_{ij}\tilde{s}_{ij}}$ とすることを意味している。式（1.4.1)、式（1.4.6)、式（1.4.7）より、点 A′ に対する点 A の変換応力$\tilde{\sigma}_{ij}$は、$\sigma_{ij}$ と$\tilde{\sigma}_{ij}$の主軸方向が一致する条件の下で次のように求められる。

$$\tilde{\sigma}_{ij}=\tilde{p}\delta_{ij}+\tilde{s}_{ij}=p\delta_{ij}+\frac{l_0}{l_\theta}s_{ij}=p\delta_{ij}+\frac{l_0}{\sqrt{s_{kl}s_{kl}}}s_{ij} \tag{1.4.8}$$

ここで、式（1.4.5）より $l_0$が求められるので、応力 $\sigma_{ij}$ が決まれば、式（1.4.8）を用いて変換応力$\tilde{\sigma}_{ij}$を求めることができるのである。以上の変換応力$\tilde{\sigma}_{ij}$の誘導過程からわかるように、SMP 規準を変換主応力（$\tilde{\sigma}_i$）空間で表せば、座標原点を頂点とし空間対角線を軸とする円錐形となる（図1.4.5参照）。周知のように Cam-clay モデルが採用している拡張ミーゼス規準は通常の主応力空間で円錐形であるので、この両者が同じ円錐形であることに基づいて SMP 規準と Cam-clay モデルの合体をはかるのである。すなわち、Original Cam-clay モデルや Modified Cam-clay モデルの式の形は全く変えずに、単に応力（$\sigma_{ij}$, $p$, $q$）を変換応力（$\tilde{\sigma}_{ij}$, $\tilde{p}$, $\tilde{q}$）に変えればよいのである。また、モデル・パラメーターは図1.4.4からわかるように三軸圧縮条件で通常の応力状態と変換応力状態（実線と破線）を一致させているので、元のモデルのパラメーターと同じ値を用いることができる（パラメーターは三軸圧縮試験によって決めているからである）。この辺のところが変換応力$\tilde{\sigma}_{ij}$の考え方のミソであろう（構成式の形は同じでウエーブ（波）～ が応力記号の上に付くだけであり、モデルパラメーターも元のものと同じ）。表1.4.1に Original Cam-clay モデルとその

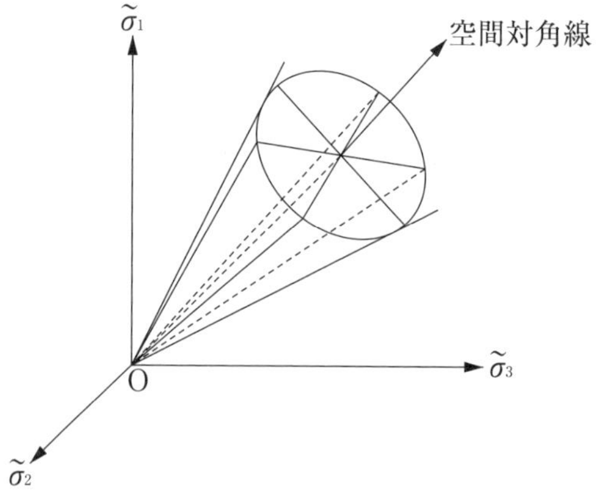


**図1.4.5　変換主応力空間でのSMP規準**

**表 1.4.1**　Original Cam-clay モデルと SMP 規準に基づく変換応力を用いた Original Cam-clay モデルの比較

| | Orig. Cam-clay model | Revised orig. Cam-clay model |
|---|---|---|
| 応力テンソル | $\sigma_{ij}$ | $\tilde{\sigma}_{ij}=p\delta_{ij}+\dfrac{l_0}{l_\theta}s_{ij}$ |
| 応力不変量 | $p=\dfrac{1}{3}\sigma_{ii}$, $q=\sqrt{\dfrac{3}{2}(\sigma_{ij}-p\delta_{ij})(\sigma_{ij}-p\delta_{ij})}$ | $\tilde{p}=\dfrac{1}{3}\tilde{\sigma}_{ii}$, $\tilde{q}=\sqrt{\dfrac{3}{2}(\tilde{\sigma}_{ij}-\tilde{p}\delta_{ij})(\tilde{\sigma}_{ij}-\tilde{p}\delta_{ij})}$ |
| ひずみ増分 | $d\varepsilon_{ij}$ | |
| ひずみ増分不変量 | $d\varepsilon_v=d\varepsilon_{ii}$, $d\varepsilon_d=\sqrt{\dfrac{2}{3}\left(d\varepsilon_{ij}-\dfrac{1}{3}d\varepsilon_v\delta_{ij}\right)\left(d\varepsilon_{ij}-\dfrac{1}{3}d\varepsilon_v\delta_{ij}\right)}$ | |
| 全ひずみ増分 | $d\varepsilon_{ij}=d\varepsilon_{ij}^e+d\varepsilon_{ij}^p$ | |
| 弾性ひずみ増分 | $d\varepsilon_{ij}^e=\dfrac{1+\nu}{E}d\sigma_{ij}-\dfrac{\nu}{E}d\sigma_{mm}\delta_{ij}$, $E=\dfrac{3(1-2\nu)(1+e_0)}{\kappa}p$ | |
| 破壊規準 | $q/p=M$ | $\tilde{q}/\tilde{p}=M$ |
| | $M=6\sin\phi/(3-\sin\phi)$ | |
| ストレス・ダイレイタンシー式 | $\dfrac{q}{p}=M-\dfrac{d\varepsilon_v^p}{d\varepsilon_d^p}$ | $\dfrac{\tilde{q}}{\tilde{p}}=M-\dfrac{d\varepsilon_v^p}{d\varepsilon_d^p}$ |
| 直交条件 | $\dfrac{dq}{dp}\times\dfrac{d\varepsilon_d^p}{d\varepsilon_v^p}=-1$ | $\dfrac{d\tilde{q}}{d\tilde{p}}\times\dfrac{d\varepsilon_d^p}{d\varepsilon_v^p}=-1$ |
| 塑性ポテンシャルと降伏関数 | $g=f=\dfrac{\lambda-\kappa}{1+e_0}\left[\ln\dfrac{p}{p_0}+\dfrac{1}{M}\dfrac{q}{p}\right]-\varepsilon_v^p=0$ | $g=f=\dfrac{\lambda-\kappa}{1+e_0}\left[\ln\dfrac{\tilde{p}}{\tilde{p}_0}+\dfrac{1}{M}\dfrac{\tilde{q}}{\tilde{p}}\right]-\varepsilon_v^p=0$ |
| 硬化パラメーター | $\varepsilon_v^p$ | |
| 塑性ひずみ増分(流動則) | $d\varepsilon_{ij}^p=\Lambda\dfrac{\partial f}{\partial\sigma_{ij}}$ | $d\varepsilon_{ij}^p=\Lambda\dfrac{\partial f}{\partial\tilde{\sigma}_{ij}}$ |
| 比例定数 | $\Lambda=dp+\dfrac{dq}{M-q/p}$ | $\Lambda=d\tilde{p}+\dfrac{d\tilde{q}}{M-\tilde{q}/\tilde{p}}$ |
| 応力勾配 | $\dfrac{\partial f}{\partial\sigma_{ij}}=\dfrac{\lambda-\kappa}{1+e_0}\dfrac{1}{Mp}\times\left[\dfrac{1}{3}\left(M-\dfrac{q}{p}\right)\delta_{ij}+\dfrac{3(\sigma_{ij}-p\delta_{ij})}{2q}\right]$ | $\dfrac{\partial f}{\partial\tilde{\sigma}_{ij}}=\dfrac{\lambda-\kappa}{1+e_0}\dfrac{1}{M\tilde{p}}\times\left[\dfrac{1}{3}\left(M-\dfrac{\tilde{q}}{\tilde{p}}\right)\delta_{ij}+\dfrac{3(\tilde{\sigma}_{ij}-\tilde{p}\delta_{ij})}{2\tilde{q}}\right]$ |
| モデルパラメーター | $\phi$, $\lambda/(1+e_0)$, $\kappa/(1+e_0)$, $\nu$ | |
| 注 | $e_0$：初期間隙比，$\phi$：内部摩擦角，$\lambda$：圧縮指数，$\kappa$：膨張指数，$E$：弾性係数，$\nu$：　ポアソン比，$l_0$：式（1.4.5）と図 1.4.4 を参照，$l_\theta$：式（1.4.8）と図 1.4.4 を参照 | |

SMP 規準に基づいた変換応力を導入したモデルの比較を示す。両者はほとんど同じであり、単に $\sigma_{ij}\rightarrow\tilde{\sigma}_{ij}$、$p\rightarrow\tilde{p}$、$q\rightarrow\tilde{q}$の変更のみであるのが見られる（ひずみ増分 $d\varepsilon_{ij}$、$d\varepsilon_v^p$、$d\varepsilon_d^p$ については、後程実験データによって示すように、通常のひずみ増分を用いてよいのである)。

ここで、SMP 規準に基づく変換応力を用いた Original Cam-clay モデル（SMP Original Cam-clay モデル）の破壊時の限界状態（Critical State）と呼ばれるものについて少し考えてみよう。破壊時には、SMP 破壊規準を満足すると考えて、

$$\tilde{q}/\tilde{p}=M \tag{1.4.9}$$

なお、ここで $M=6\sin\phi/(3-\sin\phi)$ であり、$\tau_{SMP}/\sigma_{SMP}=(2\sqrt{2}/3)\tan\phi$ であるので、$\tilde{q}/\tilde{p}=M$ のときは $\tau_{SMP}/\sigma_{SMP}$ も一定となって SMP 規準を満足するのである。表1.4.1のストレス・ダイレイタンシー式（Stress-dilatancy Equation）の欄より、$\tilde{q}/\tilde{p}=M$ のときは、

$$d\varepsilon_v^p=0 \tag{1.4.10}$$

また、式（1.3.26）より、

$$\varepsilon_v^p=\frac{\lambda-\kappa}{1+e_0}\left(ln\frac{\tilde{p}}{\tilde{p}_0}+1\right) \tag{1.4.11}$$

ここに、$e_0$は$\tilde{p}=\tilde{p}_0$における土の間隙比である。式（1.4.9)～(1.4.11）が満足されるときには、土は塑性体積変化を起こさずに連続的にせん断変形のみを起こす限界状態に達したと考えるのである。式（1.4.9)～(1.4.11）は、三軸圧縮条件下では Original Cam-clay モデルの限界状態条件に一致するので、３次元応力下での一般的な Original Cam-clay モデルの限界状態条件と見ることができよう。

次に、表1.4.1に示されているストレス・ダイレイタンシー式について考えよう。SMP 規準に基づく変換応力を用いた Original Cam-clay モデルのストレス・ダイレイタンシー式、$\tilde{q}/\tilde{p}=M-d\varepsilon_v^p/d\varepsilon_d^p$ を変換応力比を縦軸にとって図示すれば図1.4.6(a)のようになる。この図は三軸圧縮（$\sigma_1>\sigma_2=\sigma_3$；Comp.）条件、三軸伸張（$\sigma_1=\sigma_2>\sigma_3$；Ext.）条件だけでなく、相異なる３主応力下（$\sigma_1$

$>\sigma_2>\sigma_3$）でも同じ直線になることを意味している。この直線関係を通常の応力比 $q/p$ を縦軸にとって書き直すと、三軸圧縮(Comp.)条件と三軸伸張(Ext.)条件でも２つに分かれて図1.4.6(b)のように表示される。図1.4.7(a)、(b)は藤の森粘土の三軸圧縮試験結果（○印）と三軸伸張試験結果（●印）[32]をそれぞれ同じ関係で整理したものである。図1.4.6と図1.4.7を比較すれば、図1.4.6に示す変換応力比 $\tilde{q}/\tilde{p}$ によるストレス・ダイレイタンシー式は図1.4.7に示す実測値の傾向をよく説明するのが見られる。通常の応力比 $q/p$ を用いるOriginal Cam-clay モデルでは、図1.4.6(b)中の実線の直線関係となって三軸

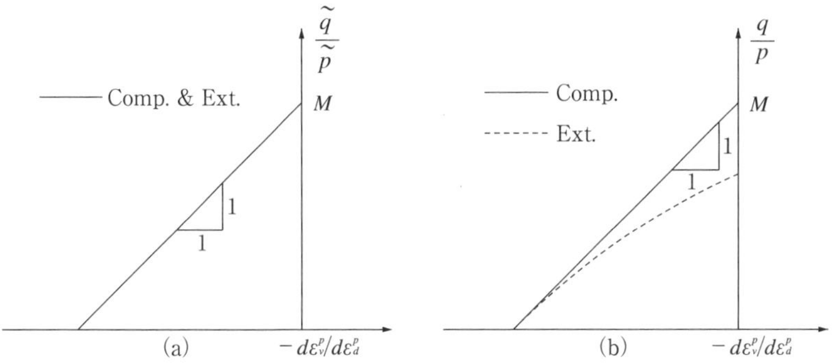


図1.4.6　SMP規準に基づく変換応力を用いたOriginal Cam-clayモデルのストレス・ダイレイタンシー関係

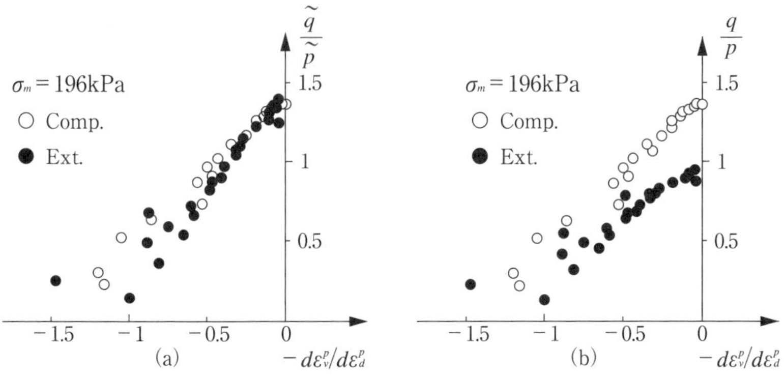


図1.4.7　実測された藤の森粘土のストレス・ダイレイタンシー関係

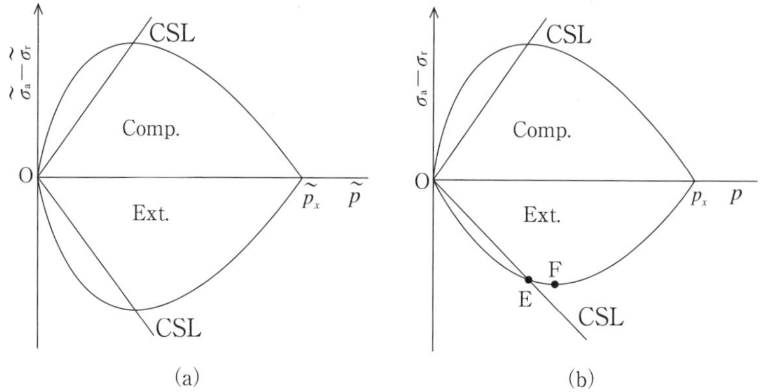


**図1.4.8**　SMP規準に基づく変換応力を用いたOriginal Cam-clayモデルの降伏線

圧縮試験結果だけしか説明できないのがわかる（Cam-clayモデルでは、この実線の関係を三軸伸張試験にも三主応力制御試験にも適用している）。

さて、表1.4.1に示されている降伏関数（塑性ポテンシャル関数と同じ）を、三軸圧縮（Comp.）条件と三軸伸張（Ext.）条件下で図示すれば図1.4.8のようになる（上半分が三軸圧縮条件で、下半分が三軸伸張条件である）。ここに、$\tilde{\sigma}_a$と$\tilde{\sigma}_r$はそれぞれ円柱形供試体に対する軸方向（axial）主応力$\sigma_a$と半径方向（radial）主応力$\sigma_r$の変換応力であることを意味している。図1.4.8より、三軸圧縮条件下と三軸伸張条件下の降伏曲線(降伏関数の表す曲線)を　$(\tilde{\sigma}_a-\tilde{\sigma}_r)$～$\tilde{p}$平面において軸に対して対称に設定すると、通常の$(\sigma_a-\sigma_r)$～$p$平面において$p$軸に対して対称とならないのが見られる（Cam-clayモデルでは通常の$(\sigma_a-\sigma_r)$～$p$平面において$p$軸に対して対称としている）。三軸伸張（Ext.）側の降伏曲線が少し小さくなるのである（図1.4.8(b)参照）。このような傾向は、種々の土による実験結果とも合致している[29),30)]。図1.4.9(a)、(b)はそれぞれ変換主応力空間と通常の主応力空間における、SMP規準によって変換されたOriginal Cam-clayモデルの降伏曲面の形を示したものである。図1.4.9(a)より、変換主応力空間における、変換されたOriginal Cam-clayモデルの降伏曲面の形は、通常の主応力空間におけるOriginal Cam-clayモデルの降伏曲面の

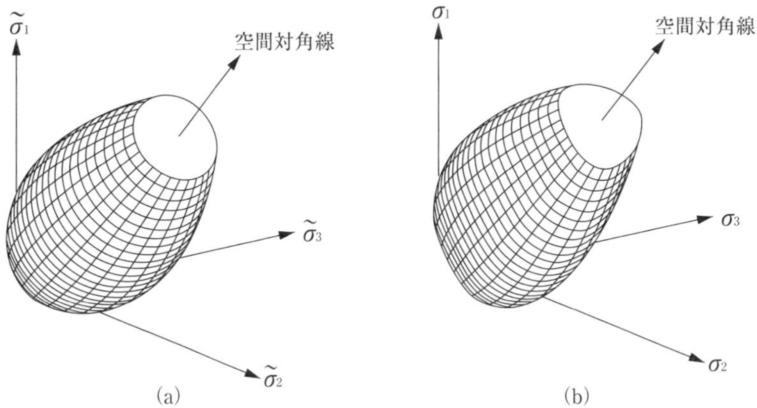


**図1.4.9**　(a) 変換主応力空間と (b) 通常の主応力空間でのSMP規準に基づく変換応力を用いたOriginal Cam-clayモデルの降伏曲面

形と同じであるのが見られる。すなわち、図1. 4. 8(a)の形を等方応力軸（空間対角線）の回りに回転させた形（回転体）となっている。一方、図1. 4. 9(b)より、通常の主応力空間での降伏曲面の形は等方応力軸の回りの回転体とはならず、$\pi$ 面での降伏曲線の形は SMP 規準の形と一致するのが見られる。

表1. 4. 2は Modified Cam-clay モデルと SMP 規準によって変換された Modified Cam-clay モデルの比較を示している。応力テンソルやひずみ増分などは表1. 4. 1と同じであるので、この表には書かれていない。SMP 規準によって変換された Modified Cam-clay モデルのストレス･ダイレイタンシー式、$d\varepsilon_v^p/d\varepsilon_d^p=(M^2\tilde{p}^2-\tilde{q}^2)/(2\tilde{p}\tilde{q})$ を変換応力比 $\tilde{q}/\tilde{p}$ を縦軸にとって図示すれば図1. 4. 10(a)のような 1 つの曲線となる。この図は三軸圧縮（Comp.）条件、三軸伸張（Ext.）条件だけでなく、相異なる 3 主応力下でも同じ曲線になることを意味している。この 1 つの曲線を通常の応力比 $q/p$ を縦軸にとって書き直すと、三軸圧縮（Comp.）条件と三軸伸張（Exp.）条件でも 2 つの曲線に分かれて図1. 4. 10(b)のように表示される。また表1. 4. 2に示す降伏関数（塑性ポテンシャル関数と同じ）を、三軸圧縮（Comp.）条件と三軸伸張（Ext.）条件下で図示すれば図1. 4. 11のようになる。降伏関数は、図1. 4. 11(a)では $\tilde{p}$ 軸に対称な楕

**表 1.4.2**　Modified Cam-clay モデルと SMP 規準に基づく変換応力を用いた Modified Cam-clay モデルの比較

| | Modif. Cam-clay model | Revised modif. Cam-clay model |
|---|---|---|
| 破壊規準 | $q/p=M$ | $\tilde{q}/\tilde{p}=M$ |
| | $M=6\sin\phi/(3-\sin\phi)$ | |
| ストレス・ダイレイタンシー式 | $\dfrac{d\varepsilon_v^p}{d\varepsilon_d^p}=\dfrac{M^2p^2-q^2}{2pq}$ | $\dfrac{d\varepsilon_v^p}{d\varepsilon_d^p}=\dfrac{M^2\tilde{p}^2-\tilde{q}^2}{2\tilde{p}\tilde{q}}$ |
| 直交条件 | $\dfrac{dq}{dp}\times\dfrac{d\varepsilon_d^p}{d\varepsilon_v^p}=-1$ | $\dfrac{d\tilde{q}}{d\tilde{p}}\times\dfrac{d\varepsilon_d^p}{d\varepsilon_v^p}=-1$ |
| 塑性ポテンシャルと降伏関係 | $g=f=\dfrac{\lambda-\kappa}{1+e_0}\times\left[\ln\dfrac{p}{p_0}+\ln\left(1+\dfrac{q^2}{M^2p^2}\right)\right]-\varepsilon_v^p=0$ | $g=f=\dfrac{\lambda-\kappa}{1+e_0}\times\left[\ln\dfrac{\tilde{p}}{\tilde{p}_0}+\ln\left(1+\dfrac{\tilde{q}^2}{M^2\tilde{p}^2}\right)\right]-\varepsilon_v^p=0$ |
| 硬化パラメーター | $\varepsilon_v^p$ | |
| 塑性ひずみ増分（流動則） | $d\varepsilon_{ij}^p=\Lambda\dfrac{\partial f}{\partial\sigma_{ij}}$ | $d\varepsilon_{ij}^p=\Lambda\dfrac{\partial f}{\partial\tilde{\sigma}_{ij}}$ |
| 比例定数 | $\Lambda=dp+\dfrac{2pq}{M^2p^2-q^2}dq$ | $\Lambda=d\tilde{p}+\dfrac{2\tilde{p}\tilde{q}}{M^2\tilde{p}^2-\tilde{q}^2}d\tilde{q}$ |
| 応力勾配 | $\dfrac{\partial f}{\partial\sigma_{ij}}=\dfrac{(\lambda-\kappa)}{(1+e_0)(M^2p^2+q^2)}\times\left[\dfrac{1}{3}\dfrac{M^2p^2-q^2}{p}\delta_{ij}+3(\sigma_{ij}-p\,\delta_{ij})\right]$ | $\dfrac{\partial f}{\partial\tilde{\sigma}_{ij}}=\dfrac{(\lambda-\kappa)}{(1+e_0)(M^2\tilde{p}^2+\tilde{q}^2)}\times\left[\dfrac{1}{3}\dfrac{M^2\tilde{p}^2-\tilde{q}^2}{\tilde{p}}\delta_{ij}+3(\tilde{\sigma}_{ij}-\tilde{p}\,\delta_{ij})\right]$ |
| モデルパラメーター | $\phi$, $\lambda/(1+e_0)$, $\kappa/(1+e_0)$, $\nu$ | |
| 注 | $e_0$：初期間隙比；$\phi$：内部摩擦角；$\lambda$：圧縮指数；$\kappa$：膨張指数；$E$：弾性係数；$\nu$：ポアソン比 | |

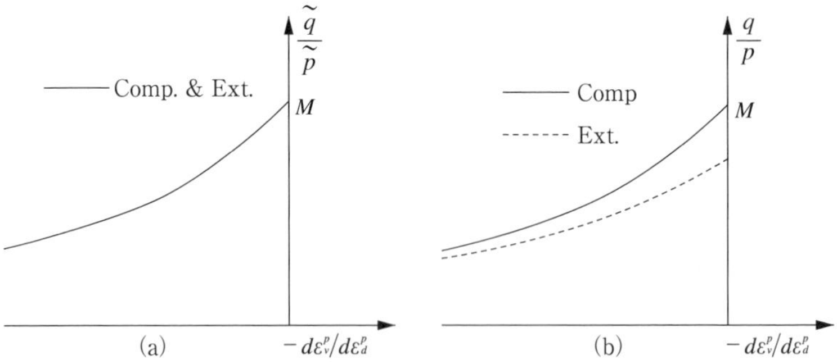


**図1.4.10**　SMP規準に基づく変換応力を用いたModified Cam-clayモデルのストレス・ダイレイタンシー関係

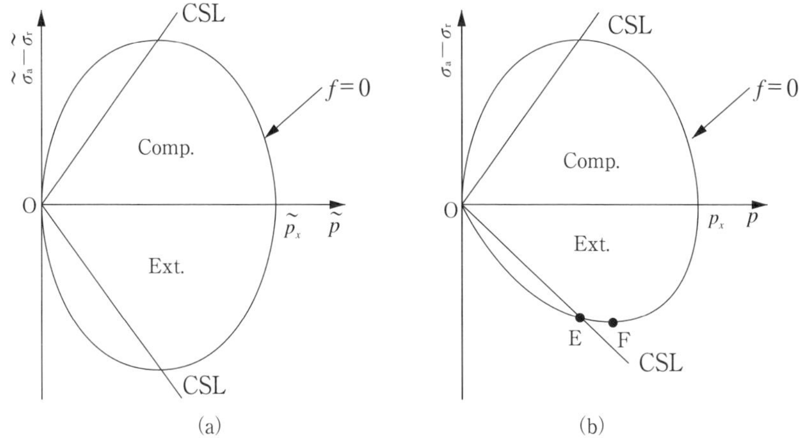


**図1.4.11　SMP規準に基づく変換応力を用いたModified Cam-clayモデルの降伏線**

円形となるのに対して、図1.4.11(b)では $p$ 軸に対して非対称な形になるのが見られる。これらのストレス・ダイレイタンシー関係や降伏関数の形が応力条件の違い（三軸圧縮、三軸伸張、相異なる 3 主応力下などの）によって異なるという、SMP 規準によって変換されたモデルの特性は、土の特性に良く合致するものである。

表1.4.1、表1.4.2に示されているように、変換されたモデルにおいては、変換応力 $\tilde{\sigma}_{ij}$ 空間での関連流動則、$d\varepsilon_{ij}^p=\Lambda\cdot\partial f/\partial\tilde{\sigma}_{ij}$ を採用している。このことは、通常の応力 $\sigma_{ij}$ 空間では非関連流動則を採用していることを意味している（$\tilde{\sigma}_{ij}=\sigma_{ij}$ である三軸圧縮条件を除いては)。通常の応力 $\sigma_{ij}$ 空間で関連流動則を採用しない理由の 1 つは次のようなものである。すなわち、図1.4.8(b)や図1.4.11(b)よりわかるように、三軸伸張（Ext.）側の最大偏差応力点 F は限界状態線(Critical State Line ; CSL)の右側に位置している。したがって、もし Cam-clay モデルのように関連流動則を採用し、硬化パラメーターとして塑性体積ひずみを用いるとすれば、EF の領域では塑性ひずみ増分ベクトルの方向が左下向きとなるので負の塑性体積ひずみを発生する（体積膨張する）ことになって矛盾

を生じるからである（正規圧密粘土はせん断を受けると体積圧縮することがわかっている）。この矛盾を避けてSMP規準を導入するために、通常の応力 $\sigma_{ij}$ 空間ではなくて、変換応力 $\tilde{\sigma}_{ij}$ 空間において関連流動則を採用したのである。

さてここで、すでに提案されている修正応力（変換応力）$t_{ij}$ [31]や $t_{ij}$-clay モデル[32]との比較についても簡潔にまとめておこう。これらもSMPの概念に基づいて導入されたものである（$t_{ij}$ の主値は $t_i = \sigma_i a_i$ ［$a_i = \sqrt{I_3/(\sigma_i I_2)}$ : SMPの法線の方向余弦］と表される）。

1）SMP規準を $\tilde{\sigma}_i$ 空間の $\pi$ 面上で表示すれば完全な円形（図1.4.4参照）となり、$\tilde{\sigma}_i$ 空間で表示すれば完全な円錐形（図1.4.5参照）となるが、$t_i$ 空間の $\pi$ 面上で表示すればオムスビ形が円形に近付きはするが完全な円形とはならず、したがって $t_i$ 空間で表示しても完全な円錐形とはならない。

2）変換応力 $\tilde{\sigma}_{ij}$ の場合は、三軸圧縮（$\sigma_1 > \sigma_2 = \sigma_3$）条件下だけで検証されている弾塑性構成モデルがあれば、そのモデルの通常の応力 $\sigma_{ij}$ の代わりに変換応力 $\tilde{\sigma}_{ij}$ を代入するだけで3次元応力（$\sigma_1 \geqq \sigma_2 \geqq \sigma_3$）下の構成モデルとして用いることができるという利点がある。一方、修正応力 $t_{ij}$ の場合は、そのような考え方はない。

3）変換応力 $\tilde{\sigma}_{ij}$ を用いて変換された構成モデルの土質パラメーターは、元の構成モデルの土質パラメーターと全く同じ値となる。なぜなら、土質パラメーターを決定する三軸圧縮条件下で $\tilde{\sigma}_{ij} = \sigma_{ij}$ としているからである。一方、修正応力 $t_{ij}$ を用いた構成モデルでは、土質パラメーターを新たに決定しなければならない。

4）変換応力 $\tilde{\sigma}_{ij}$ を用いて変換された構成モデルでは、破壊時の限界状態（Critical State）においてSMPの破壊規準を自然に満足している（式(1.4.9)、式(1.4.10)参照）。一方、修正応力 $t_{ij}$ を用いた構成モデルでは、破壊時の限界状態においてSMPの破壊規準を満足していない。

次に、Original Cam-clay モデルと Modified Cam-clay モデル、SMP規準に

よって変換されたOriginal Cam-clayモデルとModified Cam-clayモデルの4つのモデルの適用性を検討しよう。比較する実験データ[32),33),34)]は、正規圧密された藤の森粘土（粘土スラリーを人工的に再圧密して作成したシルト質粘性土）の排水条件および非排水条件下の三軸圧縮試験結果、三軸伸張試験結果、三主応力制御試験結果である。藤の森粘土に対する構成モデルの土質パラメーターの値を表1.4.3に示す。この表に示されているパラメーターの値は、ポアソン比 $\nu$ を除いて元の論文のものと同じである（ここでは $\nu=0.3$ を用いている）。以下の図において、プロットは実測値を意味し、Orig. Cam と Modif. Cam はそれぞれOriginal Cam-clayモデルとModified Cam-clayモデルによる予測値、Orig. Cam（SMP）と Modif. Cam（SMP）はそれぞれSMP規準によって変換されたOriginal Cam-clayモデルとModified Cam-clayモデルによる予測値を意味している。

まず図1.4.12は、藤の森粘土の平均主応力 $\sigma_m=196$kPaでの排水三軸圧縮試験結果と排水三軸伸張試験結果を、(a) $\tilde{q}/\tilde{p}\sim\varepsilon_d\sim\varepsilon_v$ 関係と (b) $q/p\sim\varepsilon_d\sim\varepsilon_v$ 関係

表1.4.3　藤の森粘土のモデルパラメーター

| $\lambda/(1+e_0)$ | $\kappa/(1+e_0)$ | $\phi'$ | $\nu$ |
|---|---|---|---|
| 0.0508 | 0.0112 | 33.7° | 0.3 |

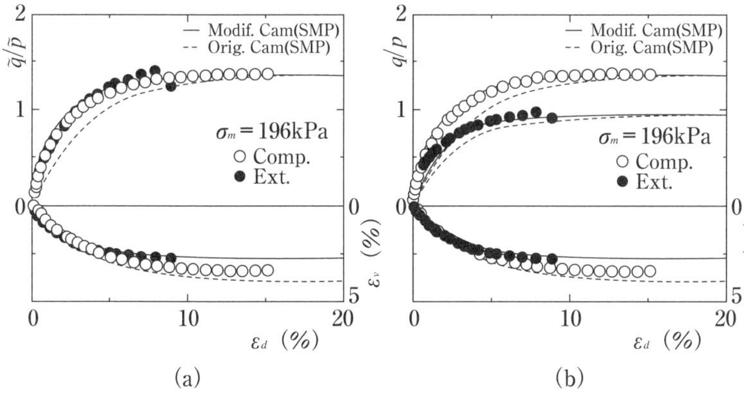


図1.4.12　藤の森粘土の排水三軸圧縮・三軸伸張試験結果と予測値

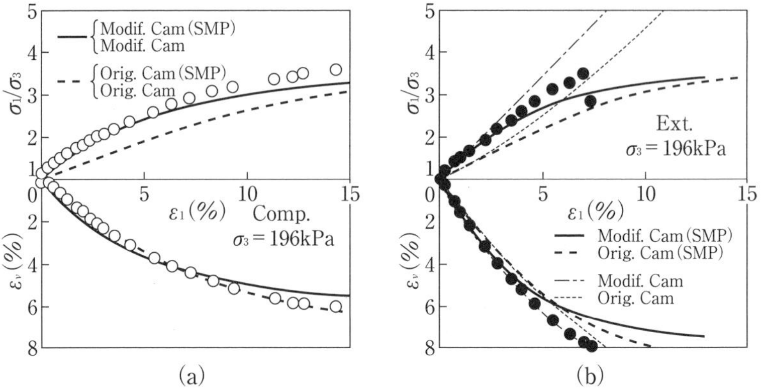


**図1.4.13　藤の森粘土の排水三軸圧縮・三軸伸張試験結果[32)]とモデル予測値**

で示したものである。図中の曲線はSMP規準によって変換されたModified Cam-clayモデルとOriginal Cam-clayモデルによる予測値（実線と破線）である。三軸圧縮（Comp.）と三軸伸張（Ext.）のプロットが(a)図の変換応力比$\tilde{q}/\tilde{p}$による整理ではほぼ１本の曲線上にのってくるのが、(b)図の通常の応力比$q/p$による整理では２本の曲線に分かれるのが見られる。予測値もそのような傾向を説明しており興味深い。図1.4.13は、藤の森粘土の最小主応力$\sigma_3$＝196kPaでの（a）排水三軸圧縮試験結果（白丸印）と（b）排水三軸伸張試験（黒丸印）とそれぞれの構成モデルによる予測値を示したものである。各図は主応力比$\sigma_1/\sigma_3$〜軸ひずみ（最大主ひずみ）$\varepsilon_1$〜体積ひずみ$\varepsilon_v$関係で示している。(a)図の三軸圧縮条件下では$\tilde{\sigma}_{ij}=\sigma_{ij}$であるので、元のモデルとSMP規準によって変換されたモデルの予測値は一致する。(b)図の三軸伸張条件下では、元のモデルの予測値（Modif. CamとOrig. Cam）は実測値の傾向とはずれるが、SMP規準によって変換されたモデルの予測値(Modif. Cam (SMP)とOrig. Cam (SMP))は実測値の傾向を説明するのが見られる。

図1.4.14は、藤の森粘土の平均主応力$\sigma_m$＝196kPaでの排水条件下の三主応力制御試験結果（白丸印；$\theta$＝０°、15°、30°、45°、60°）とそれぞれの構成モデルによる予測値を示したものである。各図は主応力比$\sigma_1/\sigma_3$〜主ひずみ$\varepsilon_1$, $\varepsilon_2$,

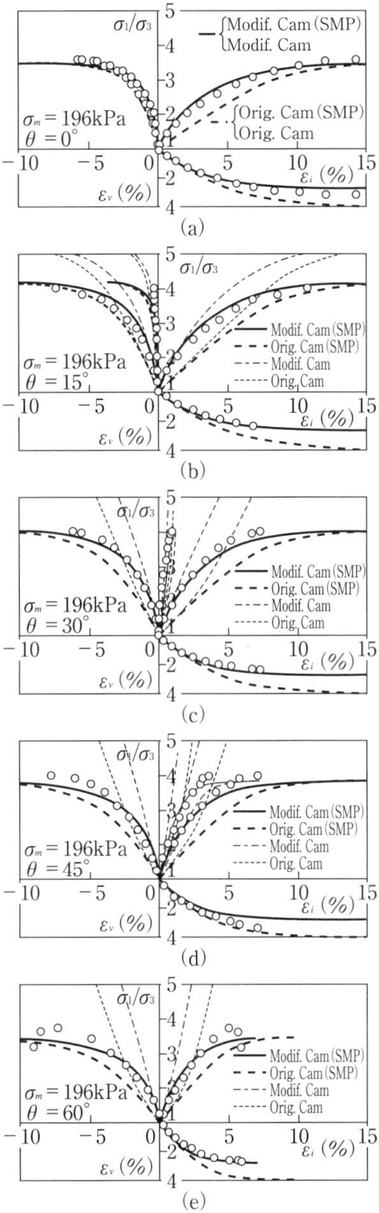


**図1.4.14　藤の森粘土の排水三主応力制御試験結果**[33]**とモデル予測**

$\varepsilon_3$～体積ひずみ$\varepsilon_v$関係で示している。図1.4.14(a)より、三軸圧縮（$\theta=0°$）条件下では、元のCam-clayモデル（OriginalとModified）の予測値は、それぞれSMP規準によって変換されたCam-clayモデルの予測値と同じになるのが見られる。また藤の森粘土に対しては、Modified Cam-clayモデルの方がOriginal Cam-clayモデルより良い予測値を与えるのも見られる。図1.4.14(b)～(e)からわかるように、三軸圧縮（$\theta=0°$）条件から相異なる3主応力（$\theta>0°$）条件に応力状態が変化するにつれて、元のCam-clayモデルは拡張ミーゼス規準を採用しているためにせん断強度を高く評価してしまい、実測された応力～ひずみ挙動をよく説明することができない（図1.4.3の1点鎖線は実測値より過大となる）。一方、SMP規準によって変換されたCam-clayモデルは図1.4.14(a)～(e)より粘土の実測値の傾向をよく説明するのが見られる。また、図1.4.14より、Modified　Cam-clayモデルの予測値が三軸圧縮条件下の実験結果をよく説明する場合には、SMP規準によって変換されたModified Cam-clayモデルの予測値は他の応力条件（$\theta>0°$）下の実験結果をもよく説明するのが見られる（図1.4.14(b)～(e)参照)。したがって、もし$p$、$q$、$\eta$（$=q/p$）などを応力パラメーターとして用いている、ある土の弾塑性構成式が三軸圧縮条件下のみの土の実験結果をよく説明するのであれば、単に$p$、$q$、$\eta$（$=q/p$）を$\tilde{p}$、$\tilde{q}$、$\tilde{\eta}$（$=\tilde{q}/\tilde{p}$）に置き換えるだけで、三軸圧縮条件を含む相異なる3主応力下の土の応力～ひずみ挙動をもよく説明するようにできるということである。

図1.4.15と図1.4.16は、藤の森粘土の非排水条件下の三軸圧縮試験結果と三軸伸張試験結果、およびそれらに対する予測値を示したものである。図1.4.15は非排水三軸圧縮・三軸伸張条件下の応力～ひずみ挙動を、正規化した偏差応力$q/p_0$（$p_0$：初期拘束圧＝196kPa）と偏差ひずみ$\varepsilon_d$の関係で示したものである。SMP規準で変換されたCam-clayモデルでは、三軸圧縮条件下と三軸伸張条件下の$q/p_0$～$\varepsilon_d$関係の差を説明できるが、元のCam-clayモデルでは同じになって両条件下の$q/p_0$～$\varepsilon_d$関係の差を説明できないのが見られる。図1.4.16は非排水三軸圧縮・三軸伸張条件下の破壊に至るまでの有効応力経路を、正規化された応力$q/p_0$と$p/p_0$の関係で示したものである。図1.4.16(b)の三軸伸張条

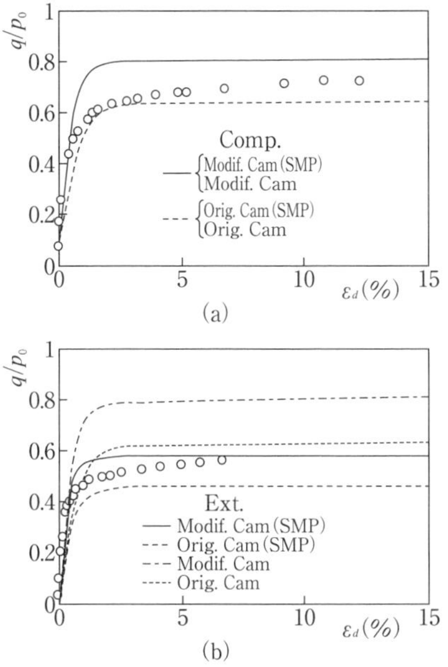


図1.4.15　藤の森粘土の非排水三軸圧縮・三軸伸張試験結果[32]とモデル予測による応力～ひずみ関係

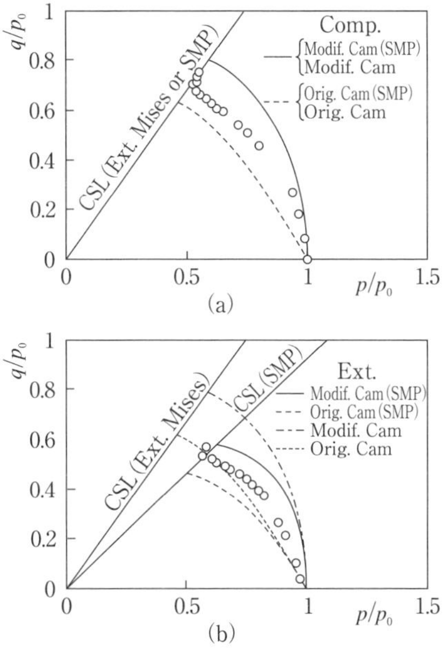


図1.4.16　藤の森粘土の非排水三軸圧縮・三軸伸張試験結果[32]とモデル予測による応力経路

件下では、元の Cam-clay モデルによって予測された有効応力経路が SMP 規準によって変換された Cam-clay モデルによって予測された有効応力経路より高くなるのが見られる。一方、図1.4.16(a)の三軸圧縮条件下では、元のモデルと変換されたモデルによって予測された有効応力経路が同じになるのが見られる。

以上の図1.4.13～1.4.16より、SMP 規準によって変換された Cam-clay モデルによる予測値は、元の Cam-clay モデルによる予測値より良い結果を与えるのが見られる。これまでのモデルによる予測と粘土の要素試験による実測値の比較より、SMP 規準によって変換された構成モデルが 3 次元応力下の粘土の変形・強度特性の予測において良好な結果を与えることが明らかとなった。最後に、SMP 規準によって変換された構成モデルを有限要素法によって実際の工学的な問題に適用するために、弾塑性構成テンソル $D_{ijkl}$ を付録に誘導しておく。

以上の検討の主要な結論をまとめると次のようになろう。

1）１つの変換応力（修正応力）テンソル$\tilde{\sigma}_{ij}$が、主応力空間における拡張ミーゼス規準（円錐形）とSMP規準（オムスビ錐形）の形を比較することによって提案された。すなわち、SMP規準の曲面が変換主応力空間（$\tilde{\sigma}_1$、$\tilde{\sigma}_2$、$\tilde{\sigma}_3$を３軸とする空間）においては空間対角線を軸とする円錐形となり、変換主応力空間の$\pi$面では原点を中心とする円形となるように変換応力$\tilde{\sigma}_{ij}$が定められた。

2）一例として、限界状態理論（Critical State Theory）をSMP規準と合体させるために、変換応力テンソル$\tilde{\sigma}_{ij}$をCam-clayモデルに適用した。土のせん断降伏からせん断破壊までの一貫性が、SMP規準によって変換されたCam-clayモデル（SMP Cam-clayモデル）では満たされている。すなわち、せん断降伏とせん断破壊がともにSMP規準に従っている。変換されたCam-clayモデルは、元のCam-clayモデルと同じ土質パラメーターを用いることによって、一般的な相異なる３主応力下での粘土の排水および非排水挙動を予測することが可能となる。変換されたCam-clayモデルによる予測値と実測値を比較すれば、変換されたモデルは三軸圧縮条件下のみならず、三軸伸張条件下、相異なる３主応力下の粘土の応力～ひずみ挙動をよく予測するのが見られる。

3）Modified Cam-clayモデルによる予測値が三軸圧縮条件下の藤の森粘土の実験結果をよく説明するのが見られたが、このような場合にはSMP規準によって変換されたModified Cam-clayモデルによる予測値が他の一般的な応力条件下の実験結果をもよく説明することになる。このことより、何か他の土の弾塑性構成モデルがあって、その適用性が三軸圧縮条件下のみで検証されている場合、通常の応力テンソル$\sigma_{ij}$の代わりに変換応力テンソル$\tilde{\sigma}_{ij}$を用いるだけで、一般的な相異なる３主応力条件下にも拡張することができるようになることが分かる。

4）SMP規準は、$\pi$面において異方性をもつ砂や粘土のような摩擦性材料のせん断降伏・破壊規準の1つと考えられる。SMP規準は変換主応力空間において円錐形となり、変換主応力空間の $\pi$ 面において円形となる。このことは等方性材料に対する拡張Mises規準と同じである。したがって、摩擦性材料は変換応力空間の $\pi$ 面において等方性材料とみなすことができるということを意味している。このことが、土のような摩擦性材料に対して変換応力テンソル $\tilde{\sigma}_{ij}$ を導入できる根本的な理由であろう。

# 1.4の付録　提案モデルの弾塑性構成テンソル[35)]

地盤や土構造物の変形問題を検討する場合、地盤工学上の諸問題を境界値問題として数値解析的に解く有限要素解析がよく用いられる。実務的な使用の便をはかるため、ここで有限要素解析に必要となる弾塑性構成テンソル $D_{ijkl}$、および弾塑性構成マトリックスを誘導する。すなわち、提案モデルを $d\sigma_{ij}=D_{ijkl}d\varepsilon_{kl}$ と $\{d\sigma\}=[D]\{d\varepsilon\}$ の形で一般表示する。

ひずみ増分の弾性成分 $d\varepsilon_{ij}^{e}$ と応力増分 $d\sigma_{ij}$ の間にHookeの法則が成り立つと仮定する。

$$d\sigma_{ij}=D_{ijkl}^{e}d\varepsilon_{kl}^{e}=D_{ijkl}^{e}\left(d\varepsilon_{kl}-d\varepsilon_{kl}^{p}\right) \tag{1.4.12}$$

ここに、$D_{ijkl}^{e}$ は弾性構成テンソルであり、等方Hooke則が成り立つと仮定すると次式のように表される。

$$D_{ijkl}^{e}=L\delta_{ij}\delta_{kl}+G\left(\delta_{ik}\delta_{jl}+\delta_{il}\delta_{jk}\right) \tag{1.4.13}$$

ここに、$L$ と $G$ はLameの定数であり、式（1.3.36）を用いて次にように与えられる。

$$G=\frac{E}{2(1+\nu)}=\frac{3(1-2\nu)(1+e_0)}{2(1+\nu)\kappa}p \tag{1.4.14}$$

$$L=\frac{E}{3(1-2\nu)}-\frac{2}{3}G=\frac{(1+e_0)}{\kappa}p-\frac{2}{3}G \tag{1.4.15}$$

式（1.4.8）を表1.4.1や表1.4.2に示すような降伏関数 $f=f_1(\tilde{p},\ \tilde{q})-\varepsilon_v^p=0$ に代入すれば、SMP規準によって変換されたCam-clayモデルの降伏関数は次のような形で書き直すことができる。

$$f = f_2(\sigma_{ij}) - \varepsilon_v^p = 0 \tag{1.4.16}$$

式（1.4.16）を微分して、$d\varepsilon_v^p = \Lambda \cdot \partial f / \partial \tilde{\sigma}_{ii}$ と式（1.4.12）をその微分した式に代入すれば次式を得る。なお、このとき $\partial f_2 / \partial \sigma_{ij} = \partial f / \partial \sigma_{ij}$ となることに注意する。

$$\Lambda = \frac{\partial f}{\partial \sigma_{ij}} D_{ijkl}^e d\varepsilon_{kl} / X \tag{1.4.17}$$

ここに、

$$X = \frac{\partial f}{\partial \tilde{\sigma}_{ii}} + \frac{\partial f}{\partial \sigma_{ij}} D_{ijkl}^e \frac{\partial f}{\partial \tilde{\sigma}_{kl}} \tag{1.4.18}$$

$d\varepsilon_{ij}^p = \Lambda \cdot \partial f / \partial \tilde{\sigma}_{ij}$ と式（1.4.17）を式（1.4.12）に代入すれば次式を得る。

$$d\sigma_{ij} = D_{ijkl} d\varepsilon_{kl} \tag{1.4.19}$$

ここに、$D_{ijkl}$ は弾塑性構成テンソルであり、次のように表される。

$$D_{ijkl} = D_{ijkl}^e - D_{ijmn}^e \frac{\partial f}{\partial \tilde{\sigma}_{mn}} \frac{\partial f}{\partial \sigma_{st}} D_{stkl}^e / X \tag{1.4.20}$$

式（1.4.13）を式（1.4.20）に代入すれば、

$$D_{ijkl} = L\delta_{ij}\delta_{kl} + G\left(\delta_{ik}\delta_{jl} + \delta_{il}\delta_{jk}\right) - \left(L\frac{\partial f}{\partial \tilde{\sigma}_{mm}}\delta_{ij} + 2G\frac{\partial f}{\partial \tilde{\sigma}_{ij}}\right) \times \left(L\frac{\partial f}{\partial \sigma_{nn}}\delta_{kl} + 2G\frac{\partial f}{\partial \sigma_{kl}}\right) / X \tag{1.4.21}$$

ここに、$X$ は式（1.4.13）を式（1.4.18）に代入することによって次のように与えられる。

$$X = \frac{\partial f}{\partial \tilde{\sigma}_{ii}} + L\frac{\partial f}{\partial \sigma_{ii}}\frac{\partial f}{\partial \tilde{\sigma}_{jj}} + 2G\frac{\partial f}{\partial \sigma_{ij}}\frac{\partial f}{\partial \tilde{\sigma}_{ij}} \tag{1.4.22}$$

式（1.4.19）、式（1.4.21）が増分形式による弾塑性構成式の一般表示であり、有限要素解析へ容易に組み込むことができる。式（1.4.21）は３次元応力下の陽な形での応力～ひずみ関係式であり、マトリックス形式で表せば以下のようになる。

$$\begin{Bmatrix} d\sigma_{11} \\ d\sigma_{22} \\ d\sigma_{33} \\ d\sigma_{12} \\ d\sigma_{23} \\ d\sigma_{31} \end{Bmatrix} = \begin{Bmatrix} D_{1111} & D_{1122} & D_{1133} & D_{1112} & D_{1123} & D_{1131} \\ D_{2211} & D_{2222} & D_{2233} & D_{2212} & D_{2223} & D_{2231} \\ D_{3311} & D_{3322} & D_{3333} & D_{3312} & D_{3323} & D_{3331} \\ D_{1211} & D_{1222} & D_{1233} & D_{1212} & D_{1223} & D_{1231} \\ D_{2311} & D_{2322} & D_{2333} & D_{2312} & D_{2323} & D_{2331} \\ D_{3111} & D_{3122} & D_{3133} & D_{3112} & D_{3123} & D_{3131} \end{Bmatrix} \begin{Bmatrix} d\varepsilon_{11} \\ d\varepsilon_{22} \\ d\varepsilon_{33} \\ d\gamma_{12} \\ d\gamma_{23} \\ d\gamma_{31} \end{Bmatrix} \tag{1.4.23}$$

ここに、$\gamma_{ij}$（$=2\varepsilon_{ij}$、$i \neq j$）は工学的せん断ひずみである。また上式を導く際に$D_{ijkl}=D_{ijlk}$を用いた。

平面ひずみ条件においては、式（1.4.23）に$d\sigma_{23}=d\sigma_{31}=0$、$d\varepsilon_{33}=d\gamma_{23}=d\gamma_{31}=0$という条件を加えることにより、応力～ひずみ関係は次のようになる。

$$\begin{Bmatrix} d\sigma_{11} \\ d\sigma_{22} \\ d\sigma_{33} \\ d\sigma_{12} \end{Bmatrix} = \begin{bmatrix} D_{1111} & D_{1122} & D_{1112} \\ D_{2211} & D_{2222} & D_{2212} \\ D_{3311} & D_{3322} & D_{3312} \\ D_{1211} & D_{1222} & D_{1212} \end{bmatrix} \begin{Bmatrix} d\varepsilon_{11} \\ d\varepsilon_{22} \\ d\gamma_{12} \end{Bmatrix} \tag{1.4.24}$$

式（1.4.21）、式（1.4.23）、式（1.4.24）を具体的に有限要素解析のプログラムに組み込むときには、$\partial f/\partial \tilde{\sigma}_{ij}$や$\partial f/\partial \sigma_{ij}$を計算しなければならない。変換されたCam-clayモデルの$\partial f/\partial \tilde{\sigma}_{ij}$の計算結果は表1.4.1や表1.4.2に与えられているし、今までと同じように計算すればよい。しかし、$\partial f/\partial \sigma_{ij}$の計算については若干の説明を加えよう。

$$\frac{\partial f}{\partial \sigma_{ij}} = \frac{\partial f}{\partial \tilde{\sigma}_{kl}} \frac{\partial \tilde{\sigma}_{kl}}{\partial \sigma_{ij}} \tag{1.4.25}$$

ここに、$\partial \tilde{\sigma}_{kl}/\partial \sigma_{ij}$は式（1.4.8）を用いて、次のように求められる。

$$\frac{\partial \tilde{\sigma}_{kl}}{\partial \sigma_{ij}} = \frac{\partial (p\,\delta_{kl})}{\partial \sigma_{ij}} + \frac{\partial}{\partial \sigma_{ij}}\left(\frac{s_{kl}}{l_\theta}\right) l_0 + \frac{s_{kl}}{l_\theta}\frac{\partial l_0}{\partial \sigma_{ij}} \tag{1.4.26}$$

ここで、$l_0$の式（1.4.5）と$l_\theta=\sqrt{s_{kl}s_{kl}}$を考慮すると、式（1.4.26）は次式となる。

$$\frac{\partial \tilde{\sigma}_{kl}}{\partial \sigma_{ij}} = \frac{1}{3}\delta_{ij}\delta_{kl} + \left(\delta_{ik}\delta_{jl} - \frac{1}{3}\delta_{ij}\delta_{kl} - \frac{s_{kl}s_{ij}}{l_\theta^2}\right)\frac{l_0}{l_\theta} + \frac{s_{kl}}{l_\theta}\frac{\partial l_0}{\partial I_m}\frac{\partial I_m}{\partial \sigma_{ij}} \tag{1.4.27}$$

ここに、$I_m$は応力テンソルの第$m$次の不変量（$m=1$、2、3）であるが、$\partial I_m/\partial \sigma_{ij}$

は容易に算定できる。また、式（1.4.5）を用いて $\partial l_0/\partial I_m$ も簡単に求められる。

# 1.5　変換応力 $\tilde{\sigma}_{ij}$ に基づいた各種の弾塑性構成式

## （１）　ダイレイタンシーを評価できる砂の弾塑性構成式[36)]

前節ではCam-clayモデルにSMP規準に基づいた変換応力 $\tilde{\sigma}_{ij}$ を導入することによって、３次元応力下の粘土の変形・強度特性をほぼ適切に表現できることを示した。ここでは、砂の構成式について考えよう。砂の変形特性と粘土の変形特性の現象論的な大きな違いは、砂はせん断されるにつれて体積圧縮から体積膨張の傾向を示す（正負のダイレイタンシーを示す）のに対して、粘土は体積圧縮の一途をたどって破壊に至る（負のダイレイタンシーしか示さない）ことが多いという点であろう。このことは、砂の間隙比が0.5～1.1程度、粘土の間隙比が1.5～3.0程度で、粘土の粒子構造の方が間隙比で３倍程ゆるいことを思えば理解される。

土の正負のダイレイタンシーを評価する方法としては、１）１つの降伏面に塑性体積ひずみとせん断ひずみを組み合わせたものや塑性仕事を硬化パラメーターとして採用する方法、２）１つの降伏面に２つの硬化パラメーターと硬化則を採用する方法、３）それぞれの硬化則をもつ２つの降伏面を採用する方法などがある[37)]。ここでは、１）の方法に相当するが、Cam-clayモデルと同じ硬化則で塑性体積ひずみ $\varepsilon_v^p$ の代わりに新たな硬化パラメーター $H$ を提案する（この新しい硬化パラメーター $H$ は、粘土の場合には $H=\varepsilon_v^p$ となる）。

さて、Modified Cam-clayモデルは、正規圧密粘土のようなせん断に伴って体積圧縮の一途をたどる（負のダイレイタンシーしか示さない）地盤材料の弾塑性構成式の中では最善のものの１つと言えよう。Modified Cam-clayモデルの降伏関数＝塑性ポテンシャル関数は次にように表される（1.3(3)参照）。

$$f=g=\frac{\lambda-\kappa}{1+e_0}\left[\ln\frac{p}{p_0}+\ln\left(1+\frac{q^2}{M^2p^2}\right)\right]-\varepsilon_v^p=0 \qquad (1.5.1)$$

ここで、計算の便宜上まず次のように置く。

$$c_p=\frac{\lambda-\kappa}{1+e_0} \tag{1.5.2}$$

図1.5.1に示すように、式（1.5.1）は変相線[38]（$\eta=M$）までの応力比 $\eta$（$=q/p$）では塑性体積ひずみ増分は正（圧縮）となり（$d\varepsilon_v^p>0$）、変相線（$\eta=M$）から破壊線（$\eta=M_f$）までの応力比 $\eta$ では負（膨張）となる（$d\varepsilon_v^p<0$）正負のダイレイタンシー特性をよく表現するので、砂の塑性ポテンシャル関数としても用いることができる。また関連流動則（Associated Flow Rule）を採用するためには、式（1.5.1）は砂の降伏関数としても用いられるようにしなければならない。しかし、そのためには、塑性体積ひずみ $d\varepsilon_v^p$ は砂の場合はせん断に伴って単調増加しないので、新しい硬化パラメーターを見出さなければならない。そこで、ここでは新たな硬化パラメーター $H$ を誘導する。砂の降伏関数と塑性ポテンシャル関数を式（1.5.1）と同じ次のような形で表す。

$$f=g=\frac{\lambda-\kappa}{1+e_0}\left[\ln\frac{p}{p_0}+\ln\left(1+\frac{q^2}{M^2p^2}\right)\right]-H=0 \tag{1.5.3}$$

硬化パラメーターは通常応力テンソル $\sigma_{ij}$ と塑性ひずみ増分テンソル $d\varepsilon_{ij}^p$ のある特別な組み合わせ、すなわちエネルギー硬化型（塑性仕事型）のパラメータ

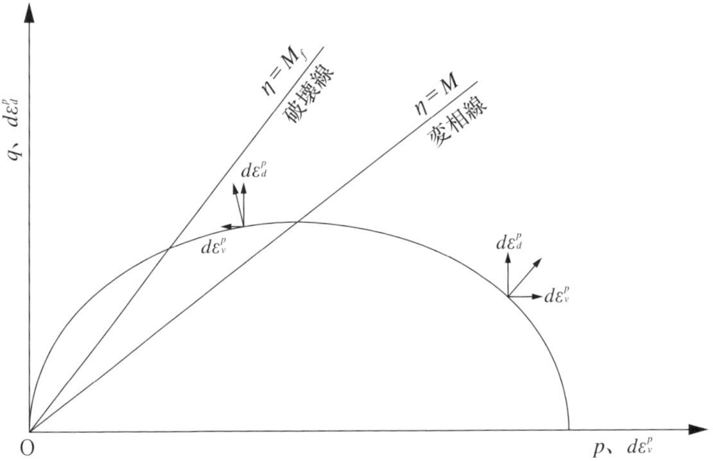


**図1.5.1　塑性ひずみ増分の方向**

ーであると考えられる。そうすれば、次のような形の硬化パラメーターが仮定される。

$$H=\int dH=\int \lfloor c_1(\sigma_{ij})d\varepsilon_v^p+c_2(\sigma_{ij})d\varepsilon_d^p\rfloor \tag{1.5.4}$$

ここに、$c_1(\sigma_{ij})$と$c_2(\sigma_{ij})$はそれぞれ応力テンソル$\sigma_{ij}$の関数であり、$d\varepsilon_v^p$と$d\varepsilon_d^p$はそれぞれ塑性体積ひずみ増分と塑性偏差ひずみ増分である。Modified Cam-clayモデルでは、次のようなダイレイタンシー式（応力比～ひずみ増分比関係）が採用されている（式（1.3.73）より）。

$$\frac{d\varepsilon_v^p}{d\varepsilon_d^p}=\frac{M^2-\eta^2}{2\eta} \tag{1.5.5}$$

式（1.5.5）を式（1.5.4）に代入すれば次式を得る。

$$H=\int\left[c_1(\sigma_{ij})+c_2(\sigma_{ij})\frac{2\eta}{M^2-\eta^2}\right]d\varepsilon_v^p \tag{1.5.6}$$

$$=\int c\,(\sigma_{ij})d\varepsilon_v^p$$

ここに、$c(\sigma_{ij})$は応力テンソル$\sigma_{ij}$の関数である。式（1.5.6）を式（1.5.3）に代入してから降伏関数$f$の全微分をとれば次式を得る（$d\varepsilon_v^p=\Lambda\cdot\partial f/\partial p$）。

$$df=\frac{\partial f}{\partial p}dp+\frac{\partial f}{\partial q}dq-c\,(\sigma_{ij})\Lambda\frac{\partial f}{\partial p}=0 \tag{1.5.7}$$

$$\Lambda=\frac{1}{c\,(\sigma_{ij})}\frac{\dfrac{\partial f}{\partial p}dp+\dfrac{\partial f}{\partial q}dq}{\dfrac{\partial f}{\partial p}} \tag{1.5.8}$$

平均主応力$p$一定の応力経路（$dp=0$）においては、式（1.5.8）と式（1.5.3）から得られた$\partial f/\partial p$、$\partial f/\partial q$より、塑性偏差ひずみ増分は次のように表される。

$$d\varepsilon_d^p=\Lambda\frac{\partial f}{\partial q}=\frac{c_p}{c\,(\sigma_{ij})}\frac{1}{p}\frac{4\eta^2}{M^4-\eta^4}dq=\frac{c_p}{c\,(\sigma_{ij})}\frac{4\eta^2}{M^4-\eta^4}d\eta \tag{1.5.9}$$

図1.5.2は、粘土と砂の三軸圧縮試験結果[31]を（a）$\eta\sim\varepsilon_d$関係と（b）$(M_f^4-\eta^4)/(4\eta^2)\sim d\eta/d\varepsilon_d$関係で整理したものである。図1.5.2(a)より、粘土と砂の$\eta\sim\varepsilon_d$曲線は双曲線に近い形をしているのが見られる。また双曲線の形に影響を及ぼす主要なファクターは、双曲線の極値であることがよく知られている。

すなわち、砂の場合には応力比 $\eta$ のピーク値 $M_f$ が偏差ひずみの大きさに直接影響するのと同じく、粘土の場合には限界状態での応力比 $M$ が偏差ひずみの大きさに大きく影響する。それゆえ、平均主応力が一定の場合の Cam-clay モデルの塑性偏差ひずみ増分の式（1.5.10）（式（1.3.96）に $dp=0$ を代入すれば得られる）と比較して、砂の塑性偏差ひずみ増分の式を式（1.5.11）のように仮定する。

$$d\varepsilon_d^p = c_p \frac{1}{p}\frac{4\eta^2}{M^4-\eta^4}dq \quad \text{(for clay)} \qquad (1.5.10)$$

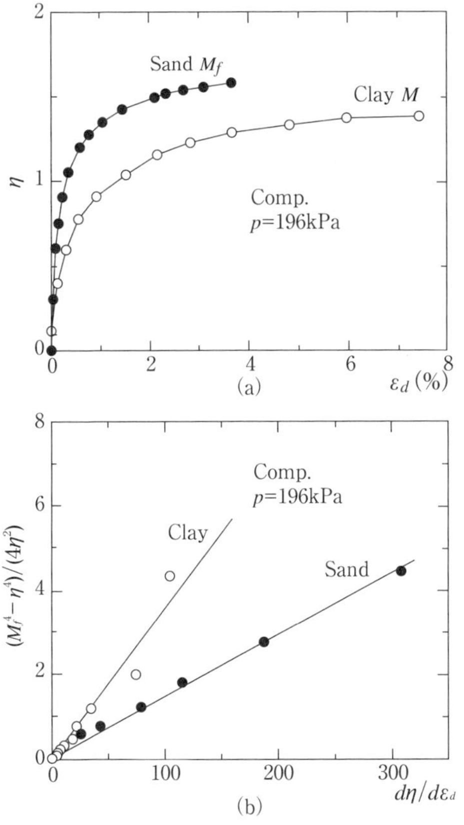


**図1.5.2** (a) $\eta \sim \varepsilon_d$ と (b) $(M_f^4-\eta^4)/(4\eta^2) \sim d\eta/d\varepsilon_d$ 関係で整理した粘土と砂の三軸圧縮試験結果

$$d\varepsilon_d^p = \rho \frac{1}{p} \frac{4\eta^2}{M_f^4 - \eta^4} dq \quad \text{(for sand)} \tag{1.5.11}$$

ここに、$\rho$ はある定数である。一方、式（1.5.10）と式（1.5.11）はそれぞれ次のように変形できる。

$$\frac{M^4 - \eta^4}{4\eta^2} = c_p \frac{d\eta}{d\varepsilon_d^p} \quad \text{(for clay)} \tag{1.5.12}$$

$$\frac{M_f^4 - \eta^4}{4\eta^2} = \rho \frac{d\eta}{d\varepsilon_d^p} \quad \text{(for sand)} \tag{1.5.13}$$

ここで、粘土の場合には $M_f = M$ であること、また弾性偏差ひずみは平均主応力一定条件下では非常に小さいことに注意する。

図1.5.2(b)より、式（1.5.12）と式（1.5.13）の有効性が示されたので、式（1.5.11）は適用できると思われる。そこで、式（1.5.9）と式（1.5.11）を比較することによって、式（1.5.9）の中の $c(\sigma_{ij})$ は次のように表される。

$$c(\sigma_{ij}) = \frac{c_p}{\rho} \frac{M_f^4 - \eta^4}{M^4 - \eta^4} \tag{1.5.14}$$

式（1.5.14）を式（1.5.6）に代入することによって次式を得る。

$$H = \int dH = \int \frac{c_p}{\rho} \frac{M_f^4 - \eta^4}{M^4 - \eta^4} d\varepsilon_v^p \tag{1.5.15}$$

加えて、応力比 $\eta\,(=q/p)$ がゼロの場合、すなわち等方圧縮条件の場合を考えると、$\varepsilon_v^p = c_p \ln(p/p_0)$ となり、式（1.5.3）より、$H = c_p \ln(p/p_0)$ となるので、次式を得る。

$$H = \int dH = \int d\varepsilon_v^p \tag{1.5.16}$$

応力比 $\eta = 0$ の場合に、式（1.5.15）は式（1.5.16）と一致しなければならないので、$\rho$ の表現式として次式を得る。

$$\rho = c_p \frac{M_f^4}{M^4} \tag{1.5.17}$$

式（1.5.17）を式（1.5.15）へ代入することにより、砂のための新しい硬化パラメーター $H$ として最終的に次式を得る。

$$H = \int dH = \int \frac{M^4 (M_f^4 - \eta^4)}{M_f^4 (M^4 - \eta^4)} d\varepsilon_v^p \tag{1.5.18}$$

$M=M_f$ の場合には、式（1.5.18）は $H=\int d\varepsilon_v^p$ となるので、Cam-clay モデル（正規圧密粘土に適用できる）の硬化パラメーターと同じになるのが見られる。したがって、新しい硬化パラメーター（式（1.5.18））は粘土や砂のための統一的な硬化パラメーターと言えよう。

さて、すでに前節1.4で見てきたように、三軸圧縮条件下だけでなく三軸伸張条件下、平面ひずみ条件下、相異なる3主応力下のような一般的な3次元応力下に上記の新しい硬化パラメーター $H$ を適用するためには、SMP 規準によって変換された応力比 $\tilde{\eta}$（$=\tilde{q}/\tilde{p}$）を通常の応力比 $\eta$（$=q/p$）の代わりに用いなければならない。すなわち、

$$\tilde{H}=\int d\tilde{H}=\int\frac{M^4\left(M_f^4-\tilde{\eta}^4\right)}{M_f^4\left(M^4-\tilde{\eta}^4\right)}d\varepsilon_v^p \qquad (1.5.19)$$

新しい硬化パラメーター $\tilde{H}$ の有効性を検証するために、図1.5.3の応力経路に沿った豊浦砂の三軸圧縮・三軸伸張試験結果[39]を整理してみた。図1.5.4(a)は図1.5.3の点 A から点 F まで三軸圧縮試験をしたときの $\tilde{H}$ の値を示したものであり、図1.5.4(b)は図1.5.3の点 A から点 F′ まで三軸伸張試験をしたときの $\tilde{H}$ の値を示したものである。図1.5.4(a)、(b)より、対応する点（$D$ と $D'$、$F$ と $F'$）における $\tilde{H}$ の値がほぼ近いのが見られ、応力経路にかかわらず同じ主応力比（$\sigma_a/\sigma_r$ または $\sigma_r/\sigma_a$）、平均主応力 $p$ では同じ値となるべき硬化パラメーターの特性（状態量としての特性）を満足しているようである。また図1.5.5は $\tilde{q}\sim\tilde{p}$ 図上に $p=$ 一定の豊浦砂の三軸圧縮・三軸伸張試験結果[11]による $\tilde{H}$ の値を書き込んで、その大体の等値線（コンターライン）を描いてみたものである。概略ではあるが、Cam-clay モデルの降伏面に近いものが描かれるのが見られ興味深い。

ここで式（1.5.19）から得られる次式より、この新しい硬化パラメーターの特性を少し検討しよう。

$$d\varepsilon_v^p=\frac{M_f^4\left(M^4-\tilde{\eta}^4\right)}{M^4\left(M_f^4-\tilde{\eta}^4\right)}d\tilde{H} \qquad (1.5.20)$$

$d\tilde{H}\geqq 0$ であるので、次のような結論が得られる。

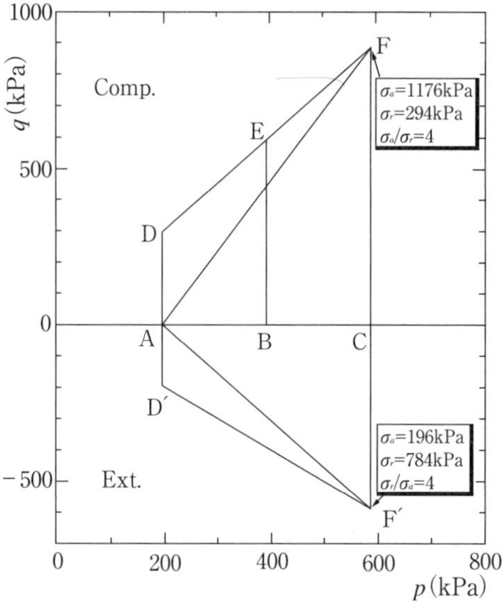


**図1.5.3　新しい硬化パラメーターを検定するための三軸試験の応力経路**

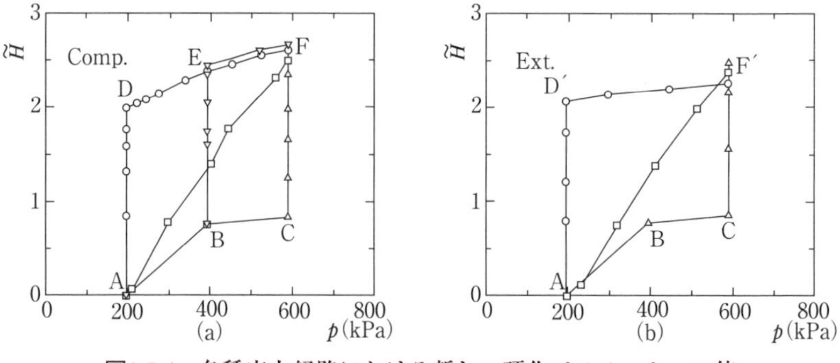


**図1.5.4　各種応力経路における新しい硬化パラメーターの値**

1）$\tilde{\eta}=0$；等方圧縮条件、$d\varepsilon_v^p=d\tilde{H}$

2）$0\leqq\tilde{\eta}\leqq M$；負のダイレイタンシー条件、$d\varepsilon_v^p>0$

3）$\tilde{\eta}=M$；変相条件、$d\varepsilon_v^p=0$

4）$M\leqq\tilde{\eta}\leqq M_f$；正のダイレイタンシー条件、$d\varepsilon_v^p<0$

5）$\tilde{\eta}=M_f$；破壊条件、$d\varepsilon_v^p\rightarrow-\infty$

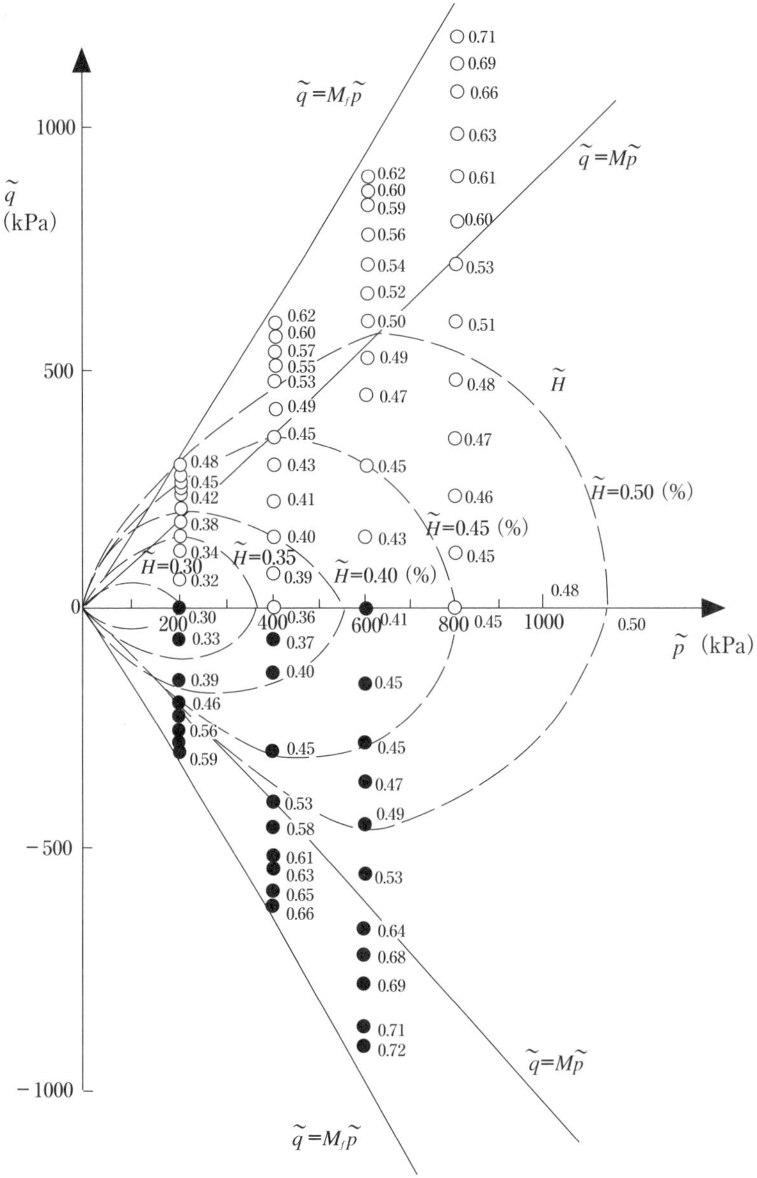


**図1.5.5　各応力条件下での硬化パラメーター$\tilde{H}$の値とその等値線**

以上より、正負のダイレイタンシーを評価できる砂の構成式の降伏関数$f$、塑性ポテンシャル関数$g$は、Modified Cam-clay モデルをSMP規準によって変換した場合、次のように表される。

$$f=g=\frac{\lambda-\kappa}{1+e_0}\left[\ln\frac{\tilde{p}}{\tilde{p}_0}+\ln\left(1+\frac{\tilde{q}^2}{M^2\tilde{p}^2}\right)\right]-\int\frac{M^4\left(M_f^4-\tilde{\eta}^4\right)}{M_f^4\left(M^4-\tilde{\eta}^4\right)}d\varepsilon_v^p=0 \qquad (1.5.21)$$

ここで、新たに増えた土質パラメーターは$M_f$（砂の破壊時の応力比）だけである（このとき$M$は砂の変相点での応力比を表している）。

さてここで、砂の実測値と提案構成モデル（式（1.5.21））による予測値の比較を行おう。試料は飽和豊浦砂で、図1.5.6に示す応力経路に沿う側圧一定、軸圧一定および平均主応力一定条件下の排水三軸圧縮（Comp.）試験と排水三軸伸張（Ext.）試験である[39]。この豊浦砂の土質パラメーターの値は、$M=0.95$、$M_f=1.66$、$\lambda/(1+e_0)=0.00403$、$\kappa/(1+e_0)=0.00251$、$\nu=0.3$である。図1.5.7は平均主応力$p=$一定条件下の（a）三軸圧縮試験結果（○印）と予測値（実線）、（b）三軸伸張試験結果（○印）と予測値（実線）の比較を示したものである。図1.5.8、図1.5.9はそれぞれ$\sigma_3=$一定条件下および$\sigma_1=$一定条件下の同様の比較を示している。これらの図より、予測値は体積膨張（ダイレイタンシー）の傾向も含めて実測値をよく説明するのが見られ、砂のための提案構成式の有用性が検証されたと言えよう。

なお、「1.4の付録」で述べた有限要素解析などに用いる弾塑性構成テンソル$D_{ijkl}$については、この場合には結果的に式（1.4.18）の$X$だけが少し変わることになる。すなわち、

$$X=\frac{M^4\left(M_f^4-\tilde{\eta}^4\right)}{M_f^4\left(M^4-\tilde{\eta}^4\right)}\frac{\partial f}{\partial\tilde{\sigma}_{ii}}+\frac{\partial f}{\partial\sigma_{ij}}D_{ijkl}^e\frac{\partial f}{\partial\tilde{\sigma}_{kl}} \qquad (1.5.22)$$

ここで説明した弾塑性構成式は、砂のような粒状材料の3次元応力下の変形・強度特性とダレイダンシー特性については表現できるが、粒状材料の変形・強度特性の拘束応力依存性については表現できない。変形・強度特性の拘束応力依存性とは次のようなものであると考えられる。強度特性の拘束応力依存性とは，三軸応力状態でのピーク時のせん断強度が$\tau_f=\sigma\tan\phi$ではなくて、$\tau_f$

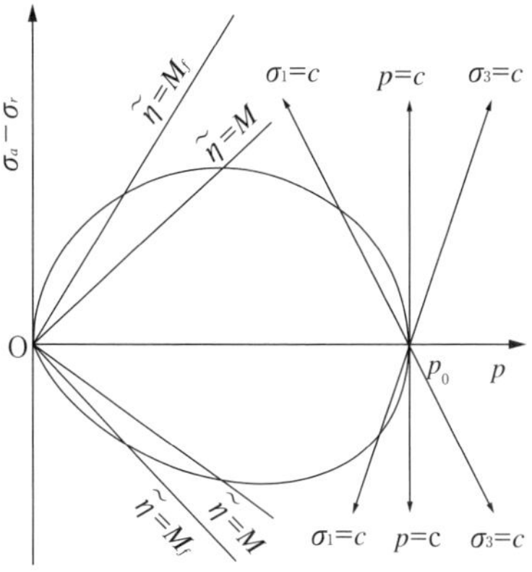


図1.5.6　構成式を検証するための三軸試験の応力経路

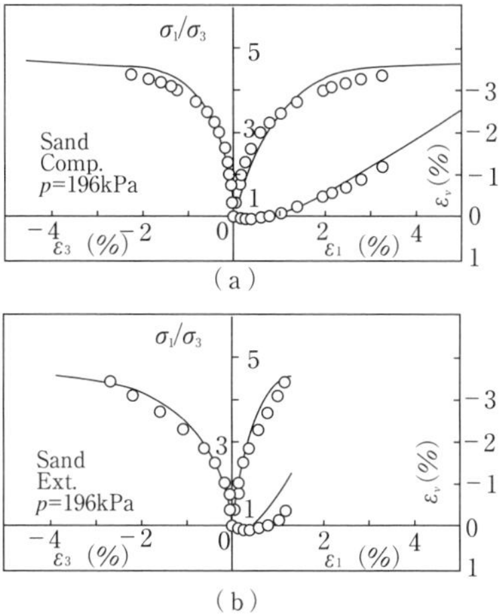


図1.5.7　平均主応力一定の三軸圧縮･三軸伸張試験結果[39]とモデルによる予測

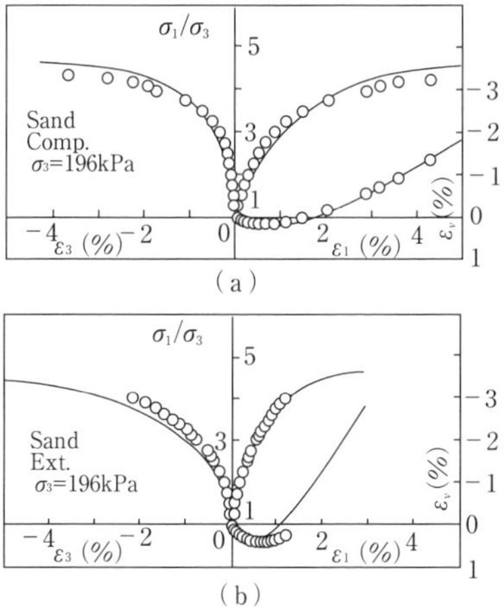


図1.5.8　最小主応力一定の三軸圧縮･三軸伸張試験結果[39]とモデルによる予測

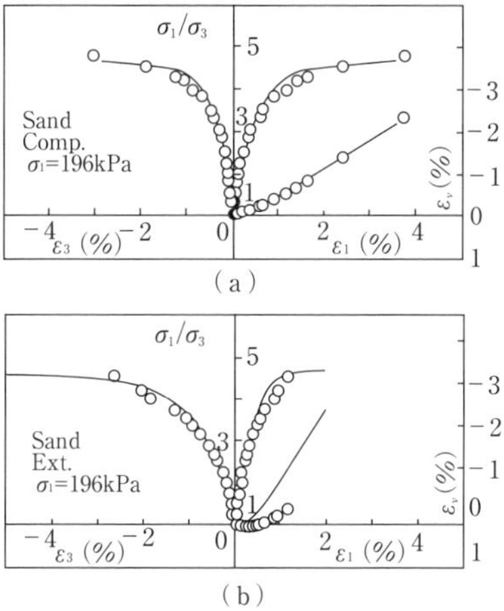


図1.5.9　最大主応力一定の三軸圧縮･三軸伸張試験結果[39]とモデルによる予測

が $\sigma$ の増加につれて上に凸なゆるいカーブ状に増加するが、ある応力範囲では近似的に $\tau_f = c + \sigma\tan\phi$ と表せることである。したがって、3次元応力下での強度特性の拘束応力依存性を拡張 SMP 破壊規準に基づいて近似的に表現することができる。変形特性の拘束応力依存性とは、せん断時の応力比～ひずみ関係が拘束応力が大きいほど下がってくることや、拘束応力が大きいほど正のダイレイタンシーが小さくなり負のダイレイタンシーが顕著になることである。このような現象を表現するために、式（1.5.19）に示した硬化パラメーター $\tilde{H}$ と対数型硬化則を少々修正した[37]。式（1.5.19）の硬化パラメーター $\tilde{H}$ を次式のように修正する。

$$d\tilde{H} = \frac{M^4}{M_f^4} \cdot \frac{M_f^4 - (\tilde{\hat{q}}/\tilde{\hat{p}})^4}{M^4 - (\tilde{q}/\tilde{p})^4} d\varepsilon_v^p \tag{1.5.23}$$

ここに、$\tilde{q}$、$\tilde{p}$ は SMP 規準に基づく変換応力による $q$、$p$ である。$\tilde{\hat{q}}/\tilde{\hat{p}}$ は拡張 SMP 規準に基づく変換応力による $q$、$p$ である（後出の式(1.5.70)、式(1.5.71)参照）。式（1.5.19）をこのように修正した理由は、$d\tilde{H}$ の分子項がゼロになる時はピーク強度の式であるので、強度特性の拘束応力依存性を考慮するため、SMP 破壊規準の代わりに拡張 SMP 破壊規準を採用したからである。ちなみに、$d\tilde{H}$ の分母項がゼロになる時は変相応力条件の式であるので、拘束応力の影響をあまり受けず砂や粗粒材の場合は修正する必要がない。

等方圧密応力条件下での粒状材料の変形特性をより良く表現するために、$e$ ～$\log p$ の直線関係ではなくて、次式で表されるベキ関数を採用する。

$$\varepsilon_v = C_t \left\{ \left( \frac{p_x}{p_a} \right)^m - \left( \frac{p_0}{p_a} \right)^m \right\} \tag{1.5.24}$$

ここに $C_t$、$m$ は等方圧縮変形特性を表す材料パラメーターである。$p_0$ は初期平均主応力、$p_a$ は大気圧である。等方圧密時に弾性体積ひずみ成分も平均主応力との関係をベキ関数と仮定すると、

$$\varepsilon_v^p = \varepsilon_v - \varepsilon_v^e = (C_t - C_e) \left\{ \left( \frac{p_x}{p_a} \right)^m - \left( \frac{p_0}{p_a} \right)^m \right\} \tag{1.5.25}$$

ここに、$C_e$ は等方膨張変形特性を表す材料パラメーターである。ベキ関数型

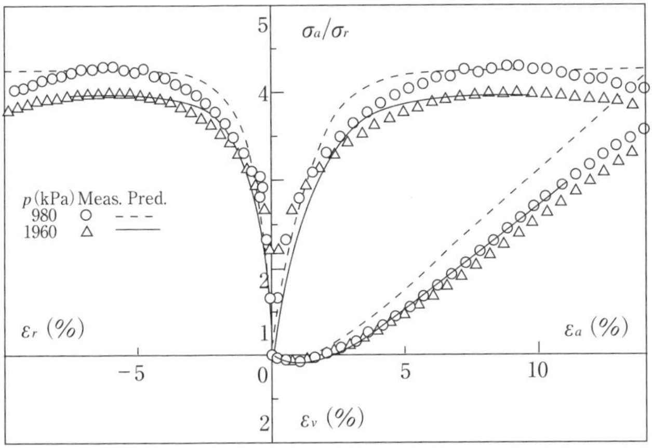


(a) Comp.

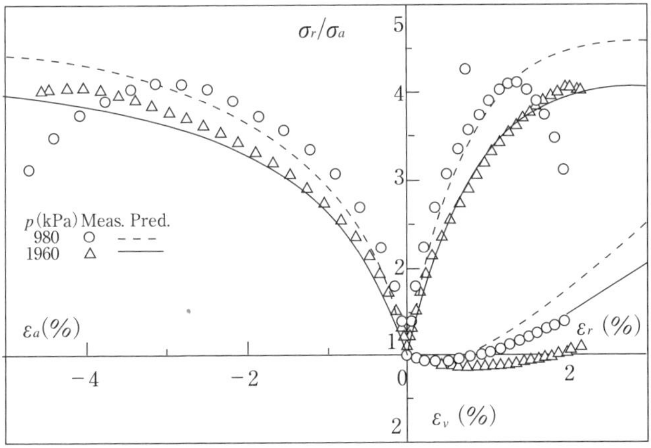


( b ) Ext.

**図1.5.10**　豊浦砂の三軸圧縮・伸張試験結果とモデル予測（$p$一定）

の硬化則を採用した場合の降伏関数は次式のようになる。

$$f=\frac{C_t-C_e}{p_a^m}\left[\left(p+\frac{q^2}{M^2p}\right)^m-p_0^m\right]-H=0 \qquad (1.5.26)$$

図1.5.10は、それぞれ平均主応力 $p=980$kPa、1960kPa の三軸圧縮・三軸伸張

試験による実測値と上記の拘束応力依存性を考慮した修正モデルによる予測値を示している。実測の応力比～ひずみ関係は拘束応力が高くなるほど低くなり、また拘束応力が高くなるほどピーク時の応力比が低くなるのが見られる。図1.5.10より、修正モデルはこのような砂の変形・強度特性の拘束応力依存性の傾向をほぼ表現しているのがわかる。また、修正モデルは拘束応力が高いほど正のダイレイタンシーが小さくなる傾向も表現している。

## （2） $K_0$圧密地盤を対象とした粘土と砂の弾塑性構成式[35)]

関口・太田[40)]は、$K_0$圧密状態（地盤の静止土圧状態）などの異方圧密状態からのせん断方向の反転に伴うダイレイタンシーの変化を説明できる応力パラメーターを導入することによって、太田ら[41)]の異方圧密粘土に適用したモデルを含む異方硬化型の弾粘塑性構成式を提案した。関口・太田モデルは、わが国でさまざまな形で工学的に適用され[42)]、最近では実務に密接に結びつく段階に至っている。さらに、モデルの材料パラメーターを推定する方法も提案されている[43),44)]。粘性を考慮しない関口・太田モデルは次のように簡潔に説明することができる。モデルの降伏関数$f$は次式で与えられる（Original Cam-clay モデルの降伏関数式（1.3.25）参照）。

$$f=\frac{\lambda-\kappa}{1+e_0}\left(\ln\frac{p}{p_0}+\frac{\eta^*}{M}\right)-\varepsilon_v^p=0 \tag{1.5.27}$$

ここに、$\lambda$、$\kappa$はそれぞれ圧縮指数、膨潤指数、$e_0$、$p_0$は異方圧密終了時の間隙比と平均主応力であり、$M$は三軸圧縮条件下における$q$～$p$面上での限界状態線の傾き（破壊時の$q/p$）である。塑性体積ひずみ$\varepsilon_v^p$は硬化パラメーターである。相対応力比$\eta^*$は次式のように表される。

$$\eta^*=\sqrt{\frac{3}{2}\left(\eta_{ij}-\eta_{ij0}\right)\left(\eta_{ij}-\eta_{ij0}\right)} \tag{1.5.28}$$

ここに、応力比テンソル$\eta_{ij}$は偏差応力テンソルを$s_{ij}$として次式で定義される。

$$\eta_{ij}=\frac{s_{ij}}{p} \tag{1.5.29}$$

$$s_{ij}=\sigma_{ij}-p\,\delta_{ij} \tag{1.5.30}$$

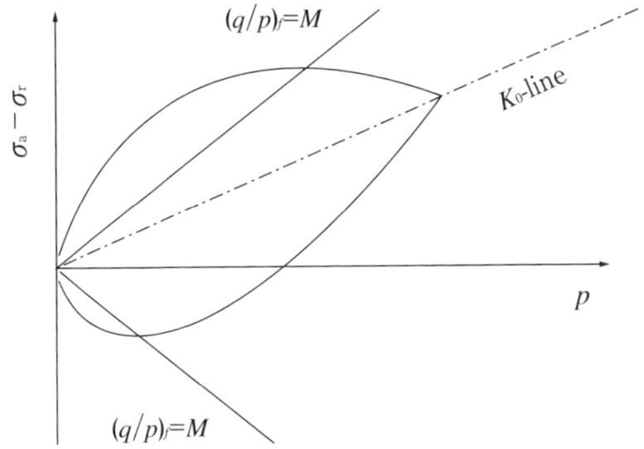


（a） 三軸応力平面において

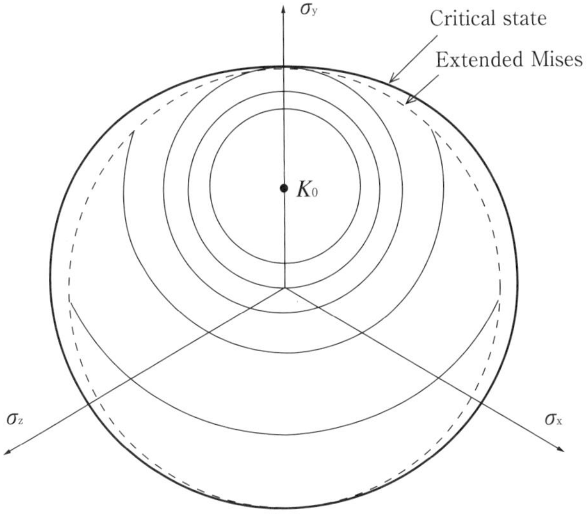


（b） $\pi$ 面において

**図1.5.11**　関口・太田モデルの降伏面と限界状態

ここに、$\sigma_{ij}$ は有効応力テンソル、$\delta_{ij}$ はクロネッカーのデルタである。また、$\eta_{ij0}$ は $\eta_{ij}$ の異方圧密終了時の応力比テンソルである。図1.5.11は（$\sigma_a-\sigma_r$）〜$p$ 平面と $\pi$ 面での降伏面（式（1.5.27)、細い実線)、限界状態線（太い実線）および拡張ミーゼス破壊規準（$(q/p)_f=M$（破線、ただし図1.5.11(a)においては限界状態線（太い実線）と重なっている）を示したものである。$\sigma_a$、$\sigma_r$ は三軸試験での軸方向応力と半径方向応力であり、$q$（$=\sqrt{3s_{ij}s_{ij}/2}$）は偏差応力であり、下付きの $f$ は破壊時を表している。なお、図1.5.11(b)中の太い実線は太田・西原[45]が $d\varepsilon_v^p=0$ という条件から誘導した限界状態線を表している。この限界状態（Critical State）の応力条件は、式（1.5.31）で定義される $\eta_k$ に対して式（1.5.32）で表される。

$$\eta_k = \frac{3}{2\eta^*}(\eta_{ij}-\eta_{ij0})\eta_{ij} \tag{1.5.31}$$

$$\eta_k = M \tag{1.5.32}$$

上式より、$\eta_{ij0}=0$（初期等方応力）の時には $\eta_k=\eta$（$=q/p$）となり、式（1.5.32）は拡張ミーゼス破壊規準になる。図1.5.11(b)より、三軸圧縮・三軸伸張条件下では、この限界状態と拡張ミーゼス破壊規準（$\sqrt{s_{ij}s_{ij}}/p=\mathrm{const.}$）が同じになり、他の応力状態でも両者が近いのが見られる。また、$\eta_k$ を用いれば、関口・太田モデルのストレス・ダイレイタンシー関係は次のように書くことができる。

$$\eta_k = M - \frac{d\varepsilon_v^p}{d\varepsilon_d^p} \tag{1.5.33}$$

この式は、Original Cam-clay モデルのストレス・ダイレイタンシー関係 $\eta = M - d\varepsilon_v^p/d\varepsilon_d^p$ と同じ形をしていて興味深い。式（1.5.33）は $K_0=0.5$ の場合には図1.5.12のように表される（$K_0=0.5$ のときは $\eta_k \geqq -0.75$）。

ここでは、関口・太田モデルに、すでに述べた①SMP 規準に基づいた変換応力 $\tilde{\sigma}_{ij}$ を導入し、②正負のダイレイタンシー特性を評価できる硬化パラメーター $\tilde{H}$ を導入することによって、初期異方性を考慮した3次元応力下の粘土と砂の統一的な弾塑性構成式を提案しよう。その降伏関数 $f$ は次のように表される。

$$f = \frac{\lambda-\kappa}{1+e_0}\left(ln\frac{\tilde{p}}{\tilde{p}_0}+\frac{\tilde{\eta}^*}{M}\right)-\tilde{H}=0 \tag{1.5.34}$$

ここに、$\tilde{p}_0$ は異方圧密終了時の $\tilde{p}$（$=\tilde{\sigma}_{ii}/3$）であり、$\tilde{\eta}^*$ は次式で表される。

$$\tilde{\eta}^* = \sqrt{\frac{3}{2}(\tilde{\eta}_{ij}-\tilde{\eta}_{ij0})(\tilde{\eta}_{ij}-\tilde{\eta}_{ij0})} \tag{1.5.35}$$

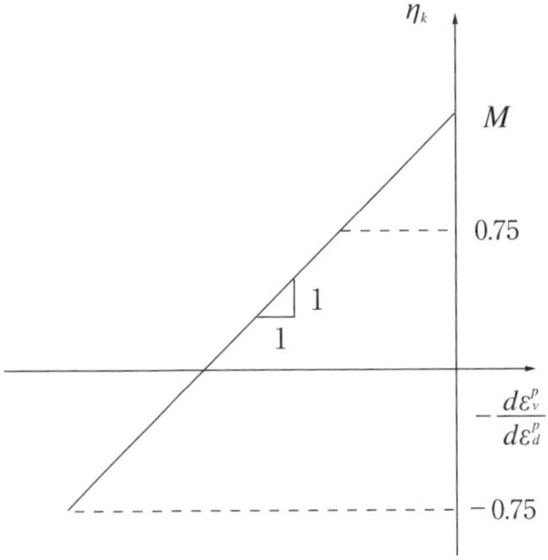


**図1.5.12　関口・太田モデルのストレス・ダイレイタンシー関係（$K_0$=0.5）**

ただし、

$$\tilde{\eta}_{ij}=\frac{\tilde{s}_{ij}}{\tilde{p}}=\frac{\tilde{\sigma}_{ij}-\tilde{p}\,\delta_{ij}}{\tilde{p}} \tag{1.5.36}$$

$$\tilde{\eta}_{ij0}=\frac{\tilde{s}_{ij0}}{\tilde{p}_0}=\frac{\tilde{\sigma}_{ij0}-\tilde{p}_0\delta_{ij}}{\tilde{p}_0} \tag{1.5.37}$$

ここに、$\tilde{\sigma}_{ij0}$は異方圧密終了時の$\tilde{\sigma}_{ij}$である。

また、硬化パラメーター$\tilde{H}$の増分については、初期等方性の構成モデルのための硬化パラメーター（式（1.5.19））を初期異方性の構成モデルに適用するために次式のように拡張した。

$$d\tilde{H}=\frac{M^4\left(M_f^4-\tilde{\eta}_k^4\right)}{M_f^4\left(M^4-\tilde{\eta}_k^4\right)}d\varepsilon_v^p \tag{1.5.38}$$

ここに、$M$、$M_f$は土質パラメーターであり、それぞれ三軸圧縮条件下での変相点（$d\varepsilon_v^p=0$）および破壊時（$\varepsilon_d^p\to\infty$）の$q/p$の値である。なお、負のダイレイタンシー（体積圧縮）だけを示す材料の場合には、$M$と$M_f$は同じ値になり、関口・太田モデルの$M$と同じになる。$\tilde{\eta}_k$については、式（1.5.31）と同様にして次式で与える。

$$\tilde{\eta}_k = \frac{3}{2\tilde{\eta}^*}(\tilde{\eta}_{ij} - \tilde{\eta}_{ij0})\tilde{\eta}_{ij} \tag{1.5.39}$$

$\tilde{\eta}_{ij}=0$（初期等方応力）の時には$\tilde{\eta}_k = \tilde{\eta}$　$(=\tilde{q}/\tilde{p})$ となり、式（1.5.38）で定義した硬化パラメーターは初期等方性の構成モデルのための硬化パラメーターと同じものになる。なお、$\tilde{q}(=\sqrt{3\tilde{s}_{ij}\tilde{s}_{ij}/2})$ は変換偏差応力である。

提案モデルは変換応力$\tilde{\sigma}_{ij}$空間で関連流動則を満たしているので、塑性ひずみ増分 $d\varepsilon_{ij}^p$ は次式で表される。

$$d\varepsilon_{ij}^p = \Lambda \frac{\partial f}{\partial \tilde{\sigma}_{ij}} \tag{1.5.40}$$

ここに、$\Lambda$ は正のスカラーであり、適応条件から次のように決定される（式（1.3.29）参照）。

$$df = \frac{\partial f}{\partial \tilde{p}} d\tilde{p} + \frac{\partial f}{\partial \tilde{\eta}^*} d\tilde{\eta}^* + \frac{\partial f}{\partial \tilde{H}} d\tilde{H} = 0 \tag{1.5.41}$$

式（1.5.38）と式（1.5.40）を式（1.5.41）に代入すれば、

$$\frac{\partial f}{\partial \tilde{p}} d\tilde{p} + \frac{\partial f}{\partial \tilde{\eta}^*} d\tilde{\eta}^* + \frac{\partial f}{\partial \tilde{H}} \frac{M^4(M_f^4 - \tilde{\eta}_k^4)}{M_f^4(M^4 - \tilde{\eta}_k^4)} \Lambda \frac{\partial f}{\partial \tilde{\sigma}_{ii}} = 0 \tag{1.5.42}$$

となるから、

$$\Lambda = -\frac{M_f^4(M^4 - \tilde{\eta}_k^4)}{M^4(M_f^4 - \tilde{\eta}_k^4)} \frac{\dfrac{\partial f}{\partial \tilde{p}} d\tilde{p} + \dfrac{\partial f}{\partial \tilde{\eta}^*} d\tilde{\eta}^*}{\dfrac{\partial f}{\partial \tilde{H}} \dfrac{\partial f}{\partial \tilde{\sigma}_{ii}}} \tag{1.5.43}$$

ここに、

$$\frac{\partial f}{\partial \tilde{p}} = \frac{\lambda - \kappa}{1 + e_0} \frac{1}{\tilde{p}} \tag{1.5.44}$$

$$\frac{\partial f}{\partial \tilde{\eta}^*} = \frac{\lambda - \kappa}{1 + e_0} \frac{1}{M} \tag{1.5.45}$$

$$\frac{\partial f}{\partial \tilde{H}} = -1 \tag{1.5.46}$$

$$\frac{\partial f}{\partial \tilde{\sigma}_{ij}} = \frac{\partial f}{\partial \tilde{p}} \frac{\partial \tilde{p}}{\partial \tilde{\sigma}_{ij}} + \frac{\partial f}{\partial \tilde{\eta}^*} \frac{\partial \tilde{\eta}^*}{\partial \tilde{\sigma}_{ij}} \tag{1.5.47}$$

$$\frac{\partial \tilde{p}}{\partial \tilde{\sigma}_{ij}} = \frac{1}{3} \delta_{ij} \tag{1.5.48}$$

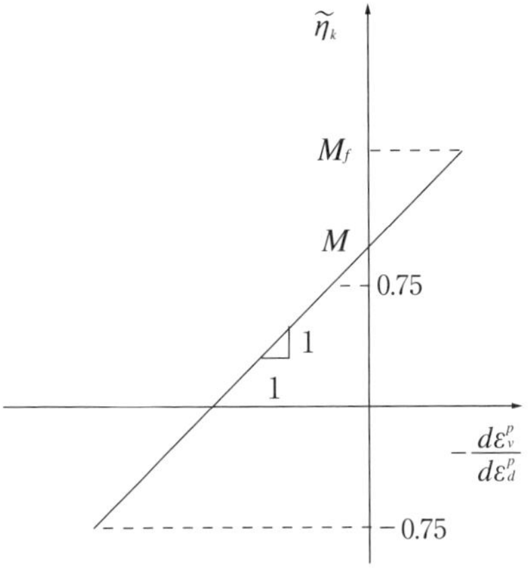


**図1.5.13 提案モデルのストレス・ダイレイタンシー関係($K_0$=0.5)**

$$\frac{\partial \tilde{\eta}^*}{\partial \tilde{\sigma}_{ij}} = \frac{1}{2\tilde{\eta}^* \tilde{p}} \left\{ 3\left(\tilde{\eta}_{ij} - \tilde{\eta}_{ij0}\right) - \tilde{\eta}_{kl}\left(\tilde{\eta}_{kl} - \tilde{\eta}_{kl0}\right)\delta_{ij} \right\} \tag{1.5.49}$$

式 (1.5.44) ～ (1.5.49) より、

$$\frac{\partial f}{\partial \tilde{\sigma}_{ii}} = \frac{\lambda - \kappa}{1 + e_0} \frac{\left(M - \tilde{\eta}_k\right)}{M\tilde{p}} \tag{1.5.50}$$

式 (1.5.46) と式 (1.5.50) を式 (1.5.43) に代入すれば、次式を得る。

$$\Lambda = \frac{1 + e_0}{\lambda - \kappa} \frac{M_f^4\left(M^2 + \tilde{\eta}_k^2\right)\left(M + \tilde{\eta}_k\right)\tilde{p}}{M^3\left(M_f^4 - \tilde{\eta}_k^4\right)} \left( \frac{\partial f}{\partial \tilde{p}} d\tilde{p} + \frac{\partial f}{\partial \tilde{\eta}^*} d\,\tilde{\eta}^* \right) \tag{1.5.51}$$

したがって、塑性降伏時$\{(\partial f/\partial \tilde{\sigma}_{ij})d\,\tilde{\sigma}_{ij} > 0\}$には、$\Lambda > 0$が保証されている。

提案モデルのストレス・ダイレイタンシー関係については、式 (1.5.33) と同様にして次式で表す (図1.5.13参照)。

$$\tilde{\eta}_k = M - \frac{d\,\varepsilon_v^p}{d\,\varepsilon_d^p} \tag{1.5.52}$$

また提案モデルの限界状態については、$\varepsilon_d^p \to \infty$という条件より次式になる。

$$\tilde{\eta}_k = M_f \tag{1.5.53}$$

この限界状態を $(\sigma_a - \sigma_r) \sim p$ 平面と $\pi$ 面上で表すと、図1.5.14と図1.5.15の太い実線となる。図1.5.15より、三軸圧縮・三軸伸張条件下では、この限界状態とSMP破壊規準が同じになり、他の応力状態でも両者が近いのが見られる。また初期等方応力（$\tilde{\eta}_{ij0}=0$）の場合には、$\tilde{\eta}_k=\tilde{\eta}=M_f$となり、SMP破壊規準と一致する。

式（1.5.38）より、$M_f=M$の時には$d\tilde{H}=d\varepsilon_v^p$となる。すなわち、硬化パラメーター$\tilde{H}$が塑性体積ひずみ$\varepsilon_v^p$となり、正規圧密粘土など負のダイレイタンシーだけを示す材料にも適用できるものとなる。この場合に特筆すべきことは、材料パラメーター（$\lambda$、$\kappa$、$e_0$、$M$）が元のモデルの材料パラメーターと全く同じ点である。これは変換応力を誘導する際に用いた三軸圧縮条件下で変換応力と通常の応力を等しくするという条件と、元のモデルの材料パラメーターが三軸圧縮条件と等方応力条件から決定されることによっている。図1.5.14は本提案モデルの降伏面（式（1.5.34）、細い実線）、限界状態線（式（1.5.53）、太い実線）および変相線（$\tilde{\eta}_k=M$、破線）を（$\sigma_a-\sigma_r$）〜$p$平面（軸対称応力条件）で示したものである。正規圧密粘土などの負のダイレイタンシーだけを示す材料の場合には、$M_f=M$であるので限界状態線と変相線は一致することになる。同図と関口・太田モデルのもの（図1.5.11(a)）を比較すると、三軸圧縮条件では両者の降伏面は同じになるが、三軸伸張条件では提案モデルの方が若干小さくなる。また、限界状態線（破壊線）については、関口・太田モデルでは拡張ミーゼス規準（$(q/p)_f=M$）あるいは式（1.5.32）を満たしているが、提案モデルではSMP規準（$(\tilde{q}/\tilde{p})_f=M$）あるいは式（1.5.53）を満たしていることになる。

図1.5.15は、提案モデルの降伏面(式(1.5.34)、細い実線)、限界状態線(太い実線)およびSMP規準(破線)を(a)変換応力空間の$\pi$面（$\tilde{\pi}$面と呼ぶ）と(b)通常の応力空間の$\pi$面で示したものである。図1.5.15(a)より、$\tilde{\pi}$面上の提案モデルの降伏面の形は$\pi$面上の元のモデルの降伏面の形（図1.5.11(b)）と全く同じになることがわかり興味深い。図1.5.15(b)は、図1.5.15(a)の降伏面(細い実線)、限界状態線（太い実線）およびSMP規準（破線）を通常の応力空間の$\pi$面上で描いたものである。$\tilde{\pi}$面上で原点を中心とする円（破線）を$\pi$面上で表せば、SMP規準のオムスビ曲線(破線)となる。また$\tilde{\pi}$面上で$K_0$を中

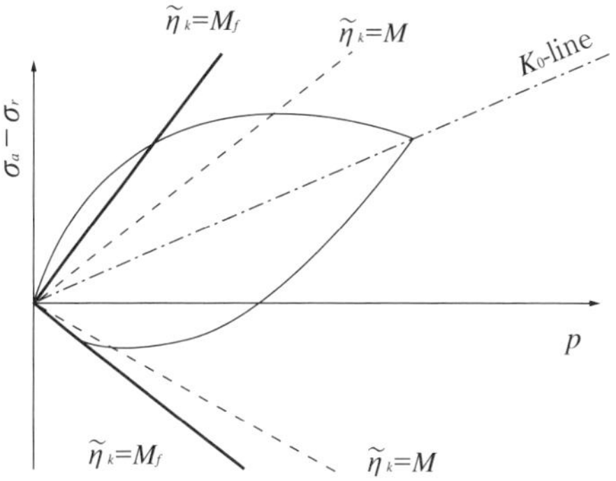


**図1.5.14**　三軸応力平面における提案モデルの降伏線（細実線）、限界状態線（太実線）および変相線（破線）

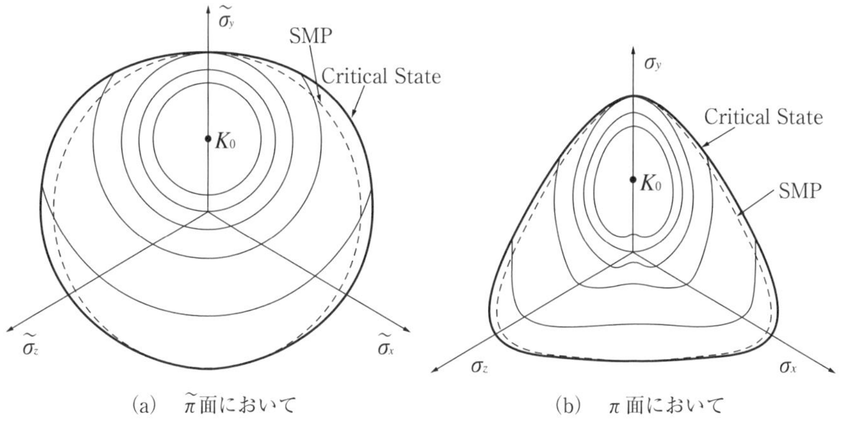


**図1.5.15**　提案モデルの降伏面

心とする円（細い実線）を $\pi$ 面上で表せば、上向きのタマゴ形の降伏線（細い実線）となる。すなわち、SMP 規準によって修正された降伏面では、異方圧密あるいは偏差応力を受けた場合の $\pi$ 面上の降伏面の形はタマゴ形となるのである。この形は粘土[46]や砂[47]の実測値の傾向とほぼ対応している。図1.5.16は $y$ 軸方向に偏差応力を受けた砂の $\pi$ 面上での降伏面の実測値を示したものである。興味深いのは、この形がまさに上向きのタマゴ形になっていることで

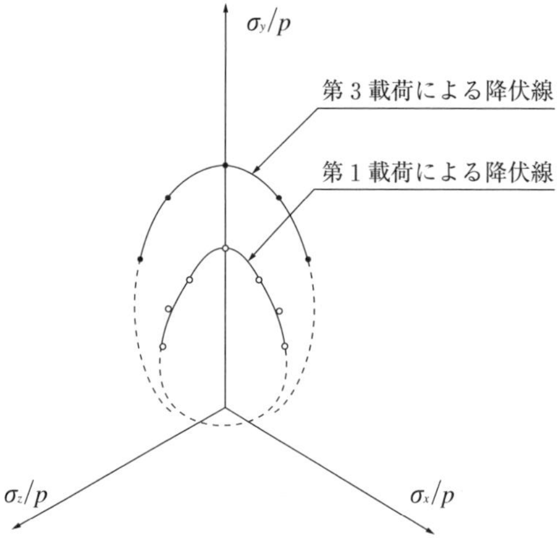


**図1.5.16　非排水繰り返し三主応力試験による砂の**
**π面上の降伏線（山田[47]より）**

ある。したがって、異方圧密土の降伏面はπ面上で円形でなくタマゴ形を呈すると推測される。なお、図1.5.15(b)より見られるように、降伏線のお尻の部分では凸面性を示さないことになっている。このことは、変換応力空間で凸面性を有する降伏面（図1.5.15(a)）と関連流動則（式（1.5.40））を採用する本提案モデルが、通常の応力空間ではDruckerの仮定を必ずしも満たさないことを示している。すなわち、本提案モデルの仮定は非関連流動則を採用している土の弾塑性構成モデルの仮定と同じ程度であると言えるかもしれない[35]。

さて、弾性ひずみ $d\varepsilon_{ij}^e$ については、すでに述べたようにHookeの法則を採用するので次式で表される。

$$d\varepsilon_{ij}^e = \frac{1+\nu}{E} d\sigma_{ij} - \frac{\nu}{E} \sigma_{kk} \delta_{ij} \tag{1.5.54}$$

ここに、$\nu$ はポアソン比であり、弾性係数 $E$ は次式で与えられる。

$$E = \frac{3(1-2\nu)(1+e_0)}{\kappa} p \tag{1.5.55}$$

ひずみ増分 $d\varepsilon_{ij}$ は、弾塑性論に従って次式で表される。

$$d\varepsilon_{ij} = d\varepsilon_{ij}^e + d\varepsilon_{ij}^p \tag{1.5.56}$$

なお、提案モデルの材料パラメーターについては、負のダイレイタンシーだけを示す材料の場合には関口・太田モデルと全く同じであり、正負のダイレイタンシーを示す材料の場合には $M_f$ だけ増えることになる。

ここで、各種地盤材料および各種応力経路に対して提案モデルの有効性を確かめるため、また $M_f=M$ の時の提案モデル（すなわち、SMP 規準によって修正された関口・太田モデル）と元の関口・太田モデルによる予測にはどの程度の違いがあるかを明らかにするため、著者らの研究室の実験データ[48),49)]と文献で公表された実験データ[50),51)]を用いて種々の条件下でモデルの適用性を検討する。実験データの応力経路によって、三軸圧縮・三軸伸張条件（軸対称応力条件）と平面ひずみ条件に分けて、モデルによる予測値と実測値を比較する。モデル予測に用いた材料パラメーターを表1.5.1に示す。

**表 1.5.1** モデルの材料パラメーター

| | $M$ | $M_f$ | $\lambda/(1+e_0)$ | $\kappa/(1+e_0)$ |
|---|---|---|---|---|
| 豊浦砂 | 0.95 | 1.66 | 0.00403 | 0.00251 |
| 藤の森粘土 | 1.36 | — | 0.0508 | 0.0112 |
| 中間土 | 1.32 | — | 0.021 | 0.0077 |

(a) 三軸圧縮・三軸伸張条件

正負のダイレイタンシー特性を示す代表試料として中間土と豊浦砂を選び、異方圧密から三軸圧縮側と三軸伸張側へせん断する場合の実験結果と予測値を比較することにする。

図1.5.17は、異なる主応力比 $R$ （$=\sigma_a/\sigma_r=1.5$、2.0、2.5）で異方圧密され、$p=$ 一定（980kPa）条件下で三軸伸張側（$\sigma_a<\sigma_r$）へ排水せん断された中間土の三軸試験の応力経路を示している。図1.5.18はこの試験による実測値[48)]（○印のプロット）と両モデルによる予測値（実線：$M_f=M$ の時の提案モデル、破線：関口・太田モデル。ただし、$\varepsilon_v$～$\varepsilon_r$ 関係については両モデルの予測値は重なっている）を示したものである。

実験に用いた試料は、豊浦砂約70％と藤の森粘土約30％を混ぜたものである。この試料はいわゆる中間土であるが、$p=$ 一定の排水せん断試験でピーク強度

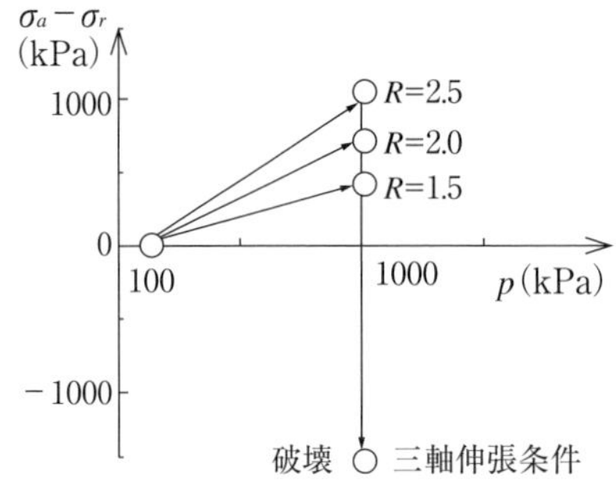


**図1.5.17　中間土の三軸試験の応力経路**

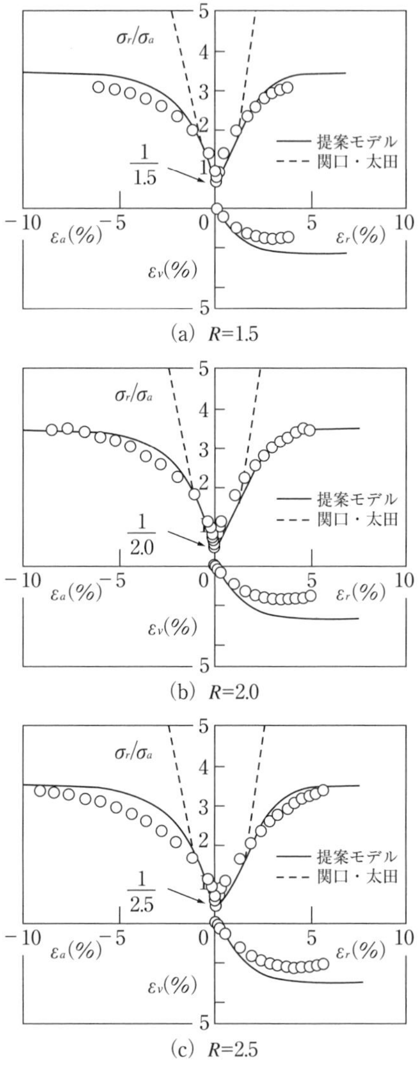


**図1.5.18　$p$一定条件での異なる圧密時の主応力比$R$からせん断した中間土の三軸試験の実測値と予測値**

まで正のダイレイタンシーをほとんど示さないので粘土的な試料と見なせる。実験では、まず三軸圧縮側（$\sigma_a > \sigma_r$）で $p = 980$kPa まで異方圧密して、その後 $p = 980$kPa のもとで $\sigma_a$ を減じ $\sigma_r$ を増やして、三軸伸張側（$\sigma_a < \sigma_r$）へ破壊まで排水せん断を行った。図1.5.18より、元のモデル（破線）では拡張ミーゼス規準を破壊規準とせん断降伏規準として用いているので、主応力比（$R = \sigma_r/\sigma_a$）～主ひずみ（$\varepsilon_a$、$\varepsilon_r$：軸方向ひずみと半径方向ひずみ）関係において予測値と実測値が相当異なるのが見られる。一方、提案モデル（実線）では SMP 規準を破壊規準とせん断降伏規準として用いているので、主応力比～主ひずみ関係において予測値は実測値をほぼ説明しているのが見られる。なお図中には、提案モデルの方は限界状態までの予測値を示しているのに対して、関口・太田モデルの方は図の枠を超えるので限界状態までの予測値を示していない。

図1.5.19は主応力比 $R$（$= \sigma_a/\sigma_r$）$= 2$で $p = 196$kPa まで異方圧密された（点 P）後に、$p =$ 一定（196kPa）と $\sigma_r =$ 一定（147kPa）条件下でそれぞれ三軸圧縮側（$\sigma_a > \sigma_r$）と三軸伸張側（$\sigma_a < \sigma_r$）へせん断したやや密詰めの豊浦砂の排水せん断試験の応力経路を示したものである。図1.5.20には、この試験による実測値（○印のプロット）[49]と提案モデルによる予測値（実線）を示している。やや密詰めの豊浦砂は正負のダイレイタンシー特性を示すが、関口・太田モデルはこのようなダイレイタンシー特性を表現できないのでその予測値を示していない。図1.5.20より、提案モデルが異方圧密を受けた正負のダイレイタンシー特性を示す材料の主応力比～主ひずみ関係だけでなく、ダイレイタンシー特性をもよく説明するのが見られる。モデル予測に用いた材料パラメーターは、広く使われている Cam-clay モデルや関口・太田モデルのパラメーターに $M_f$ だけを追加したものである（表1.5.1参照）。

(b)　平面ひずみ条件

実務上の地盤の変形解析においては、$K_0$圧密された地盤を平面ひずみ条件下で有限要素法を用いて解析することが多い。ここでは文献[50),51)]で公表された $K_0$圧密された粘土の種々の応力経路下の平面ひずみ試験結果を、関口・太田モデルと $M_f = M$ の時の提案モデルを用いて解析して、両モデルの平面ひずみ

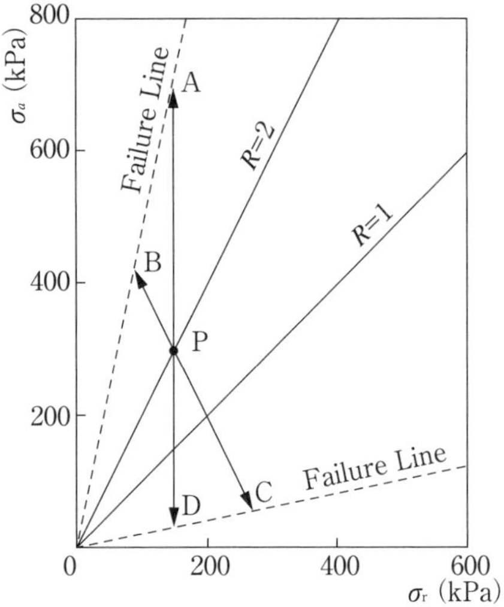


図1.5.19　砂の三軸試験の応力経路

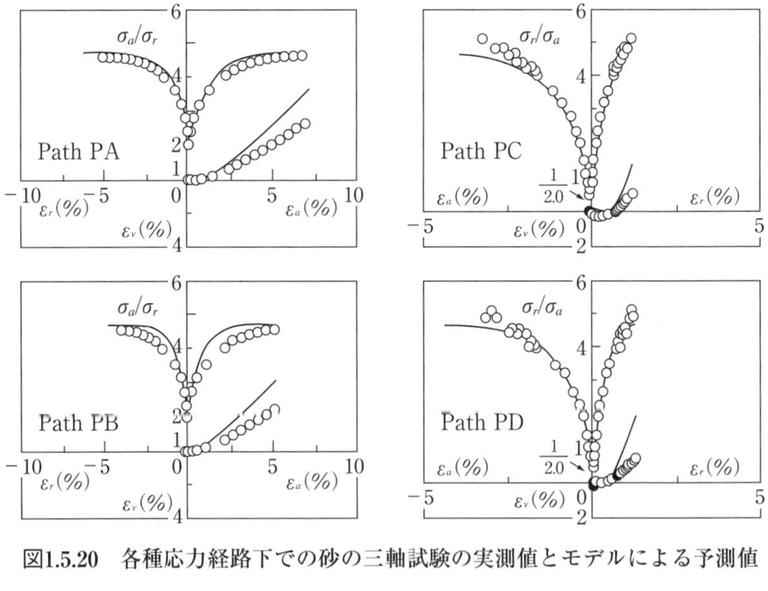


図1.5.20　各種応力経路下での砂の三軸試験の実測値とモデルによる予測値

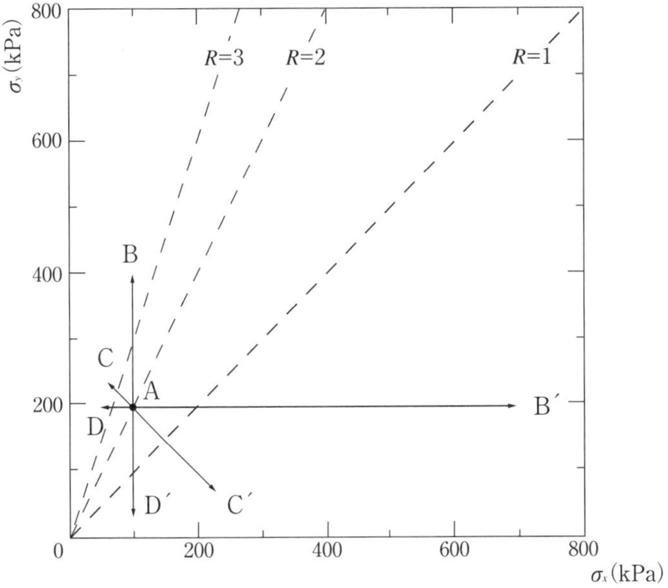


**図1.5.21　粘土の平面ひずみ条件下での応力経路**

条件下における適用性を検討する。図1.5.21は平面ひずみ試験が行われた応力経路を示したものである。$\sigma_y=196$kPa、$\sigma_x=\sigma_z=98$kPa の $K_0$圧密状態（図1.5.21の点 A）から $\varepsilon_z=0$の平面ひずみ条件下で 6 種類の応力経路（AB、AC、AD、AB′、AC′ および AD′）に沿って排水せん断した。両モデルの予測に用いた材料パラメーター（表1.5.1参照）は元の文献[50),51)]のものと同じで、全て三軸圧縮試験あるいは等方圧縮試験から決定されたものである。

図1.5.22は、平面ひずみ条件下での中間主応力（$\sigma_z$）がせん断につれて変化する様子を実測値（○印のプロット）と両モデルによる予測値（実線：提案モデル、破線：関口・太田モデル）で示したものである。関口・太田モデルでは拡張ミーゼス規準を破壊規準として用いているので、強度（$\sigma_y/\sigma_x$ や $\sigma_z/\sigma_x$）を過大に評価しており、実測値ではあり得ない部分も予測している。これに対して、提案モデルではかなり正確に実測値を予測しているのが見られる。

図1.5.23は、平面ひずみ条件下での 2 つの応力経路 AC と AC′ の実測値（○

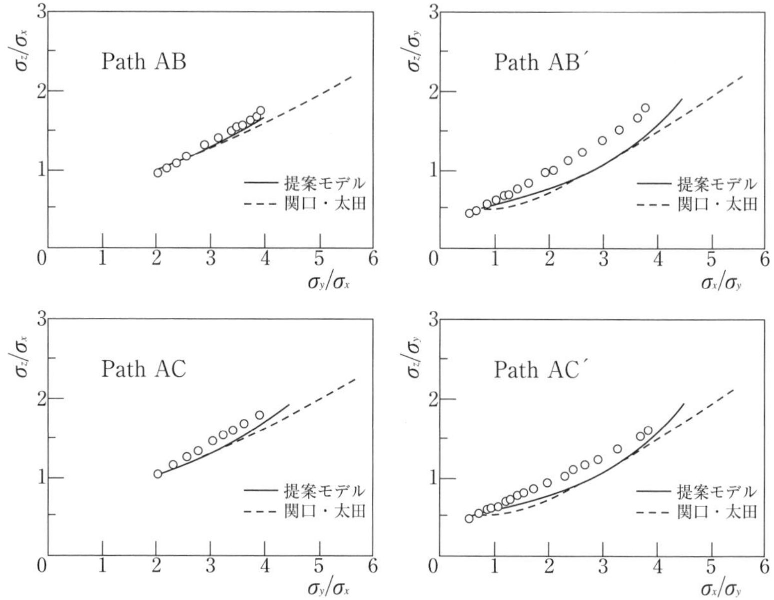


**図1.5.22　粘土の平面ひずみ条件下で中間主応力の実測値[50)、51)]と両モデルによる予測値**

印のプロット）と両モデルによる予測値（実線と破線）を $\pi$ 面上で示したものである。同図より、$\pi$ 面上の応力経路でも提案モデル（実線）の方が元のモデル（破線）より実測値をよく説明しているのが見られる。また、提案モデルの限界状態（実線のオムスビ形：式（1.5.53））は実測値（○印のプロット群の上端）をほぼ予測しているが、元のモデルの限界状態（点線の円形）は実測値より少し大きくなっているのが見られる。

図1.5.24、図1.5.25は、平面ひずみ試験の実測値（○印のプロット）と両モデルによる実測値（実線：提案モデル、破線：関口・太田モデル）を主応力比（$\sigma_y/\sigma_x$ や $\sigma_x/\sigma_y$）～主ひずみ（$\varepsilon_y$、$\varepsilon_x$）～体積ひずみ（$\varepsilon_v$）関係で示したものである。図1.5.24はせん断時に最大主応力方向の反転がない場合、図1.5.25はせん断時に最大主応力方向の反転がある場合を示している。両モデルとも、まずまずの精度でせん断時に最大主応力方向が反転する場合としない場合の応力～

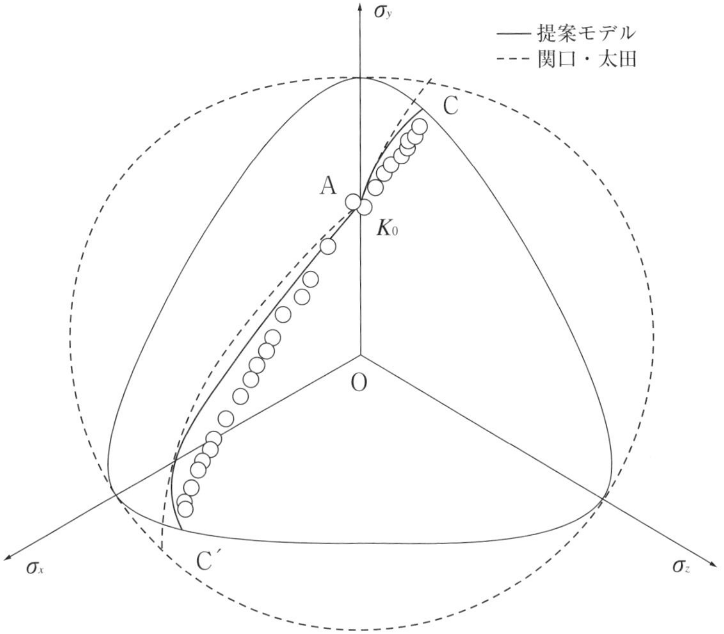


**図1.5.23**　平面ひずみ条件下での $\pi$ 面上の応力経路の実測値[50)、51)]と両モデルによる予測値

ひずみ関係の実測値を説明している。これは、SMP 規準と拡張ミーゼス規準による強度が平面ひずみ条件下では比較的近いためと考えられる（図1.5.23参照）。6ケース全体を比較すると、提案モデルによる予測値の方が関口・太田モデルによる予測値よりも実測値に近いのが見られる。特に応力比の高い部分では、提案モデルはSMP 規準を採用しているので、関口・太田モデルよりも実測値をより良く説明しているようである。

以上、平面ひずみ条件下で実測値と両モデルによる予測値を比較したが、元のモデルは粘土の実際の強度を若干過大に評価することを除いて、それなりに実測値を予測している。これは、実務において関口・太田モデルを用いて平面ひずみ条件下の地盤の変形挙動をある程度の精度で予測できる理由であると考えられる。

なお、「1.4の付録」で述べた弾塑性構成テンソル $D_{ijkl}$ については、1.5(1)の

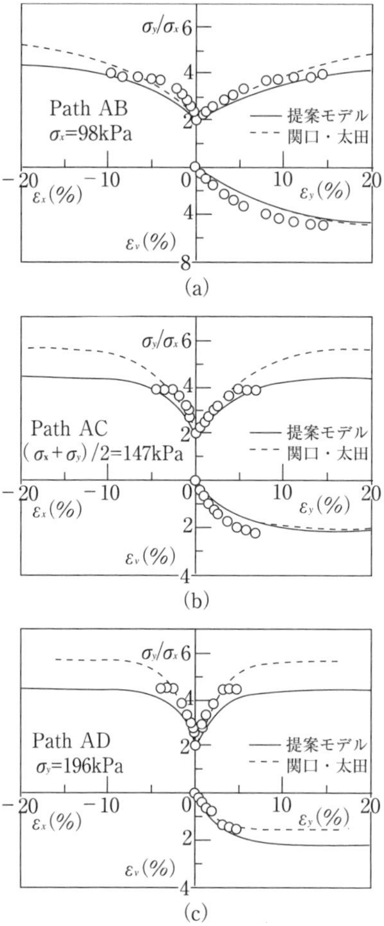


図1.5.24　平面ひずみ条件下でせん断応力方向が反転しない場合の応力～ひずみ関係の実測値[50),51)]と両モデルによる予測値

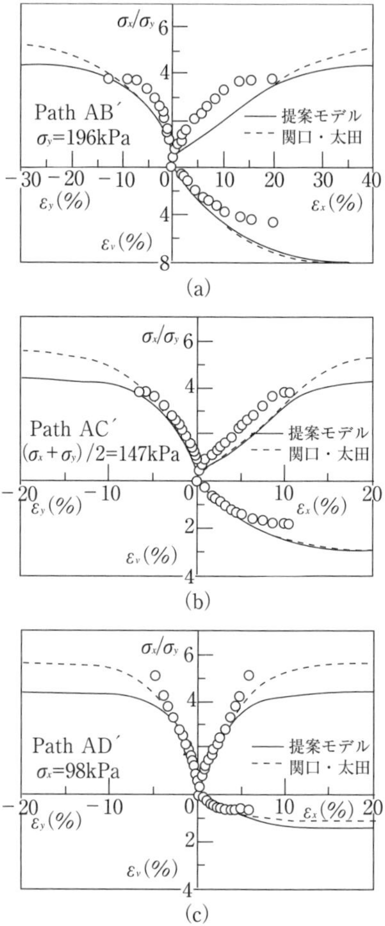


図1.5.25　平面ひずみ条件下でせん断応力方向が反転する場合の応力～ひずみ関係の実測値[50)、51)]と両モデルによる予測値

場合と同様に、式（1.4.18）の $X$ だけが少し変わることになる。すなわち、

$$X = \frac{M^4\left(M_f^4 - \tilde{\eta}_k^4\right)}{M_f^4\left(M^4 - \tilde{\eta}_k^4\right)}\frac{\partial f}{\partial \tilde{\sigma}_{ii}} + \frac{\partial f}{\partial \sigma_{ij}} D_{ijkl}^e \frac{\partial f}{\partial \tilde{\sigma}_{kl}} \tag{1.5.57}$$

上式に式（1.5.50）を代入すれば次式を得る。

$$X = \frac{\lambda - \kappa}{1+e_0}\frac{M^3\left(M_f^4 - \tilde{\eta}_k^4\right)}{M_f^4\left(M^2 + \tilde{\eta}_k^2\right)\left(M + \tilde{\eta}_k\right)\tilde{p}} + \frac{\partial f}{\partial \sigma_{ij}} D_{ijkl}^e \frac{\partial f}{\partial \tilde{\sigma}_{kl}} \tag{1.5.58}$$

以上の検討の主要な結論をまとめると次のようになろう。

1）偏差応力あるいは異方圧密を受けた土の降伏面は、$\pi$ 面上ではその偏差応力あるいは異方圧密を受けた方向にずれたタマゴ形を呈する。提案モデルはこの興味深い特性を表現している。

2）提案モデルは、$K_0$圧密状態などの正規異方圧密を受けた粘土や砂などの3次元応力下での変形・強度特性を統一的に説明できる。モデルに用いる材料パラメーターは関口・太田モデルのものより $M_f$ だけ増えている。

3）提案モデルの特別なケース（$M_f = M$）は、関口・太田モデルに SMP 規準を取り入れたものとなる。すなわち、せん断降伏と破壊規準として SMP 規準を採用することによって、異方圧密を受けた3次元応力下の粘土の変形・強度特性をより合理的に表現することができるものである。モデルの材料パラメーターは元のモデルのものと同じである。

4）提案モデルの限界状態（式（1.5.53））は初期異方応力状態を考慮したもので、SMP 規準とかなり近いものである。実測値と比較した結果、式（1.5.53）は初期異方応力状態にある土の限界状態をかなり正確に予測しているので（図1.5.23参照）、提案モデルは1つの限界状態モデルであると見なせる。

5）実測値と両モデル（提案モデルと元の関口・太田モデル）による予測値を比較することによって、関口・太田モデルを用いて地盤の変形や安定を解析する際に注意するべき点が明らかにされた。特に、三軸伸張条件などの応力状態では、元のモデルは強度を過大評価するが、提案モデルはそのような元のモデルの欠点を改善している。

## （３）　不飽和土の弾塑性構成式[52)]

図1.5.26に土粒子の２次元モデル（アルミ丸棒）で示すように、不飽和土は土粒子、水、空気の３相混合体であるので、話は途端にややこしくなる。飽和土をその端に含み、サクションの低下に伴うコラプス現象をも説明できる不飽和土の３次元応力下の弾塑性構成式をすっきりした形で定式化することが求められる。そのとき、土粒子と水と空気の接点に働く、水の表面張力に基づくサクション $s$（$=u_a-u_w$、$u_a$：間隙空気圧、$u_w$：間隙水圧）の影響をどのように構成式の中へ取り入れるかが大きなポイントとなろう。このサクション $s$ は図1.5.27に示すように不飽和土の土粒子を引き寄せる土粒子間結合力 $F$ としての作用を有するので、不飽和土の有効応力、破壊強度、降伏応力や硬化則などに関係するものと考えられる。

次に、まず不飽和土の有効応力および破壊規準を定め、等方応力下および３次元応力下の応力～ひずみ関係を弾塑性論に基づいて定式化し、その後提案構成モデルを実験データによって検証する。

### (a)　不飽和土の有効応力

不飽和土は、上述のようにサクション $s$ による土粒子間結合力を有する一種

図 1.5.26　粒子への間隙水の付着状況

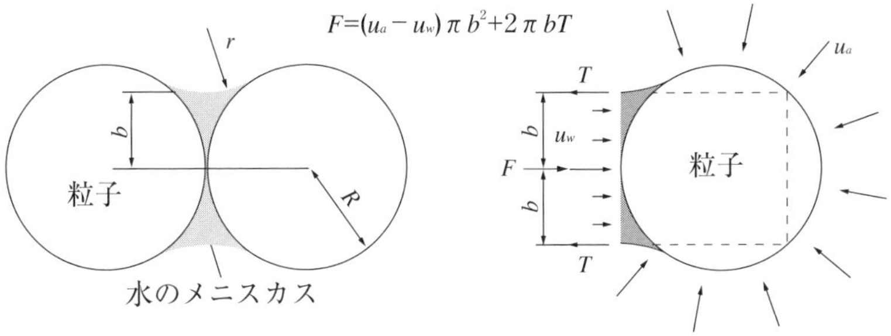


(a) 2粒子間の水のメニスカス (b) 見かけの粒子間結合力$F$

**図1.5.27 水の表面張力に基づく粒子間結合力**

の $c$、$\phi$ 材料とみなすことができる。そこで、すでに述べたように粘着力 $c$ を $\sigma$ 軸で評価するパラメーター $\sigma_0$（$=c\cdot\cot\phi$）を導入し、換算主応力 $\hat{\sigma}_i$、換算応力テンソル $\hat{\sigma}_{ij}$ を次式のように定義する（式（1.2.6）参照）。

$$\hat{\sigma}_i=\sigma_i+\sigma_0 \tag{1.5.59}$$

$$\hat{\sigma}_{ij}=\sigma_{ij}+\sigma_0\delta_{ij} \tag{1.5.60}$$

さらに、Bishop は次のような不飽和土の有効応力 $\hat{\sigma}$ の表現式[53]を提唱している。

$$\hat{\sigma}_{ij}=(\sigma_t-u_a)+\chi(u_a-u_w) \tag{1.5.61}$$

ここに、$\sigma_t$：全応力、$\chi$：不飽和の度合を表すパラメーター（飽和土のとき $\chi=1$、乾燥土のとき $\chi=0$）である。式（1.5.61）において $u_a-u_w=s$ であり、$\chi$ は飽和度の関数である（サクション $s$ の関数でもある）。

式（1.5.60）と式（1.5.61）を考え合わせれば、不飽和土の有効応力の式として Bishop の式を一般化した次のような定式ができる。

$$\hat{\sigma}_{ij}=(\sigma_{tij}-u_a\delta_{ij})+\sigma_0(s)\delta_{ij} \tag{1.5.62}$$

ここに、$(\sigma_{tij}-u_a\delta_{ij})$ は間隙空気圧 $u_a$ が作用する場合のネット応力（間隙空気 $u_a$ は土粒子骨格の変形に寄与しないので $(\sigma_t-u_a)$ を“正味”の応力と考える）であり、$\sigma_0(s)$ はサクション $s$ によるボンド応力（ここでは短縮してサクション応力と呼ぶ）を意味している。なお、サクション応力 $\sigma_0(s)$ は図1.5.28に示

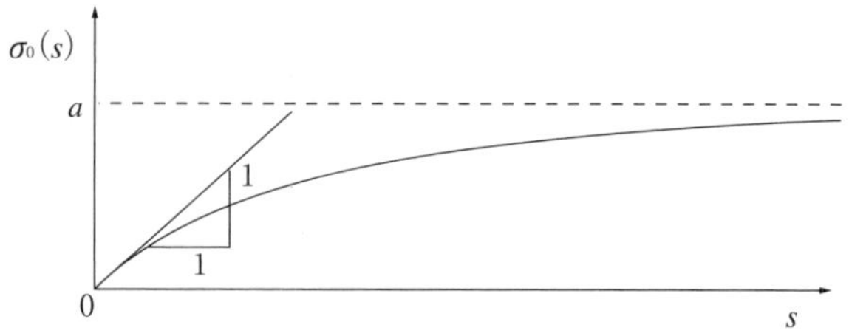


**図1.5.28　サクション$s$とサクション応力$\sigma_0$（$s$）の関係**

すように次式で表現する。

$$\sigma_0(s)=\frac{as}{a+s} \tag{1.5.63}$$

ここに、$a$ は材料パラメーターであり、$s\rightarrow\infty$（乾燥土）のときの $\sigma_0(s)$の値である。なお式（1.5.63）は、$s=0$（飽和）のときには、式（1.5.61）（$\chi=1$）と式（1.5.62）を比べて $\Delta\sigma_0=\Delta s$（勾配＝1）となることと $s$ が増加しても $\sigma_0(s)$が無限大にならないこと（実験事実[54]がある）を考慮して定めたものである。

ここで、式（1.5.63）を式（1.5.62）に代入して、$i=j$ のときには（$s=u_a-u_w$ であるので）、

$$\hat{\sigma}=\left(\sigma_t-u_a\right)+\frac{a}{a+s}(u_a-u_w) \tag{1.5.64}$$

上式より、飽和土（$s=0$）の場合には、

$$\hat{\sigma}=\sigma_t-u_w$$

となり、テルツァギーの有効応力式と一致する。また乾燥土（$s\rightarrow\infty$）の場合には、

$$\hat{\sigma}=\sigma_t-u_a+a$$

となる。

式（1.5.61）と式（1.5.64）を比較すると、

$$\chi=\frac{a}{a+s} \tag{1.5.65}$$

上式において、$s=0$（飽和土）のときには $\chi=1$になり、$s\rightarrow\infty$（乾燥土）のときには $\chi=0$となる（これらは Bishop の式と矛盾しない）。

ここでの要点をまとめると、３次元応力下での不飽和土の有効応力は式（1.

5.64）で表されるということである。このことは、言い換えるとBishopの式中の係数 $\chi$ を式（1.5.65）で与えることに対応している。以上より、飽和土の有効応力と同じように、不飽和土の変形・強度特性を表現するときには、不飽和土の有効応力式（1.5.64）を用いるべきことが理解される。

### (b)　拡張 SMP 規準に基づいた変換応力と不飽和土の破壊規準

一般的な 3 次元応力下で不飽和土のような $c$、$\phi$ 材料の弾塑性構成式を構築するために、$c$、$\phi$ 材料のせん断降伏と破壊規準としてふさわしと思われる拡張 SMP 規準[19]を 1 つの変換応力（修正応力）によって表現することを試みる。その変換応力とは、図1.5.29に示す拡張 SMP 規準（オムスビ形）を円形に変換する応力である。すなわち、点 A′ を点 A に変換する変換応力 $\tilde{\hat{\sigma}}_{ij}$ は、換算応力 $\hat{\sigma}_{ij}$（$=\sigma_{ij}+\sigma_0\delta_{ij}$）と $\tilde{\hat{\sigma}}_{ij}$ の主軸方向が一致するという条件の下では次にように表現される（式（1.4.8)、式（1.4.5）参照)。

$$\tilde{\hat{\sigma}}_{ij}=\tilde{\hat{p}}\delta_{ij}+\tilde{\hat{s}}_{ij}=\hat{p}\delta_{ij}+\frac{\hat{l}_0}{\hat{l}_\theta}\hat{s}_{ij}$$

$$=\hat{p}\delta_{ij}+\frac{\hat{l}_0}{\sqrt{\hat{s}_{kl}\hat{s}_{kl}}}\hat{s}_{ij}=\hat{p}\delta_{ij}+\frac{\hat{l}_0}{\sqrt{s_{kl}s_{kl}}}s_{ij} \tag{1.5.66}$$

ここに、

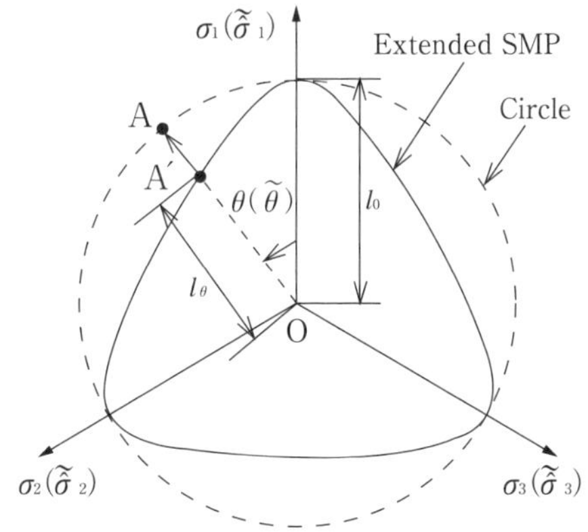


図1.5.29　$\pi$ 面と $\tilde{\pi}$ 面における拡張SMP規準

$$\hat{l}_0 = 2\sqrt{\frac{2}{3}}\frac{\hat{I}_1}{3\sqrt{(\hat{I}_1\hat{I}_2-\hat{I}_3)(\hat{I}_1\hat{I}_2-9\hat{I}_3)}-1} \tag{1.5.67}$$

$$s_{ij} = \sigma_{ij} - p\,\delta_{ij} \tag{1.5.68}$$

以上より、拡張SMP規準（図1.5.30）は、変換された換算主応力（$\tilde{\hat{\sigma}}_i$）空間においては図1.5.31に示すように円錐形で表されることになる。

さて、上記のような変換された換算応力を用いれば、一般的な3次元応力下の不飽和土の破壊規準は次式で表すことができる（図1.5.32参照）。

$$\tilde{\hat{q}} = M(s)\tilde{\hat{p}} = M(s)\hat{p} = M(s)(p+\sigma_0(s)) \tag{1.5.69}$$

ここに、

$$\tilde{\hat{p}} = \tilde{\hat{\sigma}}_{ii}/3 = \hat{p} = p + \sigma_0(s) \tag{1.5.70}$$

$$\tilde{\hat{q}} = \sqrt{3\left(\tilde{\hat{\sigma}}_{ij} - \tilde{\hat{p}}\delta_{ij}\right)\left(\tilde{\hat{\sigma}}_{ij} - \tilde{\hat{p}}\delta_{ij}\right)/2} \tag{1.5.71}$$

$M(s)$は三軸圧縮条件でサクション$s$＝一定のときの$q$〜$p$平面での破壊線の勾配であり、次式で表されるものとする。

$$\frac{M(s)-M(0)}{\sigma_0(s)-0} = M_s$$

$$M(s) = M(0) + M_s\sigma_0(s) \tag{1.5.72}$$

ここに、$M_s$は材料定数である。

図1.5.32$(a)$はサクション$s$を考慮した3次元応力（$p$, $\tilde{\hat{q}}$）下での不飽和土の破壊曲面を示したものである。その特別なケースとして、図1.5.32$(b)$がサクション$s$一定条件下での、図1.5.32$(c)$が平均応力$p$一定条件下での不飽和土の破壊規準の形を示している。要するに、3次元応力下での不飽和土の破壊規準は式（1.5.69）で表され、式中の$\sigma_0(s)$と$M(s)$は式（1.5.63）と式（1.5.72）で表されるということである。

### (c)　不飽和土の等方圧密時の変形特性とモデリング

すでに飽和土の弾塑性構成モデルのところで示したように、飽和土の等方圧密時の変形特性は$e$〜$\ln p$関係で表すことが多く、その具体的な表現式として$e = e_0 - \lambda \ln p/p_0$のような形のものをよく用いている。ここでは、不飽和土の

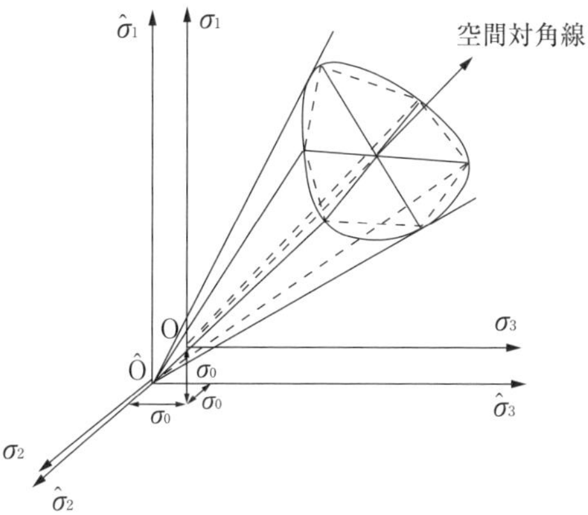


**図1.5.30**　主応力空間での拡張SMP規準

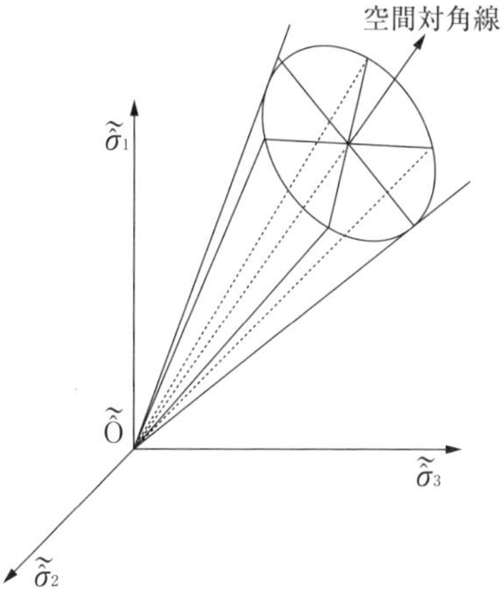


**図1.5.31**　変換主応力空間での拡張SMP規準(円錐形)

等方圧密時の変形特性を統一的に表現するモデルを提示し、飽和土と不飽和土の等方応力状態での降伏応力の関係について述べよう。

図1.5.33は、(a) $e\sim\ln\hat{p}$ 関係と (b) $e^p\sim\ln\hat{p}$ 関係 ($e^p$ : $e$ の塑性成分) における、飽和土（サクション $s=0$）と不飽和土（サクション $s>0$）の圧密曲線を表している。ここに、$e^p=e_0+de^p=e_0-(1+e_0)\ \varepsilon_v^p$ ($\varepsilon_v^p$ : $e_0$からの塑性体積ひ

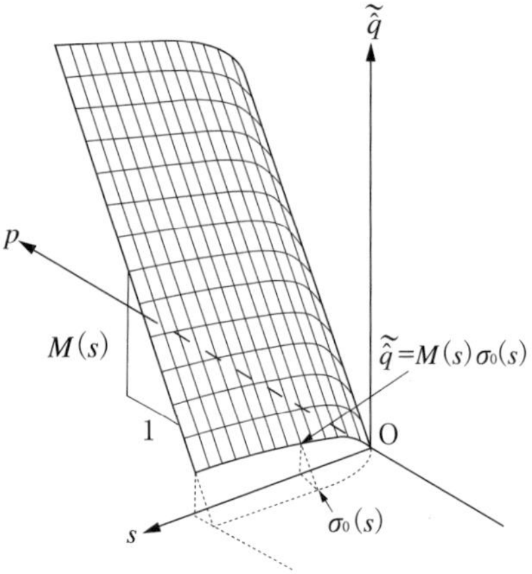


(a)（$p$,　$\tilde{q}$,　$e$）空間において

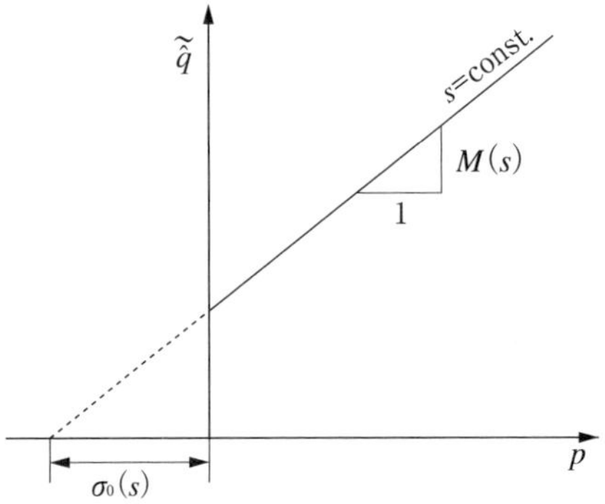


(b)　$s$=const.

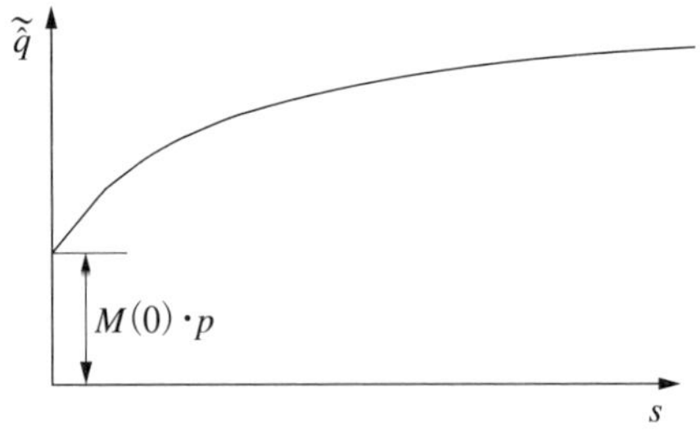


(c)　$p$=const.

**図1.5.32　不飽和土の破壊規準**

(a) $e \sim \ln(p+\sigma_0(s))$ 関係

(b) $e^p \sim \ln(p+\sigma_0(s))$ 関係

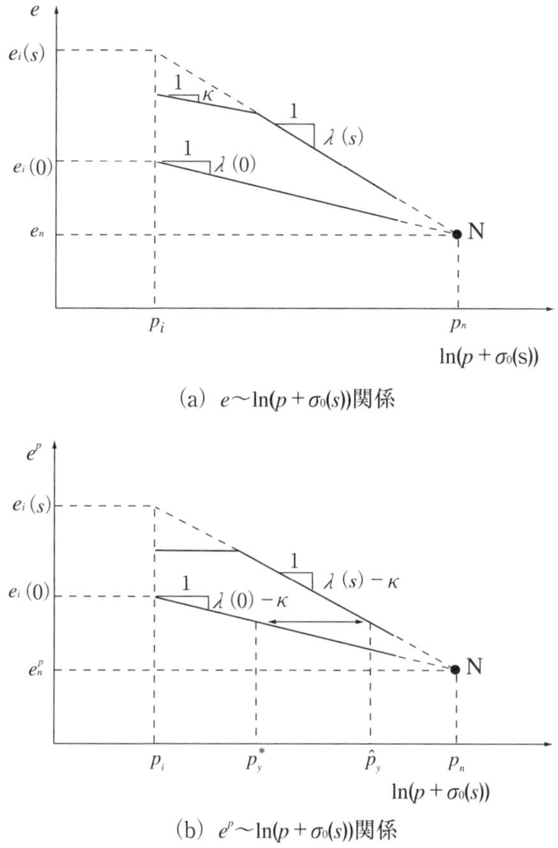

図1.5.33 等方応力下での不飽和土（$s>0$）と飽和土（$s=0$）変形特性

ずみ）。飽和土の正規圧密曲線はその線上の応力を $p_y^*$ として次式で表される。

$$e = e_i(0) - \lambda(0) \ln \frac{p_y^*}{p_i} \tag{1.5.73}$$

また不飽和土の正規圧密曲線はその線上の応力を $\hat{p}_y$ として次式で表される。

$$e = e_i(s) - \lambda(s) \ln \frac{\hat{p}_y}{p_i} = e_i(s) - \lambda(s) \ln \frac{p_y + \sigma_0(s)}{p_i} \tag{1.5.74}$$

ここに、$\sigma_0(s)$ はサクション $s$ の不飽和土の $\sigma_0$ であり、$p_i$ はサクションの影響も考慮した初期圧密圧力である。

さて、ここで図1.5.33に示すような飽和土と不飽和土の交点Nを考える。この点Nは不飽和土のサクション $s$ が変わっても（$s=0$となっても）間隙比 $e$ が変化しない（コラプスが生じない）点を意味している。点Nの座標（$p_n, e_n$）は、次の2式（式（1.5.75）と式（1.5.76））より求めることができる。すなわち、

$$e_i(0)=e_n-\lambda(0)\ln\frac{p_i}{p_n} \tag{1.5.75}$$

$$e_i(s)=e_n-\lambda(s)\ln\frac{p_i}{p_n} \tag{1.5.76}$$

$$p_n=p_i\exp\left\{\frac{e_i(0)-e_i(s)}{\lambda(0)-\lambda(s)}\right\} \tag{1.5.77}$$

$$e_n=\frac{e_i(s)\lambda(0)-e_i(0)\lambda(s)}{\lambda(0)-\lambda(s)} \tag{1.5.78}$$

異なるサクション $s$ の不飽和土の正規圧密曲線がすべて点Nを通るものと仮定すると、すべてのサクション $s$ のもとでの不飽和土（$s=0$ のときに当たる飽和土も含む）の正規圧密時の応力～変形関係は次式で表すことができる。これが不飽和土の等方圧密時の変形特性を統一的に表現する式である。

$$e=e_n-\lambda(s)\ln\frac{\hat{p}_y}{p_n}=e_n-\lambda(s)\ln\frac{p_y+\sigma_0(s)}{p_n} \tag{1.5.79}$$

ここに、$e_n$ と $p_n$ は材料定数であり、サクション $s$ や応力状態には関係なく一定となるものである。したがって、正規圧密領域における $p_y$ の増加と $\sigma_0(s)$ の減少による $e$ の増分 $de$ は式（1.5.79）を全微分して次式によって表される。

$$\begin{aligned} de&=\frac{\partial e}{\partial p_y}dp_y+\frac{\partial e}{\partial\sigma_0(s)}d\sigma_0(s)\\ &=\frac{-\lambda(s)}{p_y+\sigma_0(s)}dp_y-\left(\frac{\partial\lambda(s)}{\partial\sigma_0(s)}ln\frac{p_y+\sigma_0(s)}{p_n}+\frac{\lambda(s)}{p_y+\sigma_0(s)}\right)d\sigma_0(s) \end{aligned} \tag{1.5.80}$$

ここで、

$$\frac{\partial\lambda(s)}{\partial\sigma_0(s)}=\frac{\lambda(s)-\lambda(0)}{\sigma_0(s)-0}=\lambda_s \tag{1.5.81}$$

と置くと（直線近似してその勾配を $\lambda_s$ と置くと）次式を得る。

$$\lambda(s)=\lambda(0)+\lambda_s\sigma_0(s) \tag{1.5.82}$$

さて、ここで飽和土と不飽和土の同じ降伏面上の降伏応力（それぞれ $p_y^*$ と $p_y$）の関係を求めよう。本構成モデルでは塑性体積ひずみ $\varepsilon_v^p$ を硬化パラメーターとしているので、図1.5.34に示すように同じ降伏面での飽和土（$s=0$）と不飽和土（$s>0$）の塑性体積ひずみ $\varepsilon_v^p$ は同じでなければならない。そこで、図1.5.33(b)に示す点Nを初期点として、飽和土と不飽和土の塑性体積ひずみ $\varepsilon_v^p$ を計算すると次式を得る。

$$(\varepsilon_v^p)_{\text{不飽和土}}=(\varepsilon_v^p)_{\text{飽和土}} \tag{1.5.83}$$

すなわち、

$$(\lambda(s)-\kappa)\ln\frac{p_y+\sigma_0(s)}{p_n}=(\lambda(0)-\kappa)\ln\frac{p_y^*}{p_n} \tag{1.5.84}$$

なお、上式には図1.5.33(b)に示すように、不飽和土と飽和土の膨張指数κが同じであるという仮定が入っている。式（1.5.84）より、不飽和土の降伏応力 $p_y$ と飽和土の降伏応力 $p_y^*$ の関係は、式（1.5.82）を考慮して次のように求められる。

$$p_y=p_n\left(\frac{p_y^*}{p_n}\right)^{\frac{\lambda(0)-\kappa}{\lambda(0)-\kappa+\lambda_s\sigma_0(s)}}-\sigma_0(s) \tag{1.5.85}$$

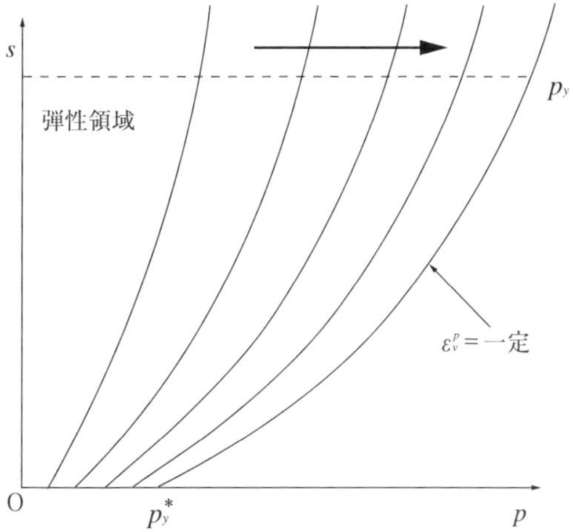


**図1.5.34　等塑性体積ひずみ線**

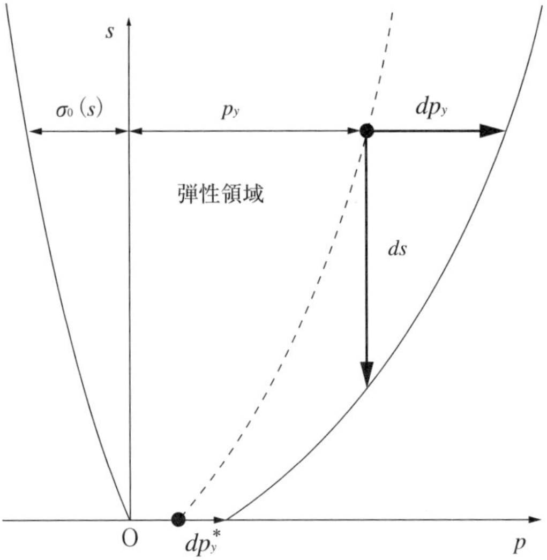


**図1.5.35　等方応力下での$dp_y$、$dp_y^*$および$d\sigma_0(s)$ の関係**

上式より、不飽和土の降伏曲面の拡大 $dp_y$ は、飽和状態での土の降伏応力 $p_y^*$の変化 $dp_y^*$によるものとサクション応力 $\sigma_0(s)$の変化 $d\sigma_0(s)$によるものの2種類から成り立つことが理解される（図1.5.35参照）。したがって、

$$dp_y=\frac{\partial p_y}{\partial p_y^*}dp_y^*+\frac{\partial p_y}{\partial\sigma_0(s)}d\sigma_0(s) \tag{1.5.86}$$

ここに、式（1.5.85）よりベキ関数と指数関数の微分法則を利用して次式を得る。

$$\frac{\partial p_y}{\partial p_y^*}=\frac{\lambda(0)-\kappa}{\lambda(0)-\kappa+\lambda_s\sigma_0(s)}\left(\frac{p_y^*}{p_n}\right)^{\frac{-\lambda_s\sigma_0(s)}{\lambda(0)-\kappa+\lambda_s\sigma_0(s)}} \tag{1.5.87}$$

$$\frac{\partial p_y}{\partial\sigma_0(s)}=\frac{(p_y+\sigma_0(s))(\lambda(0)-\kappa)\lambda_s}{(\lambda(0)-\kappa+\lambda_s\sigma_0(s))^2}\ln\left(\frac{p_n}{p_y^*}\right)-1 \tag{1.5.88}$$

式（1.5.86）あるいは図1.5.35より、不飽和土の体積圧縮（コラプス）は降伏応力の増加あるいはサクションの減少によって生じることがわかる。このことは、飽和土の体積圧縮が降伏応力の増加だけによるのと違っていて興味深い。

ここでの要点をまとめると、図1.5.34に示すように不飽和土の降伏応力 $p_y$ と飽和土の降伏応力 $p_y^*$ の関係はサクション $s$ の関数として式（1.5.85）によって与えられているので、$s=0$ の場合にあたる飽和土の $e$～$\log p$ 関係（式（1.5.73））を用いれば不飽和土の降伏応力 $p_y$ に対する間隙比 $e$ が求められるということである。すなわち、任意のサクション $s$ のもとでの不飽和土の $e$～$\log p$ 関係を定めることができるということである。

### (d) 不飽和土の3次元応力下の変形特性とモデリング

不飽和土の降伏時に生じるひずみ増分 $d\varepsilon_{ij}$ は、弾性成分 $d\varepsilon_{ij}^e$ と塑性成分 $d\varepsilon_{ij}^p$ の和として次式のように与えられる。

$$d\varepsilon_{ij}=d\varepsilon_{ij}^e+d\varepsilon_{ij}^p \tag{1.5.89}$$

次に、$d\varepsilon_{ij}^e$ と $d\varepsilon_{ij}^p$ の決め方について述べる。

①弾性ひずみ成分 $d\varepsilon_{ij}^e$ の決定

フックの法則に基づいて、弾性ひずみ増分を次式で表す。

$$d\varepsilon_{ij}^e=\frac{1+\nu}{E}d\sigma_{ij}-\frac{\nu}{E}d\sigma_{kk}\delta_{ij} \tag{1.5.90}$$

ここに、$\nu$ はポアソン比、$E$ は弾性係数（ヤング率）であり、不飽和土の場合には次式で表される（式（1.3.36）参照）。

$$E=\frac{3(1-2\nu)(1+e_i(s))}{\kappa}\hat{p} \tag{1.5.91}$$

②塑性ひずみ成分 $d\varepsilon_{ij}^p$ の決定

3主応力下でのサクション $s$ 一定の不飽和土のダイレイタンシー特性は図1.5.36に示すように唯一的な応力比～ひずみ増分比関係を満たすことが確かめられている[55)]。本構成式のストレス・ダイレイタンシー関係（応力比～ひずみ増分比関係）としては図1.5.36の実線のようなものを仮定した。すなわち、修正Cam-clayモデルのものを $s$ 一定の不飽和土に適用した。式示すれば、

$$\frac{d\varepsilon_v^p}{d\varepsilon_d^p}=\frac{M^2\tilde{\hat{p}}^2-\tilde{\hat{q}}^2}{2\tilde{\hat{p}}\tilde{\hat{q}}} \tag{1.5.92}$$

式（1.5.92）と直交則を組み合わせれば、塑性ポテンシャル関数が得られる（1.3(2)(b)で用いた手法と同じである）。さらに関連流動則を採用すれば、サ

クションs一定の不飽和土の降伏関数は次式で表される（式(1.3.18)参照）。

$$f=\ln\left(1+\frac{\tilde{\hat{q}}^2}{M(s)^2\tilde{\hat{p}}^2}\right)+\ln\tilde{\hat{p}}-\ln\left(p_y+\sigma_0(s)\right)=0 \qquad (1.5.93)$$

$\sigma_0(s)$式についての式（1.5.63）と$p_y$についての式（1.5.85）考慮すれば、不飽和土の降伏面（式（1.5.93））は図1.5.37のように表される。さて、塑性ひずみ増分$d\varepsilon_{ij}^p$は変換応力空間で関連流動則を満足するので次式で表現される。

$$d\varepsilon_{ij}^p=\Lambda\frac{\partial f}{\partial\tilde{\hat{\sigma}}_{ij}} \qquad (1.5.94)$$

ここに、$\Lambda$は正のスカラーであるが、次のようにして求めることができる。式（1.5.93）より降伏関数$f(\hat{p},\ \hat{q},\ \hat{p}_y)=f(\sigma_{ij},\ p_y^*,\ \sigma_0(\mathrm{s}))=0$であるので、$df=0$の適応条件に式（1.5.86）を代入して次式を得る。

$$df=\frac{\partial f}{\partial\sigma_{ij}}d\sigma_{ij}+\frac{\partial f}{\partial p_y}\left(\frac{\partial p_y}{\partial p_y^*}dp_y^*+\frac{\partial p_y}{\partial\sigma_0(s)}d\sigma_0(s)\right)+\frac{\partial f}{\partial\sigma_0(s)}d\sigma_0(s)=0 \qquad (1.5.95)$$

飽和土の降伏応力$p_y^*$と塑性体積ひずみ$\varepsilon_v^p$の関係は、Cam-clayモデルのものと同じであるので次式のように表すことができる。

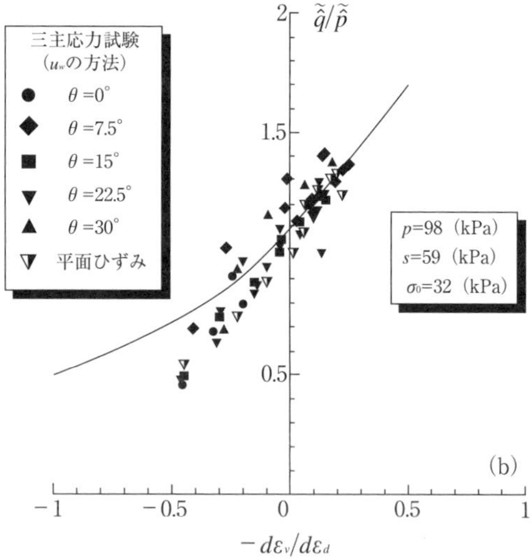


**図1.5.36**　$\tilde{\hat{q}}/\tilde{\hat{p}}\sim-d\varepsilon_v/d\varepsilon_d$関係で整理したサクション一定の不飽和土三主応力制御試験結果

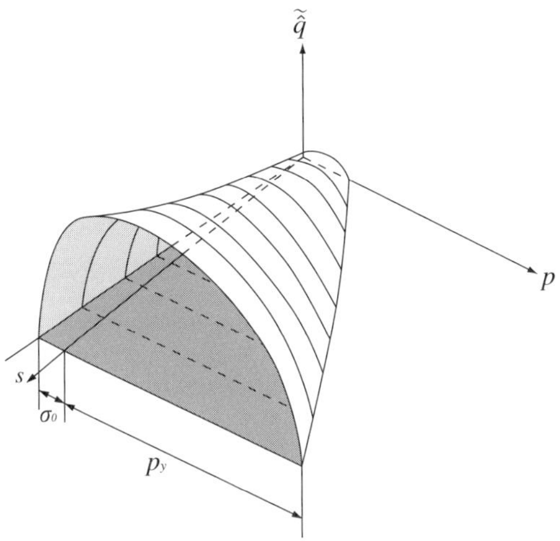


**図1.5.37**　$(p, \tilde{\tilde{q}}, s)$ 空間における降伏曲面

$$dp_y^* = \frac{1+e_i(0)}{\lambda(0)-\kappa} p_y^* d\varepsilon_v^p = \frac{1+e_i(0)}{\lambda(0)-\kappa} p_y^* \Lambda \frac{\partial f}{\partial \tilde{\hat{\sigma}}_{ij}} \delta_{ij} \tag{1.5.96}$$

なお、上式には式（1.5.94）の関係を用いた。式（1.5.96）を式（1.5.95）に代入し、$\Lambda$ について整理すると次式を得る。

$$\Lambda = -\frac{\dfrac{\partial f}{\partial \sigma_{ij}} d\sigma_{ij} + \left( \dfrac{\partial f}{\partial p_y} \dfrac{\partial p_y}{\partial \sigma_0(s)} + \dfrac{\partial f}{\partial \sigma_0(s)} \right) d\sigma_0(s)}{\dfrac{\partial f}{\partial p_y} \dfrac{\partial p_y}{\partial p_y^*} p_y^* \dfrac{1+e_i(0)}{\lambda(0)-\kappa} \dfrac{\partial f}{\partial \tilde{\hat{\sigma}}_{ij}} \delta_{ij}} \tag{1.5.97}$$

上式の $\dfrac{\partial f}{\partial \tilde{\hat{\sigma}}_{ij}}$、$\dfrac{\partial f}{\partial p_y}$、$\dfrac{\partial f}{\partial \sigma_0(s)}$ は式（1.5.93）を微分して、$\dfrac{\partial p_y}{\partial p_y^*}$ は式（1.5.87）で、$\dfrac{\partial p_y}{\partial \sigma_0(s)}$ は式（1.5.88）で得られる。また $\dfrac{\partial f}{\partial \sigma_{ij}}$ は以下の複合微分式によって得られる。

$$\frac{\partial f}{\partial \sigma_{ij}} = \frac{\partial f}{\partial \tilde{\hat{p}}} \frac{\partial \tilde{\hat{p}}}{\partial \sigma_{ij}} + \frac{\partial f}{\partial \tilde{\hat{q}}} \frac{\partial \tilde{\hat{q}}}{\partial \sigma_{ij}} \tag{1.5.98}$$

以上より、$d\varepsilon_{ij}^p$ は式（1.5.94）と式（1.5.97）を用いて計算される。

ここでの要点をまとめると、不飽和土の弾性ひずみは式（1.5.90）で、塑性ひずみは式（1.5.94）で計算できるということである。なお、不飽和土の塑性ひずみを計算する仕掛けは、不飽和土の降伏応力の変化 $dp_y$ あるいはサクションの変化 $ds$ を飽和土の降伏応力の変化 $dp_y^*$ に置き換えて（図1.5.35と式（1.5.85)、式（1.5.86）参照)、飽和土の塑性論を用いて算定するということである。

### (e)　不飽和土の三軸試験と提案構成モデルの実験による検証

ここまでで、提案する不飽和土の3次元弾塑性構成式の説明を行ったが、その適用性については実験結果によって検証する必要がある。ここでは、まず不飽和土のための三軸試験機と不飽和試料と試験方法について説明し、その後その試験結果､特に等方圧密中およびせん断中に浸水させた場合——コラプス(崩壊）現象を起こさせた場合——の締固め粘土の変形挙動と提案構成モデルによる予測との比較を示そう。

①不飽和土の三軸試験機、試料および試験方法

不飽和土の三軸試験は、飽和土の三軸試験と違って、供試体のサクションの制御と測定および供試体の側方変形の測定が必要となる。サクションは $s=u_a-u_w$ と表せるので、サクションの制御と測定は間隙空気圧 $u_a$ と間隙水圧 $u_w$ の制御と測定に帰着する。供試体の側方変位の測定については、試験中の供試体の直径を直接測る方法と二重セルを用いて供試体全体の体積変化を測る方法がある。ここでは、著者の実験室にある不飽和土用の三軸試験機を紹介する。

図1.5.38は不飽和土用の三軸試験機の概要を示したものである。サクションは加圧法（$u_a$）で制御する。すなわち、供試体に一定の空気圧 $u_a$ を与えて、水圧 $u_w$ は大気圧とする（$u_w=0$）。そのために、供試体上部のポリフロンフィルター（空気を通して水を通さない材料）より空気圧 $u_a$ を送り込み、排水は供試体下部のセラミックディスク（水を通して空気を通さない材料；空気侵入値250kPa）によって行う。不飽和土の場合は、飽和土と違って、排水量がそのまま供試体の体積変化にならないので、本三軸試験装置ではリング型の側方変位形を用いて供試体の上部から1/4、1/2の高さの所で供試体の直径の変化を直接測定し、供試体形状を曲線近似することによって供試体の体積変化を計算している。

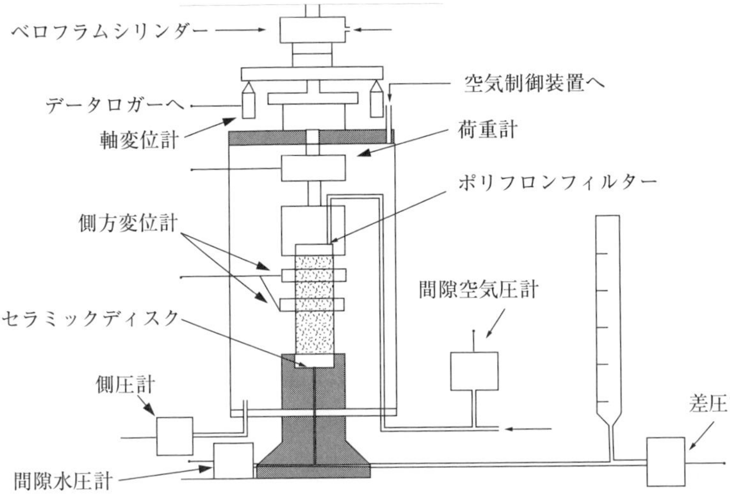


**図1.5.38　不飽和土用の三軸試験機**

試料としては不飽和状態の締固めカオリン粘土を用いた。市販の白色粘土粉末であるカオリン粘土（土粒子比重 $G_s=2.70$、液性限界 $w_L=40\%$、塑性指数 $I_p=12.3$）を含水比約26%に調整し、4割モールドに5層に分けて投入して一定の圧縮応力（314kPa）で静的に締固めた。供試体の初期間隙比は約1.30で、初期飽和度は約50%とした。そして直径3.5cm、高さ8cmの円柱形に成形して三軸試験用の供試体とした。

不飽和土の三軸試験では、飽和土のような圧密試験（応力比一定、平均主応力増加）やせん断試験（平均主応力一定、応力比増加）以外に、応力状態は一定に保ちながらサクションを変化させる試験がある。このサクションを変化させる試験は、現場の不飽和地盤が雨などの浸水によりどのように変形するかを予測するために考案したものである。不飽和粘性土の三軸試験では、試料の透水性が低いので、応力制御によって各応力増分ステップにかける時間を約10時間として実験を行った。

各供試体に与える応力経路図を図1.5.39に示し、各試験に用いた応力経路を表1.5.2に示す。図中のA点は初期状態を表し、$C_0$点は初期降伏点を表す。す

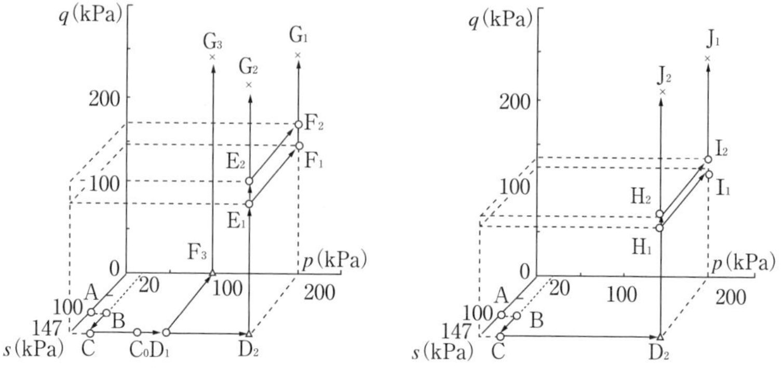


(a) 三軸圧縮試験　　　(b) 三軸伸張試験

**図1.5.39　構成式を検証するための三軸試験の応力経路**

**表 1.5.2　不飽和土の各試験の応力経路**

| 試験の種類 | No | 圧　密 | せん断 |
|---|---|---|---|
| 等方圧密 | Path Ⅰ | A→B→C ($s=147$)→ $D_1$ ($p=98$)→$F_3$ ($s=0$) | － |
| 三軸圧縮 ($s=0$) | Path Ⅱ | A→B→C ($s=147$)→ $D_1$→$F_3$ ($p=98$) | $F_3$ ($s=0, p=98$)→$G_3$ |
| 三軸圧縮 ($s$=const.) | Path Ⅲ | A→B→C ($s=147$)→ $D_2$ ($p=196$) | $D_2$ ($p=196$)→$G_2$ |
| 三軸伸張 ($s$=const.) | Path Ⅳ | A→B→C ($s=147$)→ $D_2$ ($p=196$) | $D_2$ ($p=196$)→$J_2$ |
| 三軸圧縮 (せん断時にサクション減少) | Path Ⅴ | A→B→C ($s=147$)→ $D_2$ ($p=196$) | $D_2$ ($p=196$)→$E_1$ ($q=147$)→ $F_1$ ($s=0$)→$G_1$ |
| | Path Ⅵ | A→B→C ($s=147$)→ $D_2$ ($p=196$) | $D_2$ ($p=196$)→$E_2$ ($q=172$)→ $F_2$ ($s=0$)→$G_1$ |
| 三軸伸張 (せん断時にサクション減少) | Path Ⅶ | A→B→C ($s=147$)→ $D_2$ ($p=196$) | $D_2$ ($p=196$)→$H_1$ ($q=118$) →$I_1$ ($s=0$)→$J_1$ |
| | Path Ⅷ | A→B→C ($s=147$)→ $D_2$ ($p=196$) | $D_2$ ($p=196$)→$H_2$ ($q=132$) →$I_2$ ($s=0$)→$J_1$ |

注：$p$，$q$ および $s$ の単位は kPa

べての試験において、まず20kPa の軸圧と側圧（$\sigma_a=\sigma_r=20$kPa：B 点）をかけ、そして147kPa のサクション（$u_a=147$kPa、$u_w=0$：C 点）を与えた。主な試験は次の３種類である。

**表1.5.3　モデルの材料パラメーターと初期値**

| 材料パラメーター | | | | | | | 初期値 | | |
|---|---|---|---|---|---|---|---|---|---|
| $M(0)$ | $M_s$ (1/ kPa) | $\lambda(0)$ | $\lambda_s$ (1/ kPa) | $\kappa$ | $\nu$ | $a$(kPa) | $p_i$(kPa) | $s$(kPa) | $e_i$(s) |
| 1.05 | 0.00625 | 0.10 | 0.0015 | 0.03 | 0.33 | 53 | 98 | 147 | 1.27 |
| | | | | | | | | 0 | 1.11 |

Ⅰ）等方圧密時にコラプスを発生させる試験（応力経路 $CD_1F_3$）：等方圧密時のコラプス変形特性を調べるために、等方圧密中にサクションを減少させてコラプスを発生させた。供試体にサクション $s$ を載荷し、$s=147$kPa で一定に保ちながら、平均主応力 $p$ を98kPa まで段階的に増やしていく。そして $p=98$kPa に一定に保ったまま、サクション $s$ を段階的に低下させてコラプスを発生させる（PathⅠ）。

Ⅱ）サクション一定の三軸試験：等方圧密時にコラプスさせ、その後 $p$ を一定に保ちながらこの飽和土（$s=0$）の供試体をせん断する試験（PathⅡ：$F_3G_3$）とサクション $s$ 一定（$s=147$kPa）の下で供試体を $p=196$kPa まで圧密してから（応力経路：$CD_1D_2$）三軸圧縮または三軸伸張せん断する試験（PathⅢ：$D_2G_2$ とⅣ：$D_2J_2$）である。

Ⅲ）せん断時にコラプスを発生させる試験：サクションを $s=147$kPa で一定に保ったまま、$p$ を196kPa まで段階的に増やして等方圧密し、せん断過程では $p=196$kPa、$s=147$kPa で一定に保ちながら三軸圧縮または三軸伸張せん断を開始し、その途中で応力状態を一定に保ったままサクションを段階的に低下させてコラプスを発生させる（PathⅤ～Ⅷ）。

②提案弾塑性構成モデルによる解析結果と実験値との比較

本構成モデルのパラメーターは $\lambda(0)$、$\lambda_s$、$\kappa$、$M(0)$、$M_s$ および $a$ であり、供試体の初期状態を表すものは $p_i$、$e_i(0)$ および $e_i(s)$ である。表1.5.3に解析に用いた材料パラメーターおよび供試体の初期値を示す。これらのパラメーターの値は、飽和土とサクション一定の不飽和土の等方圧密試験およびせん断試験より決定することができる。具体的には、3本の供試体についての三軸試験（そ

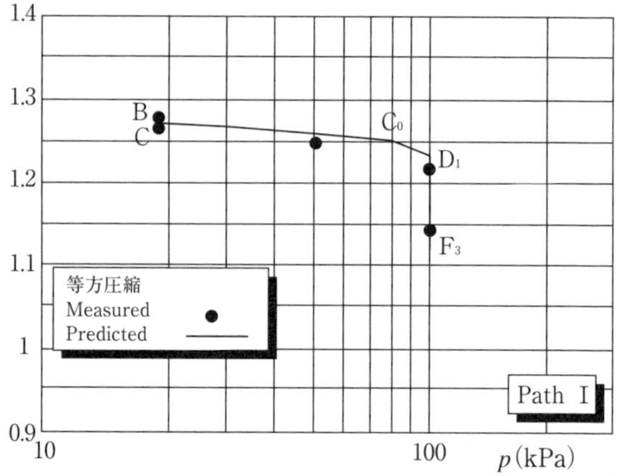


**図1.5.40　等方圧密過程でサクションを減少させた実験結果とモデルによる予測値の比較（等方圧密過程）**

の内の１本は一軸圧縮試験でもよい）をする必要がある。２本の供試体については、サクション一定の条件下で等方圧密し、さらに異なる拘束応力の下でせん断試験を行う。これより、$\lambda(s)$、$M(s)$、$\sigma_0(s)$を求める。もう１本の供試体は小さい拘束応力（例えば$p=49$kPa）で等方圧密し、浸水により飽和させ、等方圧密・膨張試験を経て、せん断試験を実施する。この飽和土の試験結果より、$\lambda(0)$、$\kappa$、$M(0)$を求めることができる。$\lambda(s)$と$\lambda(0)$および$\sigma_0(s)$の値より式（1.5.81）によって$\lambda_s$を、$\sigma_0(s)$と$s$より式（1.5.63）を用いて$a$を計算することができる。

図1.5.40は、図1.5.39(a)に示す等方圧密応力経路$BCC_0D_1F_3$（PathⅠ）のときの間隙比$e$～平均主応力$p$関係の実測値と提案構成モデルによる予測値を示したものである。図1.5.39に示すように、経路BCでは平均主応力$p$一定であるが、サクション$s$は増加する。経路$CC_0D_1$ではサクション$s$一定であるが、平均主応力$p$は増加する。ここで$C_0$点は降伏し始める点を示している。経路$D_1F_3$では平均主応力$p$は一定であるが、サクション$s$が減少する。これらの図より、経路$BCC_0$では土が弾性的な挙動を、経路$C_0D_1$と$D_1F_3$では土が弾塑性的な挙動を示すのが見られる。

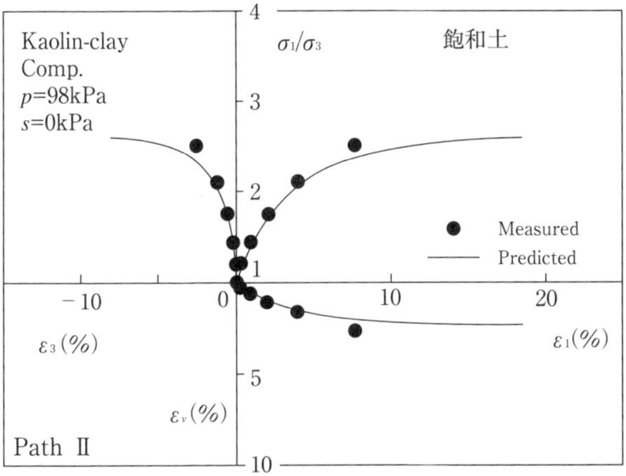


図1.5.41　飽和土の三軸圧縮試験結果とモデルによる予測値の比較

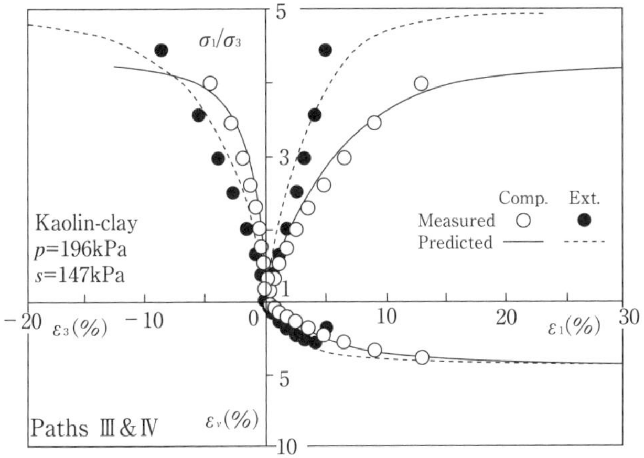


図1.5.42　サクション一定の不飽和土の三軸試験結果と
モデルによる予測値の比較

図1.5.41は、等方圧密時に飽和された供試体の三軸圧縮試験結果と提案モデルによる予測値を示したものである。不飽和土の提案構成モデルは、サクション $s=0$ のときには飽和土の構成モデルになるが、同図より飽和土にも適しているのが見られ興味深い。

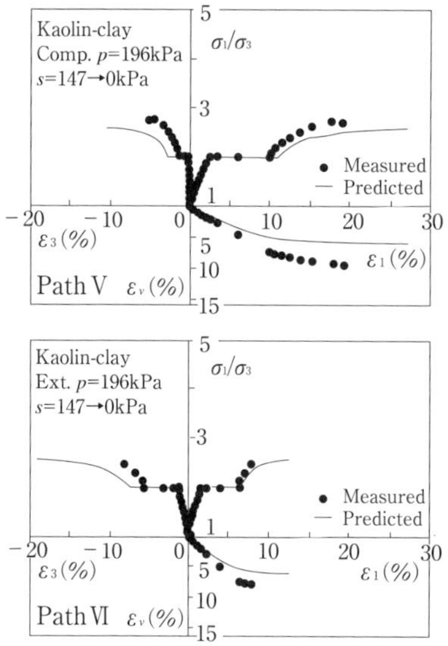


**図1.5.43**　せん断過程（$\sigma_1/\sigma_3$=2.0）でサクションを減少させた不飽和土の三軸試験結果とモデルによる予測値の比較

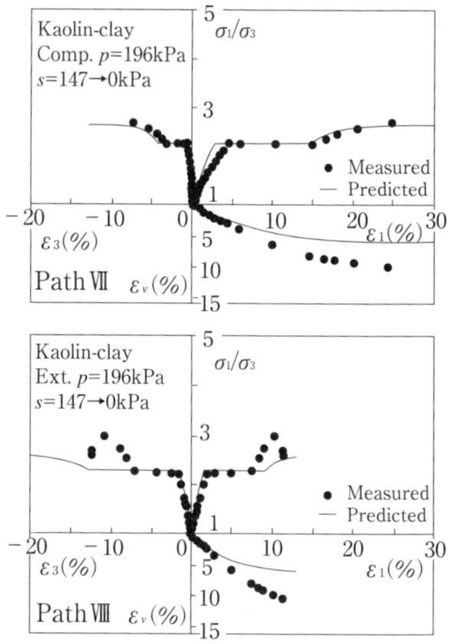


**図1.5.44**　せん断過程（$\sigma_1/\sigma_3$=2.3）でサクションを減少させた不飽和土の三軸試験結果とモデルによる予測値の比較

図1.5.42は、サクション $s$＝一定、平均主応力 $p$＝一定の三軸圧縮・三軸伸張試験結果と提案モデルによる予測値を示したものである。同図より、本モデルはサクションが変わらない場合の不飽和土の３次元応力下の変形・強度特性を正確に予測するのが見られる。

図1.5.43と図1.5.44は、平均主応力 $p$＝一定条件下でサクション $s$ が一定、減少およびゼロの過程を含む不飽和土の三軸圧縮・三軸伸張試験結果と提案モデルによる予測値を示したものである。サクション $s$ が減少する（コラプス）時の主応力比が、図1.5.43では $\sigma_1/\sigma_3$＝2.0、図1.5.44では $\sigma_1/\sigma_3$＝2.3であるのが見られる。構成式はサクション一定のせん断過程、応力一定でサクションを減少させる過程およびサクション $s$＝0のせん断過程での変形・強度特性を良好に予測できる。特に、コラプス時の応力比が高い程、せん断ひずみの変化量が大きくなるが、体積ひずみの変化量はあまり変わらないという実測値の傾向

を、提案モデルが適切に予測しているのは興味深い。本提案構成式は、すでに図1.5.41、42に示すようにサクション一定条件下の不飽和土の力学挙動をよく説明するが、図1.5.43、44に示すようにサクション変化によるコラプス現象をも適切に説明できるものである。このような構成式を用いれば、締固め不飽和土による築堤時の変形、湛水によるアースダムの変形や雨水による斜面の変形・崩壊などの予測が可能となる。

以上より、不飽和土のための提案構成式は、飽和土（$s=0$）と不飽和土（$s>0$）の3次元応力下の変形・強度特性およびコラプス現象を良好に予測することがわかった。提案モデルは、材料パラメーターが決定しやすく、その物理的・力学的意味もはっきりしているので、不飽和地盤の変形解析への適用が期待される。

# 1.6　まとめ

これまで、SMP（Spatially Mobilized Plane；空間滑動面）の発想からはじめて、Mohr-Coulomb 規準の3次元版と考えられる SMP 規準の面白さ、Cam-clay モデルの要点をわかりやすく述べてきた。その上で SMP 規準と Cam-clay モデル（拡張 Mises 規準を用いている）の合体をはかるために、変換応力$\tilde{\sigma}_{ij}$なる概念を新たに導入した。そして、この変換応力$\tilde{\sigma}_{ij}$に基づいた各種の弾塑性構成式を提案した。その中には、ダイレイタンシーを評価できる砂の弾塑性構成式や$K_0$圧密地盤を対象とした粘土と砂の弾塑性構成式や、最も困難な問題といわれている不飽和土の弾塑性構成式も含まれている。また、この構成式は地盤材料の変形・強度特性に及ぼす拘束圧依存性についても説明できるものである。以上より、本提案構成式は同じ考え方に基づいてほとんどすべての地盤材料に適用できるものであり、これからさらに活用していただければと願っている。地盤の有限要素解析への適用の便をはかるため、各提案構成式を応力～ひずみマトリックス（D-マトリックス）の形で表記した。表1.6.1に変換応力

表 1.6.1　変換応力 $\tilde{\sigma}_{ij}$ に基づいて提案された弾塑性構成モデルの一覧表

| ①モデル | ②対象土 | ③応力状態 | ④ストレス・ダイレイタンシー関係 | ⑤ポテンシャルと降伏関数 | ⑥流動則 | ⑦硬化パラメーター | ⑧硬化則 | ⑨破壊規準 | ⑩文献 |
|---|---|---|---|---|---|---|---|---|---|
| Cam-clay model（CCM） | 正規圧密粘土 | 三軸圧縮 | $\frac{q}{p}=M-\frac{d\varepsilon_v^p}{d\varepsilon_d^p}$ | $g=f=\frac{\lambda-\kappa}{1+e_0}\left[\ln\frac{p}{p_0}+\frac{1}{M}\frac{q}{p}\right]-\varepsilon_v^p=0$ | $d\varepsilon_{ij}=\Lambda\frac{\partial f}{\partial\sigma_{ij}}$ | $\varepsilon_v^p$ | $\varepsilon_v^p=\frac{\lambda-\kappa}{1+e_0}\ln\frac{p_y}{p_0}$ | $\frac{q}{p}=M$ | 20)，27) |
| CCM-SMP | 〃 | 3次元応力 | $\frac{\tilde{q}}{\tilde{p}}=M-\frac{d\varepsilon_v^p}{d\varepsilon_d^p}$ | $g=f=\frac{\lambda-\kappa}{1+e_0}\left[\ln\frac{\tilde{p}}{\tilde{p}_0}+\frac{1}{M}\frac{\tilde{q}}{\tilde{p}}\right]-\varepsilon_v^p=0$ | $d\varepsilon_{ij}=\Lambda\frac{\partial f}{\partial\tilde{\sigma}_{ij}}$ | 〃 | 〃 | $\frac{\tilde{q}}{\tilde{p}}=M$ | 28) |
| CCM-SMP-H（修正CCMに基づいた） | 正規圧密粘土と砂 | 〃 | $\frac{\tilde{q}}{\tilde{p}}=\sqrt{M^2+\left(\frac{d\varepsilon_v^p}{d\varepsilon_d^p}\right)^2}-\frac{d\varepsilon_v^p}{d\varepsilon_d^p}$ | $g=f=\frac{\lambda-\kappa}{1+e_0}\times\left[\ln\frac{\tilde{p}}{\tilde{p}_0}+\ln\left(1+\frac{\tilde{q}^2}{M^2\tilde{p}^2}\right)\right]-\tilde{H}=0$ | 〃 | $d\tilde{H}=\frac{M^4}{M_f^4}\times\frac{M_f^4-\tilde{\eta}^4}{M^4-\tilde{\eta}^4}d\varepsilon_v^p$ | 〃 | $\frac{\tilde{q}}{\tilde{p}}=M_f$ | 36) |
| $K_0$を考慮したCCM-SMP-H | $K_0$圧密下の正規圧密粘土と砂 | 〃 | $\tilde{\eta}_k=M-\frac{d\varepsilon_v^p}{d\varepsilon_d^p}$ | $g=f=\frac{\lambda-\kappa}{1+e_0}\left[\ln\frac{\tilde{p}}{\tilde{p}_0}+\frac{\tilde{\eta}^*}{M}\right]-\tilde{H}=0$ | 〃 | $d\tilde{H}=\frac{M^4}{M_f^4}\times\frac{M_f^4-\tilde{\eta}_k^4}{M^4-\tilde{\eta}_k^4}d\varepsilon_v^p$ | 〃 | $\tilde{\eta}_k=M_f$ | 35) |
| $\sigma_0$を変化させたCCM-SMP（修正CCMに基づいた） | 不飽和土 | 〃 | $\frac{\tilde{\tilde{q}}}{\tilde{\tilde{p}}}=\sqrt{M(s)^2+\left(\frac{d\varepsilon_v^p}{d\varepsilon_d^p}\right)^2}-\frac{d\varepsilon_v^p}{d\varepsilon_d^p}$ | $g=f=\frac{\lambda(s)-\kappa}{1+e_0(s)}\times\left[\ln\frac{\tilde{\tilde{p}}}{\tilde{\tilde{p}}_0}+\ln\left(1+\frac{\tilde{\tilde{q}}^2}{M(s)^2\tilde{\tilde{p}}^2}\right)\right]-\varepsilon_v^p=0$ | 〃 | $\varepsilon_v^p$ | $\varepsilon_v^p=\frac{\lambda(s)-\kappa}{1+e_0(s)}\times\ln\frac{p_y+\sigma_0(s)}{p_0}$ | $\frac{\tilde{\tilde{q}}}{\tilde{\tilde{p}}}=M$ | 52) |

$\tilde{\sigma}_{ij}$に基づいて提案された各種弾塑性構成モデルの一覧表を示している。各構成モデルの相互関係や特徴を感じ取っていただければ幸いである。

## 参考文献


1) Murayama, S.: A theoretical consideration on behaviour of sand, Proc. IUTAM Symp. on Rheology and Soil Mechanics, Grenoble, pp. 146-159, 1966.

2) Matsuoka, H.: Stress-strain relationship of sands based on the mobilized plane, Soils and Foundations, Vol. 14, No. 2, pp. 47-61, 1974.

3) Matsuoka, H.: A microscopic study on shear mechanism of granular materials, Soils and Foundations, Vol. 14, No. 1, pp. 29-43, 1974.

4) Satake, M.: Comment by Satake, Proc. US-Japan Seminar on Continuum Mechanical and Statistical Approaches in the Mechanics of granular materials, Gakujyutsu Bunken Fukyu-kai, p. 154, 1978.

5) Matsuoka, H.: Deformation and strength of granular materials based on the theory of "compounded mobilized plane (CMP)" and "spatial mobilized plane" (SMP), Advances in the Mechanics and the Flow of Granular Materials (II), Trans. Tech. Publication, pp. 813-836, 1983.

6) Matsuoka, H.: Spatially mobilized plane (SMP) with application, Mechanics of Granular Materials, Report of ICSMFE, Technical Committee of Mechanics of Granular Materials, pp. 3-39, 1989.

7) Matsuoka, H. et al.: A constitutive model of sand and clays for evaluating the influence of rotation of the principal stress axes, Proc. 2nd Int. Symp. on Numerical Model in Geomechanics, Ghent, pp. 67-78, 1986.

8) Matsuoka, H. and Nakai, T.: Stress-deformation and strength characteristics of soil under three different principal stresses, Proc. of JSCE, No. 232, pp. 59-74, 1974.

9) Matsuoka, H.: On the significance of the spatial mobilized plane, Soils and Foundations, Vol.16, No. 1, pp. 91-100, 1976.

10) 佐武正雄氏の第 9 回土質工学研究発表会（京都）での助言、1974.

11) 中井照夫・松岡　元：３主応力下の土のせん断挙動に関する統一的解釈、土木学会論文報告集、第303号、pp. 65-77, 1980.

12) Nakai, T. and Matsuoka, H.: Shear behavior of sand and clay under three-dimensional stress condition, Soils and Foundations, Vol. 23, No. 2, pp. 26-42, 1983.

13) Lade, P. V. and Duncan, J. M.: Elasto-plastic stress-strain theory for cohesionless soil, Journal of Geotechnical Engineering, ASCE, Vol. 101, No. 10, pp. 1037-1053, 1975.

14) 橋口公一：硬、軟化特性を考慮した土の弾塑性構成方程式、東京工業大学学位論文, pp. 179-184, 1975.

15) Ohmaki, S.: Strength and deformation characteristics of overconsolidated cohesive soil, Proc. 3rd Int. Conf. On Numerical Methods in Geomechanics, Aachen, pp. 465-474, 1979.

16) Matsuoka, H. et al.: A general failure criterion and stress-strain relation for granular materials to metals, Soils and Foundations, Vol. 30, No. 2, pp. 119-127, 1990.

17) 佐武正雄：粒状体の力学、地学雑誌、Vol. 98, No. 6, pp. 104-111, 1989.

18) 松岡　元・孫　徳安・譽田孝宏：セメント混合砂の３主応力制御試験結果とその統一的な解釈, 土木学会論文集、No. 475/Ⅲ-24, pp. 119-128, 1993.

19) 松岡　元・孫　徳安：粘着成分を有する摩擦性材料の変形・強度特性の統一的解釈、土木学会論文集、No. 463/Ⅲ-22, pp. 163-172, 1993.

20) Roscoe, K. H., Schofield, A. N. and Thurairajah, A.: Yielding of clay in states wetter than critical, Geotechnique, Vol. 13, No. 3, pp. 211-240, 1963.

21) 龍岡文夫：粒状体の変形に関する理論的研究についてⅠ、土と基礎, Vol. 27, No. 6, pp. 82-89, 1978.

22) 太田秀樹：流れ則の応用、カムクレー・モデル、土と基礎, Vol. 41, No. 9, pp. 61-68, 1993.

23) Newland, P.L. and Allely, B.H.: Volume change in drained triaxial tests on granular materials, Geotechnique, Vol. 7, No. 1, pp. 17-34, 1957.

24) Rowe, P.W.: The stress-dilatancy relation for static equilibrium of an assembly of particle in contact, Proc. Roy. Soc. A. 269, pp. 500-527, 1962.

25) Henkel, D.J.: The relationships between the effective stress and water content in saturated clays, Goetechnique, Vol. 10, pp. 41-54, 1960.

26) Hata, S., Ohta, H. and Yoshitani, S.: On the state surface of soils, Proc. of JSCE, No. 172, pp. 97-117, 1969.

27) Roscoe, K. H. and Burland, J. B.: On the generalised stress-strain behaviour of 'wet' clay, Engineering Plasticity, Cambridge University Press, pp. 535-609, 1968.

28) Matsuoka, H., Yao, Y. P. and Sun, D. A.: The Cam-clay models revised by the SMP criterion, Soils and Foundations, Vol. 39, No. 1, pp. 81-95, 1999.

29) Ishihara, K. and Okada, S.: Yielding of overconsolidated sand and liquefaction model under cyclic stresses, Soils and Foundations, Vol. 18, No. 1, pp. 57-72, 1978.

30) Mitachi, T. and Kitago, S: The influence of stress-history and stress system on the stress-strain-strength properties of saturated clay, Soils and Foundations, Vol. 19, No. 2, pp. 45-61, 1979.

31) Nakai, T. and Mihara, Y.: A new mechanical quantity for soils and its application to elastoplastic constitutive models, Soils and Foundations, Vol. 24, No. 2, pp. 82-94, 1984.

32) Nakai, T. and Matsuoka, H.: A generalized elastoplastic constitutive model for clay in three-dimensional stresses, Soils and Foundations, Vol. 26, No. 3, pp. 81-98, 1986.

33) Nakai, T., Matsuoka, H., Okuno, N. and Tsuzuki, K.: True triaxial tests on normally consolidated clay and analysis of the observed shear behavior using elastoplastic constitutive models, Soils and Foundations, Vol. 26, No. 4, pp. 67-78, 1986.

34) 中井照夫、都築顕司、石川和彦、三宅正人：正規圧密粘土の平面ひずみ試験と弾塑性構成モデルによる解析（第2報）、第22回土質工学研究発表会，No. 158，pp. 419-420，1987.

35) 孫　徳安・松岡　元・姚　仰平・石井啓稔・一村政弘：初期異方性を考慮した粘土と砂の統一的な弾塑性構成式、土木学会論文集，No. 631/Ⅲ-48，pp. 437-448，1999.

36) Yao, Y. P., Matsuoka, H. and Sun, D. A.: A unified elastoplastic model for clay and sand with the SMP criterion, Proc. 8th Australia-New Zealand Conference on Geomechanics, Hobart, Vol. 2, pp. 997-1002, 1999.

37) 孫　徳安・松岡　元・姚　仰平・一村政弘：拡張SMP規準による変換応力と種々地盤材料の弾塑性モデルの適用、土木学会論文集，No. 680/Ⅲ-55，pp. 211-224，2001.

38) Ishihara, K., Tatsuoka, F., and Yasuda, S.: Undrained deformation and liquefaction of sand under cyclic stresses, Soils and Foundations, Vol. 15, No. 1, pp. 29-44, 1975.

39)　Nakai, T.: An isotropic hardening elastoplastic model for sand considering the stress path dependency in three-dimensional stresses, Soils and Foundations, Vol. 29, No. 1, pp. 119-137, 1989.

40)　Sekiguchi, H. and Ohta, H.: Induced anisotropy and time dependency in clays, Proc. 9th ICSMFE, Speciality Session 9, pp. 229-238, 1977.

41)　Ohta, H. and Hata, S.: On the state surface of anisotropically consolidated clays, Proc. of JSCE, No. 196, pp. 117-124, 1971.

42)　Duncan, J. M.: The role of advanced constitutive relations in practical applications, Proc. 13th. Int. Conf. on Soil Mech. and Fond. Eng. Vol. 5, pp. 31-48, 1994.

43)　Iizuka, A. and Ohta, H.: A determination procedure of input parameters in elasto-viscoplastic finite element analysis, Soils and Foundations, Vol. 27, No. 3, pp. 71-87, 1987

44)　Nakase, A. Kamei, T. and Kusakabe, O.: Constitutive parameters estimated by plasticity index, Journal of Geotechnical Engineering, ASCE, Vol. 114, No. 7, pp. 844-858, 1988.

45)　Ohta, H. and Nishihara, A.: Anisotropy of undrained shear strength of clays under axi-symmetric loading conditions, Soils and Foundations, Vol. 25, No. 2, pp. 73-86, 1985.

46)　Wong, P. K. K. and Mitchell, R. J.: Yielding and plastic flow of sensitive cemented clay, Geotechnique, Vol. 25, No. 4, pp. 763-782, 1975.

47)　山田恭央：三次元応力状態におけるゆるい砂の変形特性、東京大学学位論文，1979. 12.

48)　市原　亘：三軸試験による砂と粘土の混合土の変形・強度特性、名古屋工業大学卒業論文，1997. 3.

49)　船田智己、松岡　元、福元信一：異方圧密後の種々の応力経路下の砂の変形特性とその解析、土木学会第44回年次学術講演会、第3部，pp. 512-513，1989.

50)　中井照夫、都築顕司、山本雅巳、菱田哲也：正規圧密粘土の平面ひずみ試験と弾塑性構成モデルによる解析、第21回土質工学研究発表会，No. 174，pp. 453-456，1986.

51)　中井照夫、都築顕司、石川和彦、三宅正人：正規圧密粘土の平面ひずみ試験と弾塑性構成モデルによる解析（第2報）、第22回土質工学研究発表会，No. 158，pp. 419-420，1987.

52)　Sun D. A., Matsuoka H., Yao, Y. P. and Ichihara, W.: An elasto-plastic model for unsaturated soil in three-dimensional stresses, Soils and Foundations, Vol. 40, No. 3, pp. 17-28, 2000.

53) Bishop, A. W. et al.: Factors controlling the strength of partly saturated cohesive soils, Proc. of Shear Strength of Cohesive Soils, ASCE, Colorado, pp. 503-532, 1960.

54) Escario V. and Saez J.: Shear strength of soils under high suction values, Session 5; Proc. 9th European Conf. Soil Mech, Vol. 3, Written discussion, p. 1157, 1987.

55) Matsuoka H., Sun D. A., Ando M., Kogane A. and Fukuzawa N.: Stress-strain behaviour of unsaturated soil in true triaxial tests, Canadian Geotechnical Journal, Vol. 39, No. 3, pp. 608-619, 2002.

# 第2講

［実験編］

# 最も簡単な地盤の原位置せん断試験法

ロックフィル材から粘土まで

## 2.1　土の強度は摩擦力

土はバラバラの土粒子の集合体であって、ふつう土粒子間に接着剤は存在しない。このことは、砂を見れば明らかであろう。微細な粒子からなる粘土の場合は、土粒子間に接着剤がありそうであるが、水を入れたバケツの中に粘土の塊を長期間浸せばどうなるであろうか。粘土塊はやがてバラバラになってバケツの底にたまるであろう。すなわち、恒久的な接着剤は存在しないと考えられる。

このように、土は鉄やコンクリートと比べれば、初めからこっぱみじんに破壊されたものとみることができるかもしれない。バラバラの粒子の集合体である土は、いったい何によって外圧に抵抗するのであろうか。外圧が作用すると土粒子どうしがずれて滑ろうとするが、このとき摩擦力が発揮される。したがって、土は基本的には土粒子間に働く摩擦力によって抵抗する材料と考えられる。ゆえに、土の強度を表す式は本質的に次式で示される摩擦の法則となる(図2.1参照)。

$$F = \mu N \qquad (2.1)$$

ここに、$F$ は摩擦力、$N$ は粒子間に働く垂直力、$\mu$ は摩擦係数である。

式(2.1)の両辺を断面積 $A$ で割って応力の次元とし、$F/A=\tau_f$、$N/A=\sigma$、$\mu=\tan\phi$ と置けば次式を得る[1)]。

$$\tau_f = \sigma \tan \phi \qquad (2.2)$$

ここに、$\tau_f$ はせん断強度（すべり面に沿う方向の強度であるのでせん断強度と呼ぶ)、$\sigma$ はせん断破壊面（すべり面と呼ぶ）上の垂直応力、$\phi$ は内部摩擦角

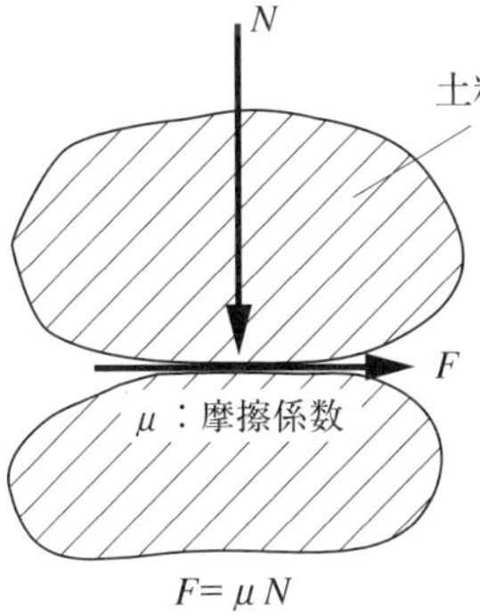


**図2.1　土の強度の源は摩擦力**

またはせん断抵抗角という。式（2.2）をより一般的な形にするため、摩擦抵抗だけでなく、$\sigma=0$のときのせん断抵抗である粘着力 $c$ も考慮した次式がよく用いられる。

$$\tau_f = c + \sigma \tan\phi \qquad (2.3)$$

ここに、$c$ を粘着力といい、$c$ と $\phi$ を土の強度定数という。ただし、この $c$ はすでに述べたように、ほとんどの場合土粒子間の接着力という意味ではなくて、$\tau_f \sim \sigma$ 関係を直線近似したときに延長線上に表れる $\sigma=0$のときの縦軸切片というぐらいの意味しかない。すなわち、拘束圧 $\sigma$ が大きいほど粒子破砕を起こしやすいとか、粒子が互いにずれるときに乗り上がりにくいという特性を反映して見掛け上生じるものである。それが証拠に、大抵の土は引張れば（$\sigma<0$のとき）バラバラになる。$\sigma<0$（引張応力）で強度のないものが、$\sigma=0$で急に $c>0$なる強度をもつと考えるのは不自然である[2)]。言い換えれば、砂礫やロックフィル材などの粒状体の強度は、原点（$\sigma=0$, $\tau_f=0$）を通って少し上に凸な曲線となると考えるべきであろう。指数関数を用いて次式のように表されることもある。

$$\tau_f = a\sigma^b \qquad (2.4)$$

ここに、$a$, $b$ は実験データより決定される係数である。

なお、通常の粘土（詳しくは正規圧密粘土と呼ばれるもの）の場合でも、土粒子骨格に作用する応力と考えられる有効応力 $\sigma$ で整理すれば、原点を通る直線となり、$c=0$ となって式（2.2）で表されることが多くの実験データによって確かめられている。時々、粘土は $c$ 材料で $\phi=0$ となると誤解されているのは、非圧密・非排水せん断試験（UU 試験）という特殊な条件下での試験結果を鵜呑みにしたためである。すなわち、垂直応力 $\sigma$ を大きくしても粘土は一般に透水係数が小さい（水を通しにくい）ので、圧密する時間がない（圧密しない→非圧密）という条件であれば、$\sigma$ が大きくなっても圧密しない→土粒子の間がつまらない→強度は上がらない、したがって $\tau_f=c=$ 一定となって見掛け上 $\phi=0$ となるのである。$\sigma$ を大きくして時間をかけて圧密すれば、土粒子の間がつまって、せん断強度 $\tau_f$ が上がって $\phi>0$ となるという自然なことが起きるのである[1)]。

さて、式（2.2）、（2.3）、（2.4）の形を見れば、せん断面上の垂直応力 $\sigma$ が大きい程、土は強いことになる。これは、手のひらの上の一握りの砂は吹けば飛ぶのに、地下数10m にある砂層は杭の支持層になりうる理由である。つまり、地表面では垂直応力 $\sigma=0$（大気圧）であるが、地下の深いところでは土の重量 $\gamma z$（$\gamma$：土の単位体積重量、$z$：深さ）による拘束圧が働き、$\sigma$ が大きくなるからである。同じ土でも、地表面より地下の深いところに置かれる方が強くなることに注意したい。すなわち、土が置かれる場所によって同じ土でも強度が変わるのである。このようなことは、鉄のような金属材料では考えられないことであろう。

## 2.2　新たな一面せん断試験機の発想

前節で土の強度の源は土粒子間の摩擦力であることを述べた。図2.2は各種のせん断試験の発想を端的に示したものである[1)]。この図からも、土の破壊はいずれの場合も土粒子相互のズレ、すべりによるものであること、したがって土の強度は互いにずらされたときの最大の抵抗力（摩擦力）に他ならないこと

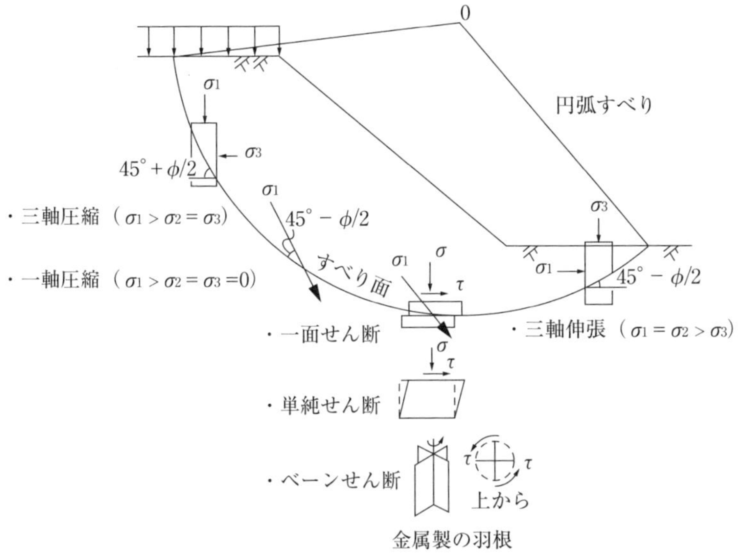


**図2.2　各種のせん断試験の発想**[1)]

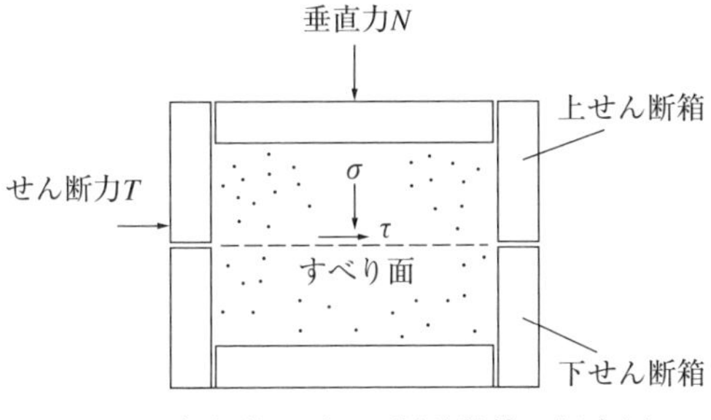


**図2.3　在来型一面せん断試験機の概念図**

が理解される。そこで、土の強度を測定する１つの方法として、図2.2の中にも示されている一面せん断試験と呼ばれるものが考案された（図2.3参照）。なぜ一面せん断試験と呼ぶかというと、試料を入れた上箱と下箱の間の一面で箱を水平方向にずらして試料をせん断するからである。試料に垂直力を固定位置から載荷できるように、通常上箱を動かさずに下箱を水平方向にずらせる下部可動式のものが多く用いられている。この試験機の欠点としては、水平力（せん断力）を測定する力計と上箱の接触点における摩擦力の発生により、せん断面（すべり面）上の真の垂直力が測定できないため、信頼できる強度が得られないことが指摘されている。特に、土粒子どうしが水平方向にずらされると土粒子が互いに乗り上がること（ダイレイタンシーと呼ばれている。図2.4参照）が生じ、試料が上箱を持ち上げようとするが、このとき力計と上箱の接触点において上箱に対して下向きの摩擦力が発生し（この摩擦力は測定していないので）せん断面（すべり面）上の真の垂直力が測定できないことが問題となる。この欠点を補正するためには、力計と上箱の間に摩擦の少ないテフロン板やテフロンのローラーを入れたり、フレキシブルなワイヤーロープかチェーンなどによって引張り、水平方向のせん断力を引張力としてロードセルによって測定することによって、上下方向の摩擦力を作用させないようにすることが考えられる（上箱の持ち上がりに伴う新たな外力の発生を避けて、せん断面上の真の垂直力を測定するということである[3),4)]）。すなわち、「押してだめなら引いてみる」ということである。これは、ちょっとした発想の転換といえるかもしれない。

さらに、次のようなことも考えてみた。なぜ上箱とか下箱とかが必要なのだろうか。試料がこぼれたり、はみ出たりするのを防ぐためであろうか。前節で考えたように「土の強度が摩擦力」であるのなら、中学校や高校で学んできた「摩擦試験」を想定すればよいのではないか。もし世の中に土の強度試験なるものが皆無の時代であれば、むしろそう考えるのではなかろうか。そこで、端的な言い方をすれば、板か何かに試験する地盤の試料を貼るかはめ込むかして、それを試験地盤の上に置いて、その上に垂直荷重を載荷して、水平方向にフレキシブルなひもかワイヤーロープかチェーンで引張って、試料間の摩擦力を測定する方法を思いつく。垂直荷重が０に近い超低垂直応力から、地盤の許容支持力まで垂直荷重を自由に変えられること、室内でもできるが原位置試験法として極めて簡便な方法であることにも気付く。これは面白いのではないかというのが第一感であった。この試験機を、従来の一面せん断試験機と区別するために、しばらく簡易一面せん断試験機と呼ぶことにする。

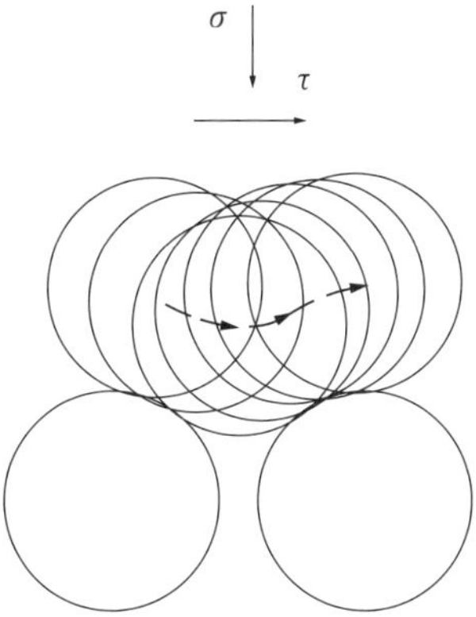


図2.4　3個の粒子によるダイレイタンシーの直感的な理解[1)]

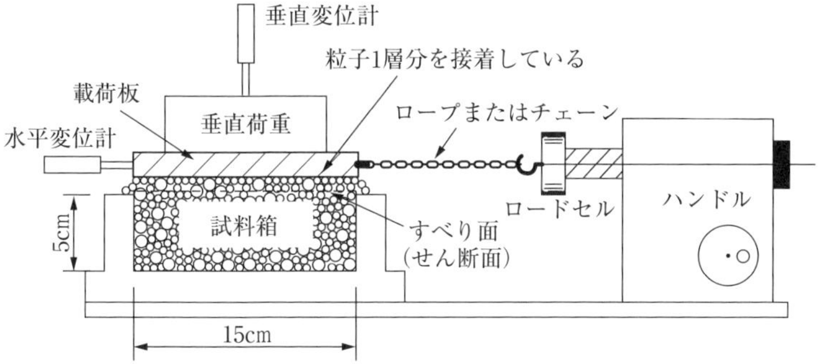


図2.5　小型簡易一面せん断試験装置の概略図

図2.6　アルミ丸棒積層体（直径1.6mmと3mm、長さ50mm）の小型簡易一面せん断試験

図2.5は室内での小型簡易一面せん断試験機の概略図を示したものである。試料箱は下箱に相当するというよりも、単に試料が入っている原地盤の代わりのものであって、図示のものよりもっと大きなものであってもよい。この図では載荷板に試料を粒子１層分だけ接着しているが、これは図2.6に示すアルミ丸棒積層体の試料の場合に対応している。接着されている粒子の直下の一面で試料が水平にずれてせん断されるように、接着粒子と試料箱の上面との間に粒子数層分の隙間をあけるのがコツである。この方法でせん断試験を行ってみると、短時間で簡単に内部摩擦角 $\phi=24^\circ\sim26^\circ$ なる値が得られた。この値は、すでに同じアルミ丸棒積層体（直径1.6mm と３mm、長さ50mm、混合重量比３：２）について二軸圧縮試験や単純せん断試験によって測定された値と一致するものであった[5]。それで、これならうまく行くのではないか、簡便で短時間（試料のセットを含めて10～20分）に行えて助かるのではないか、ということになって、実際の砂礫などの粒状体試料への適用へと進めることにした。

## 2.3　室内小型簡易一面せん断試験[4]

まず、試料としてガラスビーズ（粒径0.355mm～0.6mm）、豊浦砂（平均粒径0.2mm）、砕砂（粒径0.42mm～２mm）を選び、室内で比較的小さな載荷板（１辺が10cm～15cm 程度）を用いて簡易一面せん断試験を行ってみた。この試験機で最も工夫を要したのは載荷板（載荷枠、せん断枠）である。工夫の過程ごとに示すと、次の３種類の方法となる。

### (a)　載荷板の底面に粗いサンドペーパーを貼る方法（図2.7(a)）

第一感としては、図2.6と同じように、用いる試料をそのまま載荷板の底面に貼りつけるという方法である。しかし、毎回試験のたびに載荷板底面にその試料を貼りつけるのは大変であって、あまり賢い方法とはいえない。そこで、少しだけ知恵を働かせてみた。上記の３種の試料のうち、最も粗い砕砂をサンドペーパーに貼りつけ、それを載荷板（15cm×15cm×高さ１cm）に固定した（図2.7(a)参照）。こうすれば、砕砂よりも摩擦係数の小さいガラスビーズや豊浦砂の上に、砕砂を貼りつけた載荷板を置いても所期の目的を達することができる。なぜであろうか。載荷板が水平方向にずらされたとき、粗い砕砂とガラスビーズ（あるいは豊浦砂）の間では滑らず、その直下のより滑りやすいガラスビーズどうし（あるいは豊浦砂どうし）の間で滑るからである。予想は的中して、この方法でガラスビーズ、豊浦砂についても他の試験方法による $\phi$ の値と一致する試験結果が得られた（図2.8参照）。

(b) 正方形載荷枠とその中にちょうど入る重錘板を用いる方法（図2.7(b)）

粗い砂を貼りつける方法にも限界があるので、次のような方法を考えた。すなわち、図2.7(b)に示すようなワイヤーロープつきの丈夫な載荷枠（せん断枠；12cm×12cm×高さ2cm）とその中にちょうど入る重錘板を用いる方法である。載荷枠を試料の上に設置し、載荷枠の中にも試料を少し入れて同じ密度で締固め、重錘板をその上にセットし、必要であればさらに垂直荷重を載荷して、水平方向に載荷枠（せん断枠）をずらしてせん断するのである。この方法によれば、載荷枠（せん断枠）があたかも同じ試料を貼りつけられた載荷板のように作用すると想像される。載荷枠（せん断枠）が水平方向に引張られるにつれて、載荷枠の底面直下付近で試料はせん断されると思われる。

(c) 格子状載荷枠（せん断枠）を用いる方法（図2.7(c)）

次に、載荷枠（せん断枠）を格子状に補強することによって薄くて軽いものにすることを思いついた。図2.7(c)に示す十字の格子のうち、せん断方向（図の右方向）に直交する板は試料をせん断する刃の1つとなっているのに対して、せん断方向の板は単に載荷枠（せん断枠）の補強部材であり、載荷枠の底面（試料のせん断面と思われる）にまで達していなくてもよい。後述するように、原位置せん断試験では、すべてこの格子状の載荷枠（せん断枠）を用いることによって、試験装置の軽量化をはかっている。なお、この格子状載荷枠（せん断枠）を用いるにあたって最も重要な点は、垂直荷重を載荷枠を通してではなく、

(a)

(b)

(c)

**図2.7　簡易一面せん断試験における載荷板（載荷枠、せん断枠）の種々の工夫**

格子状の載荷枠の間の試料を通してせん断面へ一様に伝達することである。このため、図2.7(c) に見られるように格子状の載荷枠の部分を避けて、試料か何か他の適当なものを盛り上げ、その上に剛な板を置いてから垂直荷重をその上に載荷するのである。もし載荷枠の上に直接垂直荷重を載荷すれば、大部分の荷重は載荷枠を通してせん断面へ伝達されることになり、載荷枠直下の試料

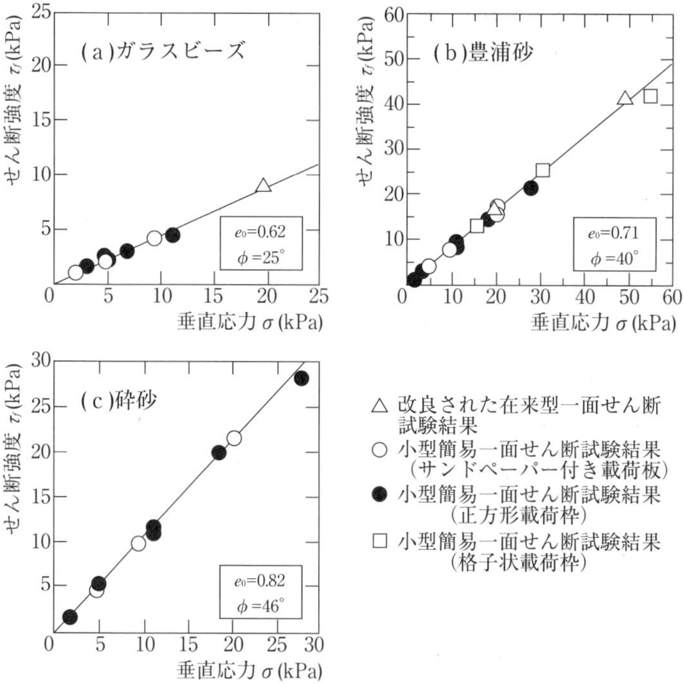


**図2.8　ガラスビーズ、豊浦砂、砕砂についての各種一面せん断試験結果**

が破砕される可能性が生じる。いずれにしても、せん断面に垂直応力が一様に作用しないので問題となる。小型の格子状載荷枠（せん断枠）の寸法としては、10cm×10cm×高さ 2 cm（断面積100cm$^2$）、14.14cm×14.14cm×高さ 2 cm（断面積200cm$^2$）などを用いている。

これらの小型簡易一面せん断試験機を検定するために、前述したガラスビーズ（粒径0.355mm～0.6mm）、豊浦砂（平均粒径0.2mm）、砕砂（粒径0.42mm～2 mm）の 3 種類の試料を用いて試験を行った。図2.8(a)、(b)、(c) は、それぞれガラスビーズ（初期間隙比 $e_0$＝0.62)、豊浦砂（$e_0$＝0.71)、砕砂（$e_0$＝0.82）のせん断強度 $\tau_f$ と垂直応力 $\sigma$ の関係を示したものである。なお、図中の△印は、改良された在来型の一面せん断試験結果を示している。これは、図2.3で述べたような在来型の一面せん断試験の欠点である試料膨張（ダイレ

**表2.1　小型簡易一面せん断試験結果と改良された在来型改良一面せん断試験結果、三軸圧縮試験結果の比較**

| | 小型簡易一面せん断試験 | | | 改良された在来型一面せん断試験 | 三軸圧縮試験[6] |
|---|---|---|---|---|---|
| | サンドペーパー | 正方形載荷枠 | 格子状載荷枠 | | |
| ガラスビーズ($e_0$=0.62) | 23°～26° | 24°～28° | — | 25° | 26° |
| 豊浦砂($e_0$＝0.71) | 38°～41° | 39°～42° | 38°～40° | 38°～41° | 39° |
| 砕砂($e_0$＝0.82) | 45°～47° | 45°～48° | — | — | 45° |

イタンシー）時の力計と上箱の間の摩擦力をせん断面（すべり面）上に作用させないように改良した試験機による試験結果である。改良された在来型の一面せん断試験ではせん断面上の垂直力とせん断力を正しく測っているので、その試験結果は信頼性が高いと思われる。図2.8中のプロットの直線の角度が、式(2.2) よりわかるように、内部摩擦角 $\phi$ となる。

次に、表2.1は３種類の試料に対する小型簡易一面せん断試験と改良された在来型の一面せん断試験による $\phi$ の値の比較を示したものである。なお、参考のために三軸圧縮試験による $\phi$ の値も示している。図2.8と表2.1より、サンドペーパーつき載荷板、正方形載荷枠、格子状載荷枠による $\phi$ の値がほぼ一致しており、これらの強度試験結果と改良された在来型一面せん断試験結果もほぼ一致しているのが見られる。なお、在来型の一面せん断試験による $\phi$ の値は三軸圧縮試験によるものよりかなり高くなるといわれているが、その理由としてはすでに述べたように在来型一面せん断試験はせん断面上の垂直力とせん断力を正確に計測していないことが大きく影響していると考えられる。しかしながら、ここに開発した小型簡易一面せん断試験機は、このような問題点を解消しているので、これらの試験結果は三軸圧縮試験による $\phi$ の値と近い値になったと考えられる。

## 2.4　室内大型簡易一面せん断試験[7]

この簡易一面せん断試験機は、載荷枠（せん断枠）の大きさを試料の粒径に

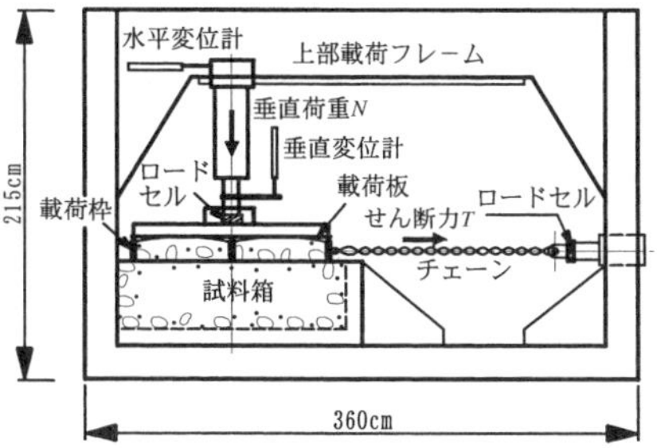


図2.9　室内大型簡易一面せん断試験機の概略図

図2.10　室内大型簡易一面せん断試験機の全景

合わせて大きくするだけで、原理的にはどのような大きさの試料に対しても同じように適用することができる。そこで、礫やロックフィル材のような粗粒材料に対しても適用可能な室内大型簡易一面せん断試験機を同じ原理に基づいて試作してみた。図2.9、図2.10に、試作した室内大型簡易一面せん断試験機の概要を示す。垂直荷重は上部の載荷フレームから反力をとり、油圧シリンダーによって載荷板および載荷枠（せん断枠）を介して試料に載荷する。なお、この垂直荷重載荷部全体は上部載荷フレームに沿って水平方向に滑らかにスライドするようになっている。せん断力は載荷枠（せん断枠）につながったフレキシブルなチェーンを水平方向に一定速度で引張ることによって載荷し、ロードセルで測定した。垂直変位は載荷板の中心にセットした垂直変位計で、水平変位は垂直荷重載荷部にセットした水平変位計でそれぞれ測定した。

図2.11は、室内大型簡易一面せん断試験の供試体に作用する力とせん断面上の真の垂直力 $N$ とせん断力 $T$ を示したものである。図2.11(b) に示すように、力のつり合い条件より、次の関係式が得られる。

$$N = P + W + W_1 + W_2 - P_1 \tag{2.5}$$

$$T = F - F_1 \tag{2.6}$$

$$\sigma = N/A,\quad \tau = T/A \tag{2.7}$$

式中の記号については、図2.11(b) を参照されたい。$P$ と $F$ はロードセルによって正確に測定される。また、載荷枠（せん断枠）内の試料の重さ $W$、載荷枠（せん断枠）の重さ $W_1$ および載荷板の重さ $W_2$ はすべて正しく測定される。せん断面の面積 $A$ は、通常の一面せん断試験と違ってせん断の途中でも一定になっている。載荷枠（せん断枠）の底面と試料との接触面における垂直力 $P_1$ と摩擦力 $F_1$ は正確には計測できないが、粗粒材料のせん断応力がピークに達するとき（せん断強度 $\tau_f$ のとき）には大抵膨張（ダイレイタンシー）を示すので、載荷枠（せん断枠）が浮いた状態になり、$P_1 \fallingdotseq 0$、$F_1 \fallingdotseq 0$ となって、$\sigma$ や $\tau$ の測定には影響しないと考えられる（なお、試料が膨張しないときでもせん断枠には載荷重 $P$ が直接かからないようにしているので、$P_1$ や $F_1$ は $N$ や $T$ に比して無視できると考えられる）。また、ピーク強度 $\tau_f$ までの載荷板の傾きがほとんどないことが確認されている（傾きの最大値は１°以内であった）。したがって、式（2.5）～式(2.7) よりせん断面上の真の垂直力とせん断力をほぼ正確に算定できるので、試料のせん断強度を正しく計測できると考えられる。

上記の考え方に基づいた試験機を検証するため、３種類の粗粒材料に対して室内大型簡易一面せん断試験を行った。

（1）試料

３種類の試料を試料Ａ、試料Ｂ、試料Ｃと呼び、その粒径加積曲線を図2.12

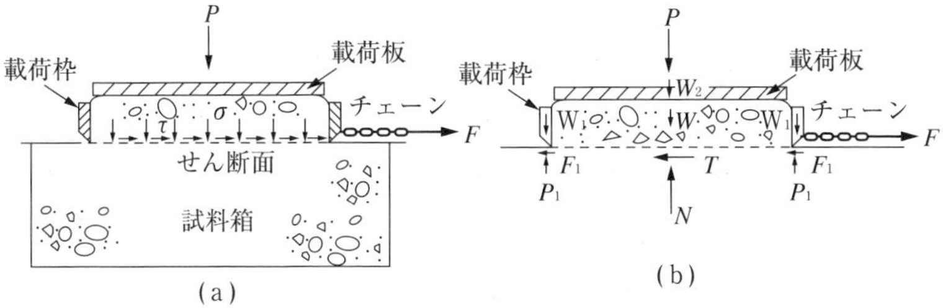


N、σ ―せん断面上の垂直力、垂直応力　　W―載荷枠内の試料の重さ
T、τ ―せん断面上のせん断力、せん断応力　　$W_1$―載荷枠の重さ　$W_2$―載荷板の重さ
A―せん断面積　　$F_1$―載荷枠と試料接触面上の摩擦力
P―載荷重　　F―測定された水平力　　$P_1$―載荷枠と試料接触面上の垂直力

**図2.11　大型簡易一面せん断試験機の供試体に作用する力**

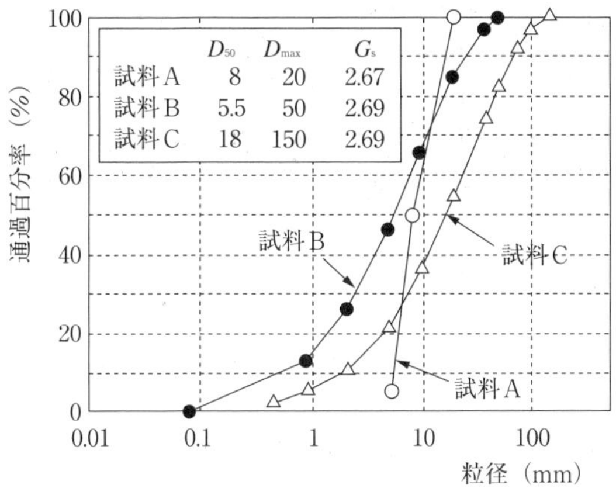


**図2.12　室内大型簡易一面せん断試験に用いた試料の粒径加積曲線**

に示す。なお、試料Bと試料Cの粒度は相似である。試料Aは6号砕石で、平均粒径 $D_{50}$＝ 8 mm、最大粒径 $D_{max}$＝20mm、比重 $G_s$＝2.67である。試料B、Cは K 地点から採取した頁岩であり、比重 $G_s$＝2.69である。試料Bの平均粒径 $D_{50}$＝5.5mm、最大粒径 $D_{max}$＝50mm、試料Cの平均粒径 $D_{50}$＝18mm、最大粒径 $D_{max}$＝150mm である。

（2）試験方法

前述のように本試験法の特徴の1つは、試料の粒径の大きさに応じて載荷枠

（せん断枠）の大きさを変えるだけで砂からロックフィル材までに対して適用できる点である。試料Aと試料BにはタイプⅠの載荷枠（図2.13(a))、試料CにはタイプⅡの載荷枠（図2.13(b)）を用いた。図2.13(a）に示すタイプⅠの載荷枠は内のり60cm×60cm×高さ4cmで12個のマス目があり、最大粒径があまり大きくない粗粒材に適し、図2.13(b）に示すタイプⅡの載荷枠は内のり60cm×60cm×高さ10cmで4個のマス目があり、最大粒径が比較的大きい粗粒材に適用するものである。

(a)

(b)

(a)タイプⅠ（60cm×60cm×4cm，マス目12個）
(b)タイプⅡ（60cm×60cm×10cm，マス目4個）

**図2.13　室内大型簡易一面せん断試験機に用いた載荷枠（せん断枠）**

試料をセットする方法をタイプⅠの載荷枠の場合について示すと、図2.14(a)～(h)の順序の通りである。すなわち、ⓐ内のり80cm×80cm×高さ10.5cmの試料箱を元々の大きな試料箱（内のり140cm×140cm×高さ40cm）の中に鉄板で構成する。ⓑ深さ約6cmまで試料を入れて所定の密度に締固める。ⓒ載荷枠（せん断枠）をセットする。ⓓ試料を載荷枠の上面まで入れて所定の密度に締固める。ⓔビニールシートを敷き、マス目毎に少し粒子を盛り上げて、凸状の小山を作り上面を同じ高さにする。ⓕ垂直荷重を載荷するための剛な鉄板（載荷板と呼ぶ）を置く。ⓖ載荷板の上に垂直荷重載荷部を設置し載荷する。ⓗフレキシブルなチェーンで水平方向に引張ってせん断する。ここで、注意したいのはステップⓔの重要性である。マス目毎に上面が水平の小山を作るのは、載荷板からの垂直荷重が載荷枠を通らずに（載荷板を載荷枠に接触させない）マス目部分の試料を通してせん断面へ均一に伝えるための工夫である。

図2.14　室内大型簡易一面せん断試験の手順

### （3）試験結果

試料Ａと試料Ｂに対しては初期間隙比 $e_0$ が３種類（密詰め、中密、ゆる詰め状態）で試験を行い、試料Ｃについては $e_0$ が２種類（中密、ゆる詰め状態）で試験を行った。図2.15～図2.17は、それぞれ試料Ａ、試料Ｂ、試料Ｃについての室内大型簡易一面せん断試験によるせん断・垂直応力比 $\tau/\sigma$～水平変位 $D$ 関係、垂直変位 $h$～水平変位 $D$ 関係（左側の図）およびせん断強度 $\tau_f$～垂直応力 $\sigma$ 関係（右側の図）を、初期間隙比 $e_0$ に対して整理したものである。なお、図2.16中の $D_r$ は相対密度を意味している。これらの図より、大型簡易一面せん断試験結果が通常の砂などの試料に対する在来型の一面せん断試験結果の傾向と極めてよく似ているのが見られる。すなわち、初期間隙比 $e_0$ が小さい（密詰め）ほど $\tau/\sigma$ のピーク値（$\tau_f/\sigma$）が明瞭に表れ、垂直変位 $h$ が負の値となって試料が膨張しやすくなり（これがダイレイタンシーである。図2.4参照）、内部摩擦角 $\phi$ の値も大きくなる。逆に初期間隙比 $e_0$ が大きく（ゆる詰め）なると、粒子どうしのかみ合わせがゆるくなるので、上記の反対のことが起こるのが見られる。すなわち、$\tau/\sigma$ のピークが明瞭に表れなくなり（徐々に増加するように見える）、垂直変位 $h$ が負の値になりにくくなって試料があまり膨張せず、内部摩擦角 $\phi$ の値もあまり大きくならない（密詰め→中密→ゆる詰めの順に小さくなる）。密詰めの試料の方がゆる詰めの試料より粒子どうしのかみ合わせよいので、粒子がずらされたときに乗り上がりやすく（ダイレイタンシーを起こしやすく）、強度も大きくなる（内部摩擦角 $\phi$ が大きくなる）ことは容易に理解される。なお、図2.15(a) および図2.16(a)，(b) の右図中の２本の点線は、同じ試料（同じ密度）についての三軸圧縮試験による $\phi$ の値の範囲を比較のために示したものである。図2.16(a)，(b) の点線 $a$ と $b$ は、それぞれ側圧 $\sigma_3=49$kPa（$=0.5$kgf/cm$^2$）と98kPa（$=1.0$kgf/cm$^2$）の三軸圧縮試験による破壊時のモールの応力円に接する直線である。厳密に言えば、一面せん断試験は平面ひずみ条件に近い条件下での試験と考えられ、三軸圧縮試験は軸対称応力条件下での試験であるので、両者の $\phi$ の値は必ずしも完全

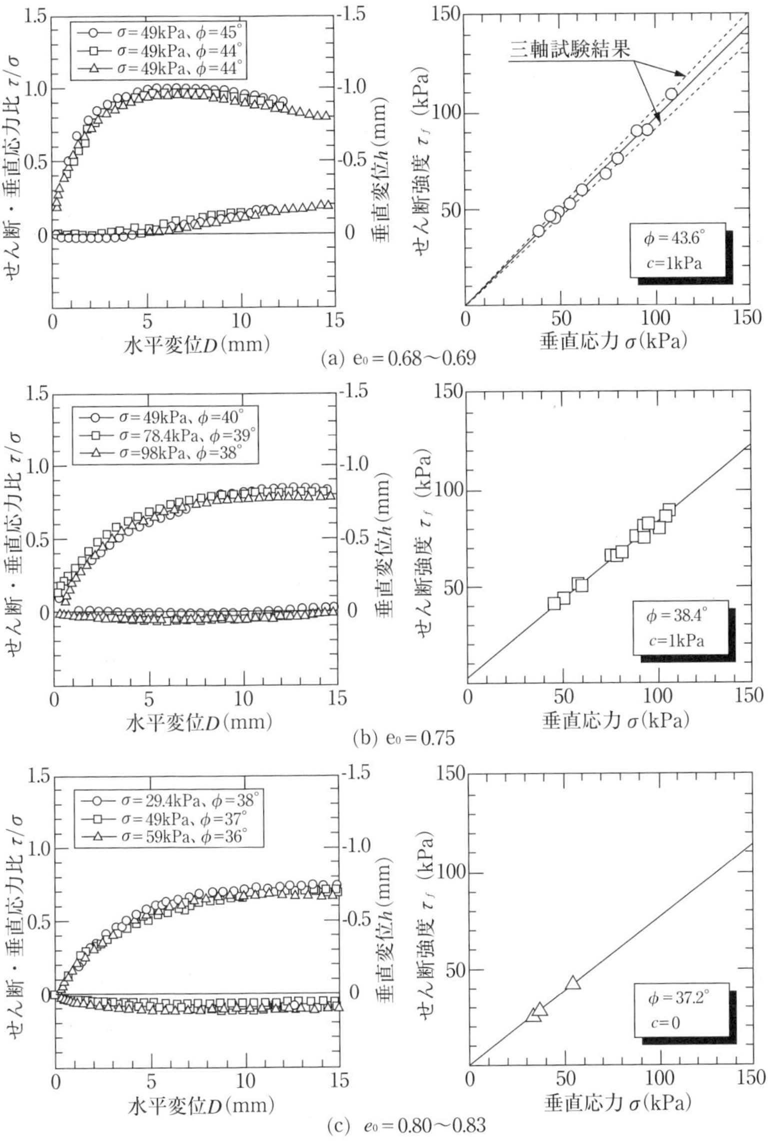


**図2.15**　試料Aのせん断・垂直応力比 $\tau/\sigma$～ 水平変位$D$、垂直変位$h$～水平変位$D$関係、およびせん断強度 $\tau_f$～垂直応力 $\sigma$ 関係

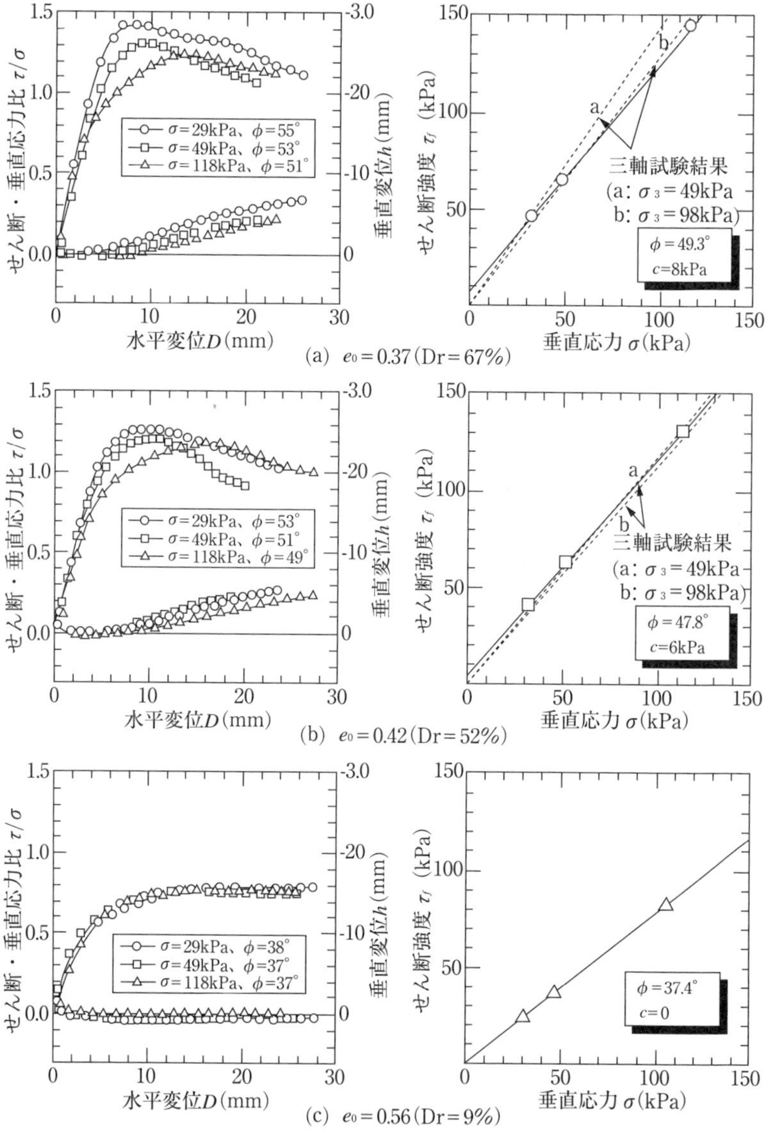


**図2.16　試料Bのせん断・垂直応力比 $\tau/\sigma$～水平変位$D$、垂直変位$h$～水平変位$D$関係、およびせん断強度 $\tau_f$～垂直応力 $\sigma$ 関係**

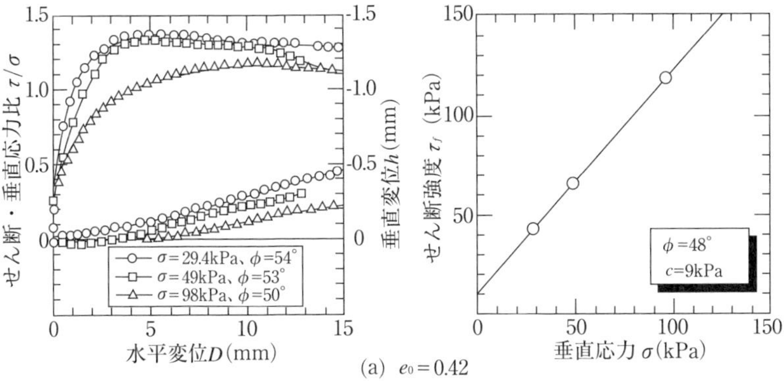


(a)　$e_0=0.42$

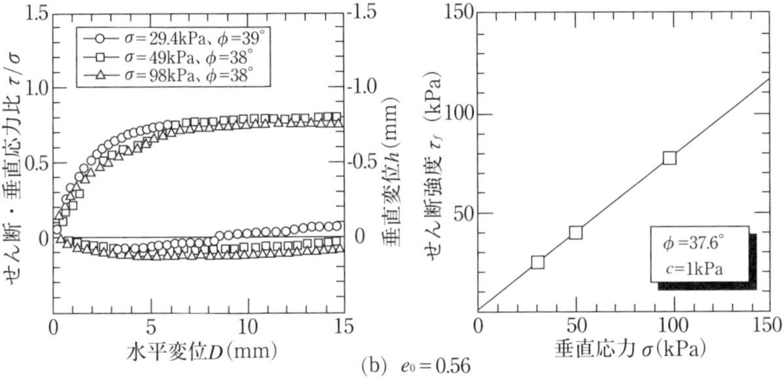


(b)　$e_0=0.56$

**図2.17　試料Cのせん断・垂直応力比 $\tau/\sigma$～水平変位$D$、垂直変位$h$～水平変位$D$関係、およびせん断強度 $\tau_f$～垂直応力$\sigma$関係**

に一致する必要はない。三軸圧縮試験の場合、密度を合わせるための軸方向にバイブレーターで振動させて圧縮しているので、粒子構造の異方性も生じていると考えられ、結果的に $\phi$ の値が近くなったのであろう。表2.2にすべての試料の室内大型簡易一面せん断試験による $\phi$ の値と、参考までに同じ間隙比 $e_0$ での試料Ａと試料Ｂの大型（あるいは中型）三軸圧縮試験による $\phi$ の値を示す。

さて、図2.18、図2.19は室内大型簡易一面せん断試験によって得られたピーク応力比 $\tau_f/\sigma$ までの試験結果を、せん断・垂直応力比 $\tau/\sigma$～垂直・水平変位

**表2.2　大型簡易一面せん断試験結果と三軸圧縮試験結果の比較**

| | 初期間隙比 $e_0$ | 大型簡易一面せん断試験 | 三軸圧縮試験 |
|---|---|---|---|
| 試料 A ($D_{max}$＝20mm) | 0.68〜0.69 | $\phi=44°\sim45°$ | $\phi=42°\sim45°$ [8)] |
| | 0.75 | $\phi=38°\sim40°$ | — |
| | 0.80〜0.83 | $\phi=36°\sim38°$ | — |
| 試料 B ($D_{max}$＝50mm) | 0.37 | $\phi=51°\sim55°$ | $\phi=52°\sim55°$ [9)] |
| | 0.42 | $\phi=49°\sim53°$ | $\phi=48°\sim49°$ [9)] |
| | 0.56 | $\phi=37°\sim38°$ | — |
| 試料 C ($D_{max}$＝150mm) | 0.42 | $\phi=50°\sim54°$ | — |
| | 0.56 | $\phi=38°\sim39°$ | — |

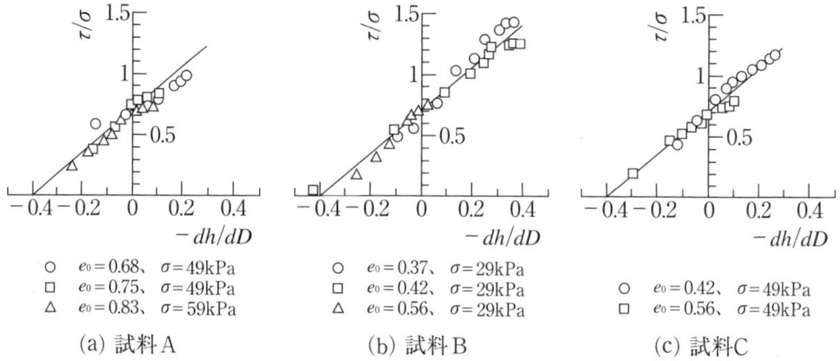


**図2.18**　試料A、B、Cのピーク強度までのせん断・垂直応力比 $\tau/\sigma$〜垂直・水平変位増分比 $-dh/dD$ 関係（初期間隙比 $e_0$ の影響）

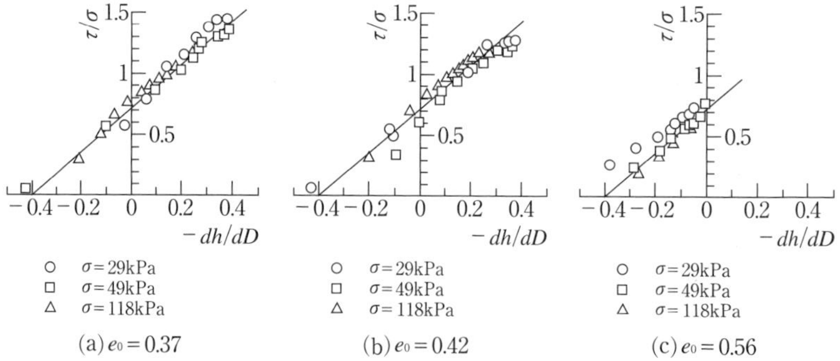


**図2.19**　試料Bのピーク強度までのせん断・垂直応力比 $\tau/\sigma$〜垂直・水平変位増分比 $-dh/dD$ 関係（垂直応力 $\sigma$ の影響）

増分比 $-dh/dD$ 関係で示したものである。この関係は、土の塑性論でよく用いられる応力比～ひずみ増分比関係と本質的に同じものであって（$-dh/dD$ の分母分子をせん断層の厚さ $L$ で割ると、$-(dh/L)/(dD/L)=-d\varepsilon/d\gamma$ となって、垂直・せん断ひずみ増分比となる）、土のせん断現象を支配する最も確かな関係の１つである。$-dh/dD$ の物理的意味は、せん断面上の土粒子の平均的な乗り上がり角度 $\bar{\theta}$（垂直変位（$-h$）～水平変位 $D$ 関係の刻々の接線の勾配）であり、それゆえ“山登り”と同じく斜面の乗り上がり角度 $\bar{\theta}$ が大きい（$-dh/dD$：大きい）ほどせん断抵抗が大きい（$\tau/\sigma$：大きい）のである（図2.20参照）。図2.18、図2.19より、試料が決まれば試料のつまり具合（初期間隙比 $e_0$）や拘束応力（垂直応力 $\sigma$）の値にかかわらず、ほぼ同じ直線上にプロットされており興味深い。図2.19(a)、(b)、(c) を見ると、密詰め（$e_0$：小さい）ほど同じ直線上の右上までプロットされ、ゆる詰め（$e_0$：大きい）の場合は同じ直線上の途中までしかプロットされないのがわかる。それぞれのプロットの最高点（右上の点）がピーク強度（$\tau_f/\sigma$）に対応するので、密詰めの試料（$e_0$：小さい）ほど粒子どうしのかみ合わせがよく、粒子相互の乗り上がり角度が大きくなり（$-dh/dD$：大きい）、同じ直線上にプロットされるのでピーク強度（$\tau_f/\sigma$）も大きくなると理解される。さらに、垂直応力 $\sigma$ の影響を詳しく調べると、特に密詰めの試料（$e_0$：小さい）において、$\sigma$ の値が小さいほど右上の方までプロットされる（$\tau_f/\sigma$：大きい）のが見られる。これは、$\sigma$ が小さいほど上から押さえつける圧力が小さく粒子どうしが乗り上がりやすいので、$-dh/dD$ が大きいところまでプロットされると理解される。逆に、$\sigma$ が大きいと上から押さえつける圧力が大きく粒子どうしが乗り上がりにくいこと、また $\sigma$ が大きいと粒子が破砕しやすく圧縮する傾向になることなどのために、$-dh/dD$ が小さくなると考えられる。まとめると、$\sigma$：小→$-dh/dD$：大→$\tau_f/\sigma$：大、$\sigma$：大→$-dh/dD$：小→$\tau_f/\sigma$：小となる。このことは、図2.21に示すように、小さい $\sigma$ において大きい $\phi$（$\tau_f/\sigma$：大）となり、大きい $\sigma$ のもとでは相対的に小さい $\phi$（$\tau_f/\sigma$：小）となることを意味しており、各 $\sigma$ でのプロットを直線で結べば粒状材料でも見掛けの粘着力 $c$ が出てくることになる。スティールボール（鋼球）のような粒状体でも、密詰めにすれば上記の理由により見掛けの粘着力 $c$ を出すことができる。しかし、これは $\sigma=0$のときに $\tau_f=c$ となることをもちろん意味しない（$\sigma=0$のときは $\tau_f=0$となる）。以上のことをまとめると、粒状材料の見掛けの粘着力 $c$（垂直応力 $\sigma$ の増加

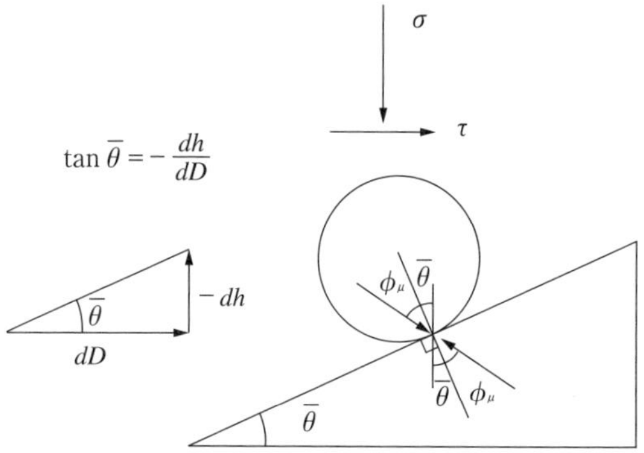


**図2.20**　せん断面上の土粒子の平均的な乗り上がり角度 $\bar{\theta}$ ($=\tan^{-1}(-dh/dD)$) をなす斜面上の土粒子のすべり（$\phi_\mu$：発揮されている粒子間摩擦角）

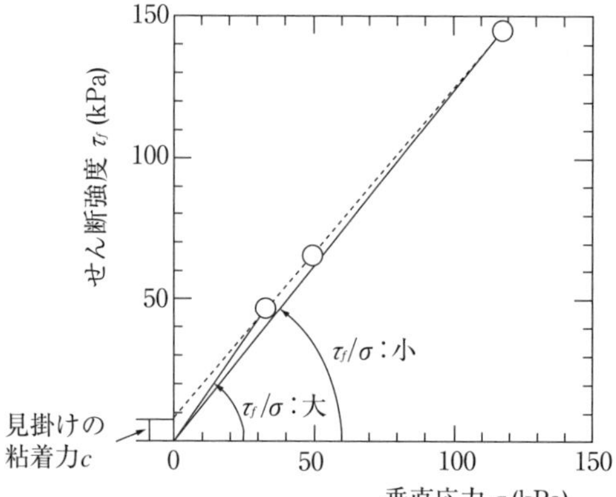


**図2.21**　見掛けの粘着力$c$の説明

による $\phi$ の低下）は試料のせん断時の膨張特性（ダイレイタンシー特性）や粒子破砕の拘束圧依存性によって生じるものであり、ゆる詰めの粒状材料はあまり膨張しないので $c$ がほとんどゼロになるのである。

## 2.5 K地点での原位置大型簡易一面せん断試験と室内大型簡易一面せん断試験の比較[7)]

原位置で施工中の盛土のせん断強度を直接測定し、せん断強度を品質管理の指標として盛土の品質を評価・管理することが望まれている。もし同じ原理に基づいて現場で手軽に試験できるなら、粗粒材の強度を正しく測定するだけでなく、ロックフィル材を含む粗粒材の施工管理方法をも改善できることになる。

そこで、室内試験と同じ原理で原位置試験が簡便に行えるかどうかを検討するために、まずK地点で原位置大型簡易一面せん断試験を実施した。

### （1）試料と試験方法

試料としては現場で採取した岩盤分類CH級の頁岩の原粒度のロックフィル材（最大粒径 $D_{max}$≒200mm、平均粒径 $D_{50}$≒40mm）を用いた。図2.22にK地点での原位置大型簡易一面せん断試験の概略図を、図2.23に試料のセットの手順とせん断時の様子を示している。試験手順は、ⓐ密度を正確に制御するために設置した試料箱（図2.22参照；以後の原位置試験では原地盤上に載荷枠を直接押し込むので、このような試料箱は設置しない）に、試料を半分程度入れて密度を調整し、格子状の載荷枠（内のり100cm×100cm×高さ12.5cm）を設置し、その中にも粒径の大きい粒子をできるだけ均等に置く。ⓑ載荷枠内にさらに粒径の小さい試料も入れ、バイブレーターを用いて所定の密度まで締固め、試料の表面を仕上げる。ⓒ載荷枠内側の4つのマス目部分を細粒材で盛り上げ、水平になるように仕上げる。ⓓ盛り上げた細粒材の小山の上に剛な鉄板（図2.22参照）を置き、さらにその上に垂直荷重としての重錘（この場合はクレーン検定用の重錘を用いた）を設置する。この方法によって、試料にほぼ一様な垂直応力を載荷したことになる。せん断力については、載荷枠（せん断枠）と反力用の重機をチェーンでつないで、図2.22に示すようにチェーンブロックのチェーンを引張ることによって水平方向のせん断力を載荷し、ロードセルによって測定した。試料の変位については、垂直方向には載荷板の対角線上に２個の変位計、水平方向には垂直荷重用の重錘後部中央に１個の変位計をそれぞれ取りつけて測定した。次に、原位置試験と室内試験による結果を比較するため、原

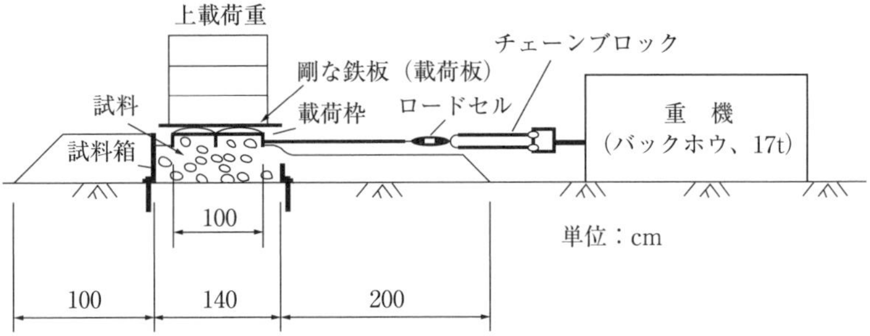


**図2.22　K地点での現場大型簡易一面せん断試験概略図**

**図2.23　K 地点での現場大型簡易一面せん断試験の手順**

位置大型簡易一面せん断試験後に、同じ試料を実験室に運搬し、図2.10に示した室内大型簡易一面せん断試験機を用いて試験を実施した。なお、用いた載荷枠（せん断枠）は原位置試験に使用したものと同じものである。

（２）試験結果と考察

原位置と室内大型簡易一面せん断試験による結果を、図2.24にせん断・垂直応力比 $\tau/\sigma$～水平変位 $D$ 関係、垂直変位 $h$～水平変位 $D$ 関係で、図2.25にせん断強度 $\tau_f$～垂直応力 $\sigma$ 関係で、図2.26にピーク強度までのせん断・垂直応力比 $\tau/\sigma$～垂直・水平変位増分比 $-dh/dD$ 関係で、それぞれ示している。図2.24より、原位置試験と室内試験によるせん断・垂直応力比 $\tau/\sigma$～水平変位

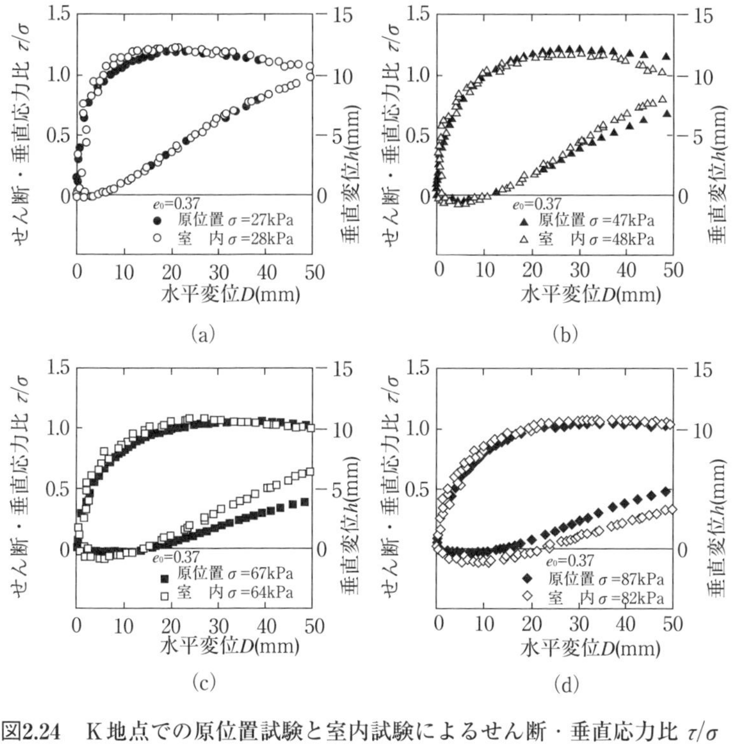


**図2.24**　K 地点での原位置試験と室内試験によるせん断・垂直応力比 $\tau/\sigma$ ～水平変位 $D$ ～垂直変位 $h$ 関係の比較

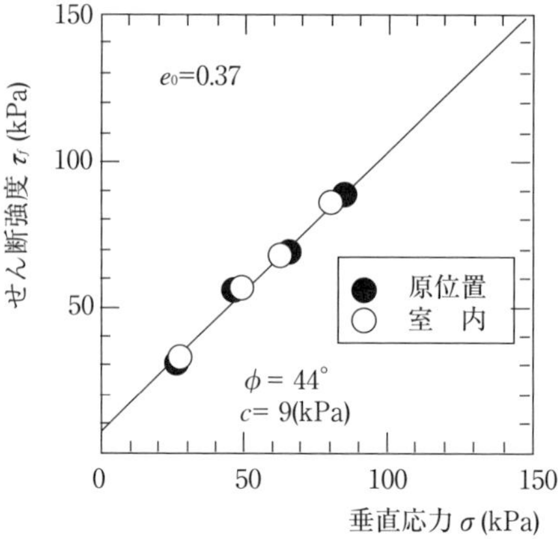


**図2.25　K地点での原位置試験と室内試験によるせん断強度 $\tau_f$～垂直応力 $\sigma$ 関係の比較**

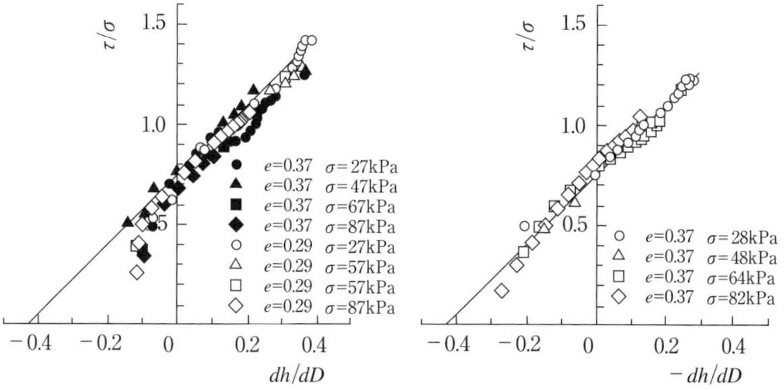


(a) 原位置試験結果　　(b) 室内試験結果

**図2.26　K地点での原位置試験と室内試験によるピーク強度までのせん断・垂直応力比 $\tau/\sigma$～垂直・水平変位増分比 $-dh/dD$ 関係の比較**

$D$ 関係はほとんど同じで、垂直変位 $h$～水平変位 $D$ 関係も近いのが見られる。また図2.25より、原位置試験と室内試験によるせん断強度 $\tau_f$ と垂直応力 $\sigma$ の関係がよく一致しているのが見られる。さらに、図2.26に示すように、ピーク強度までのせん断・垂直応力比 $\tau/\sigma$～垂直・水平変位増分比 $-dh/dD$ 関係が

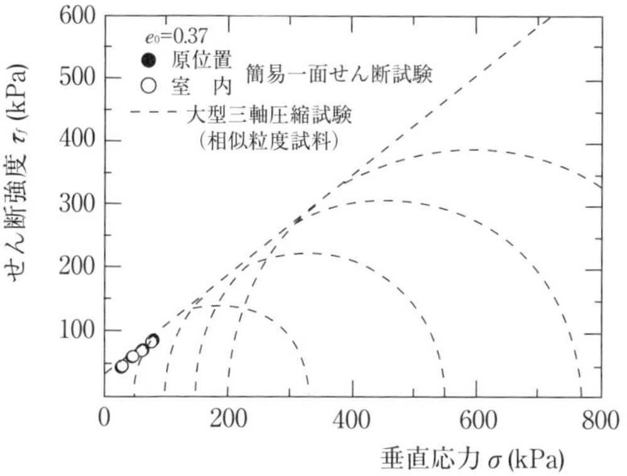


**図2.27　原位置大型簡易一面せん断試験と室内大型三軸圧縮試験によるせん断強度の比較**

原位置試験においても、室内試験においても、図2.19と同じように垂直応力 σ や間隙比 $e_0$の大きさに関係なくほぼ1本の直線上に整理されるのは興味深い（図2.26(a)、(b) の中の2本の直線は全く同じ線である)。以上の比較より、試験環境が厳しい現場と試験条件を設定しやすい室内での試験結果がよい整合性を示すことが確認されたので、原位置試験の精度が室内試験の精度に達したと言えるであろう。よって、開発した原位置大型簡易一面せん断試験が現場での実用に耐え得るものと考えた。

なお、K 地点での原位置大型簡易一面せん断試験結果と比較するために、現場の粗粒材の粒度（粒径加積曲線）を小さい粒径の方へ平行移動させた相似粒度試料を用いて、室内大型三軸圧縮試験を行った。大型三軸圧縮試験の供試体寸法は直径30cm、高さ72cm である。相似粒度試験の粒度は、K 地点の頁岩 CH 級の場合 $D_{max}$ = 50.8mm、$D_{50}$ = 6.5mm であった。図2.27に、原位置と室内の大型簡易一面せん断試験による破壊点（原位置：●印；室内：○印）と室内大型三軸圧縮試験による破壊時のモールの応力円と破壊線（点線）を示す。同図より、原位置試験を実施した垂直応力 σ の範囲では、原位置大型簡易一面せん断試験によるせん断強度 $\tau_f$ は、相似粒度試料の室内大型三軸圧縮試験による強度に近いのが見られる（この理由については、すでに2.4(3) で述べた)。

また、大型三軸圧縮試験ではできない低い拘束圧 $\sigma$ のもとでの試験が容易にできるのもわかる。

## 2.6　種々の現場における原位置大型簡易一面せん断試験[10),11)]

前節の原位置と室内の大型簡易一面せん断試験では、密度を制御するために試料を試料箱に入れ試験用の供試体を作ってせん断試験を行い、両者の応力比～変位関係（図2.24参照）や強度定数 $c$、$\phi$（図2.25参照）の一致を確認した。ここでは、種々の現場で実際の施工過程を経験した８種類の地盤に対して大型簡易一面せん断試験を実施し、原位置せん断強度を求めた結果について述べる。試料の密度調整用の試料箱を地盤中に設置することなく、原地盤そのものに載荷枠（せん断枠）を埋め込んで、その周り（特にせん断する方向の前面）の地盤を載荷枠の高さ程度まで掘削して試験した。

### （1）試料と試験方法

試料はＮ地点敷地造成用のCL級の砂岩を主体とする２箇所の盛立て材料（Ｎ地点のCL－Ⅰ、CL－Ⅱと呼ぶ）とCM級の砂岩を主体とする２箇所の盛立て材料（Ｎ地点のCM－Ⅰ、CM－Ⅱと呼ぶ）、Ｏ地点敷地造成用のCL級の砂岩･粘板岩を主体とする盛立て材料（Ｏ地点のCLと呼ぶ）、Ｙ地点敷地造成用のCH級の泥岩・細粒凝灰岩を主体とする盛立て材料(Ｙ地点のCHと呼ぶ)、Ｍ地点敷地造成用のCH級の花崗岩を主体とする盛立て材料（Ｍ地点のCHと呼ぶ）と石分まじり土質材料（土石）の盛立て材料（Ｍ地点のＤと呼ぶ）の計８種類である。各試料の現場での実際の粒径加積曲線を、それぞれ図2.28の○印で示す。なお、同図中の●印は室内大型三軸圧縮試験のために粒度を小さい粒径の方へ平行移動した粒径加積曲線を示している（最大粒径 $D_{max}$＝50.8 mmとしている。それ以上粒径が大きくなると供試体直径30cmの大型三軸試験では問題が生じるからである)。

図2.29は敷地造成現場における原位置大型簡易一面せん断試験の代表的な試

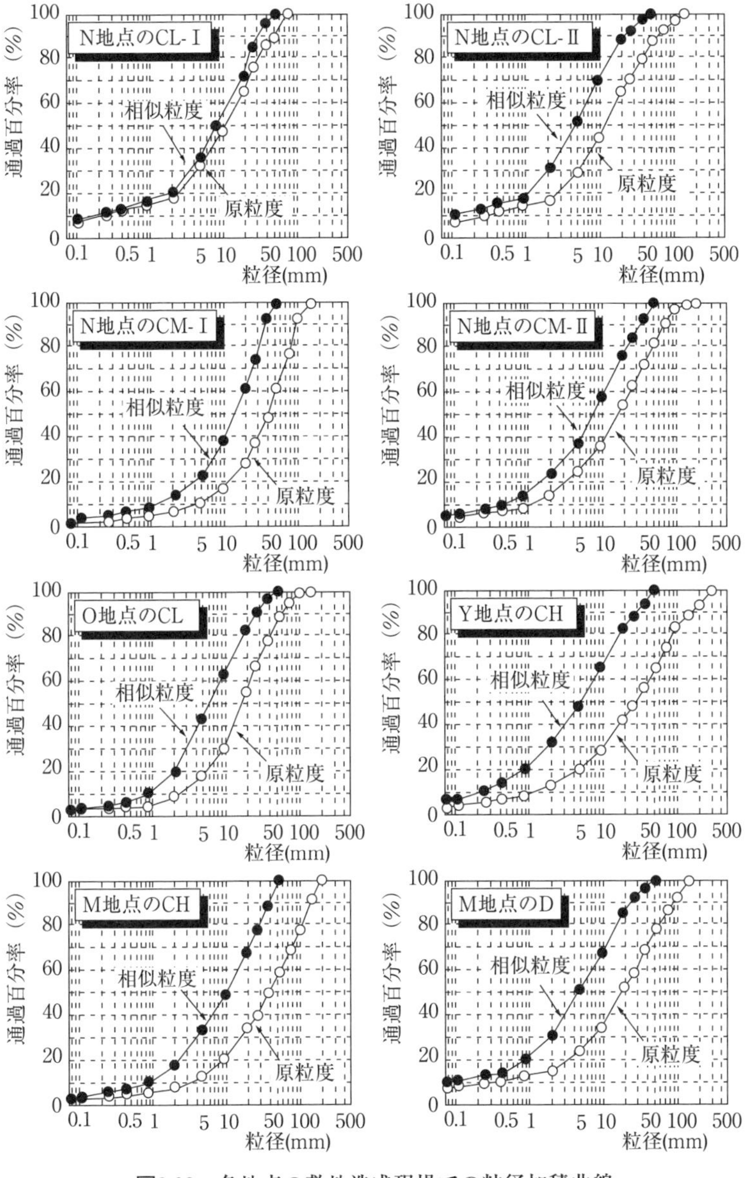


**図2.28　各地点の敷地造成現場での粒径加積曲線**

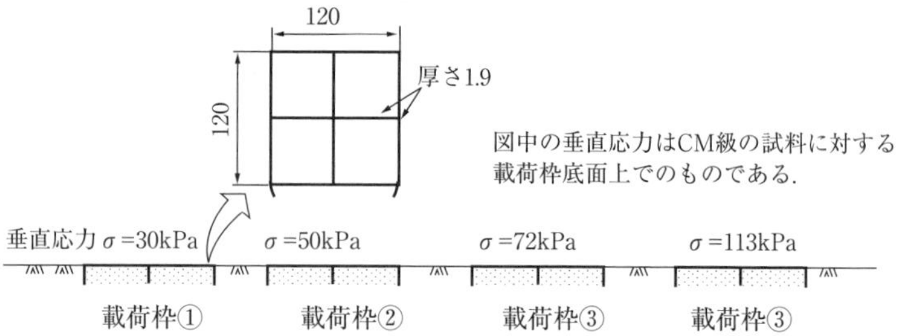


(a) 4枚の載荷枠を原位置に埋め込んだ状況

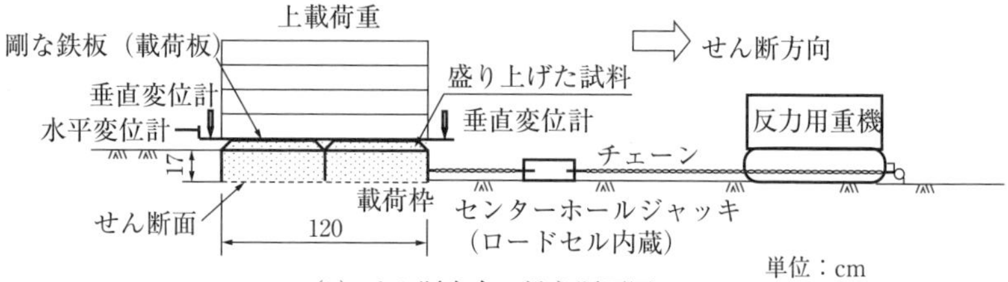


(b) せん断方向に沿う断面図

**図2.29　原位置大型簡易一面せん断試験の概略図**

験状況を示したものである。図2.29(a) において４枚の載荷枠（せん断枠）が埋め込んである意味は、図中にあるように４種類の垂直応力 $\sigma$ のもとでの試験を順番に効率良く行うための工夫である。また、図2.30はその試験手順を示したものである。ⓐ撒き出された盛土に４枚の載荷枠（せん断枠）を振動ローラーによって埋め込む。ⓑ実際の盛土の施工過程と同じように振動ローラーによって所定の締固めを行う。このとき、載荷枠を守りつつ載荷枠の中の地盤も締固めるため、何枚かのゴム板を配置しその上を振動ローラーを通した。ⓒ載荷枠の４つのマス目部分に砕石のような粒状材料を盛り上げ、表面を水平に仕上げる。ⓓその盛り上げられた砕石の上に剛な鉄板（載荷板）を載せ、さらにその上に鉄製の錘（載荷板などと合わせて垂直荷重となる）を載荷する。その後、水平変位計・垂直変位計をセットし、フレキシブルなチェーンで載荷枠(せん断枠) を水平に引張ってせん断する。

（２）試験結果と考察

図2.31から図2.34までに８種類の試料に対する原位置大型簡易一面せん断試

(a) (b) (c) (d)

**図2.30　N 地点敷地造成現場での原位置大型簡易一面せん断試験の手順**

験結果を示している。これらの図には、それぞれ次の3つの関係が示されている。すなわち、ⓐせん断・垂直応力比 $\tau/\sigma$～水平変位 $D$ 関係と垂直変位 h（－は膨張、ダイレイタンシーを表す）～水平変位 $D$ 関係、ⓑせん断強度 $\tau_f$～垂直応力 $\sigma$ 関係、ⓒピーク強度 $\tau_f$ までのせん断・垂直応力比 $\tau/\sigma$～垂直・水平変位増分比 $-dh/dD$ 関係である。図2.31～図2.34の（b）図中の破線は、せん断強度 $\tau_f$～垂直応力 $\sigma$ 関係の実測値を最小2乗法によって直線近似したものであり、これより強度定数（$c$、$\phi$）を決定することができる（式（2.3）参照）。また図2.31～図2.34の（c）図より、せん断・垂直応力比 $\tau/\sigma$～垂直・水平変位増分比 $-dh/dD$ 関係が、試料が決まれば垂直応力 $\sigma$ の値によらずほぼ一直線上に整理されるのが見られる。しかも、全ての8種類の試料についてほぼ同じ直線上に整理されるのが見られ興味深い（このことは、試験結果の良し悪し

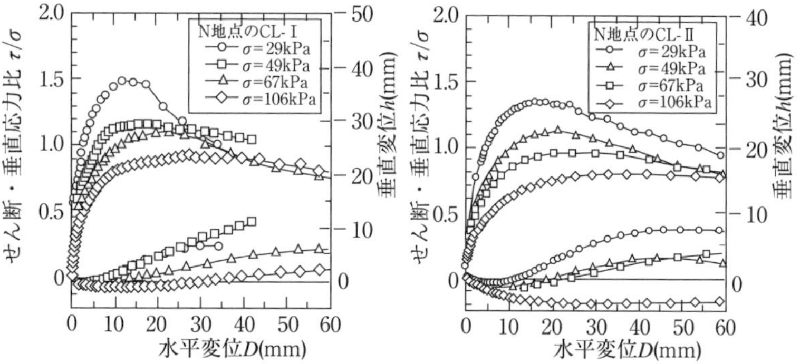


(a) せん断・垂直応力比 $\tau/\sigma$ ～水平変位$D$、垂直変位$h$～水平変位$D$関係

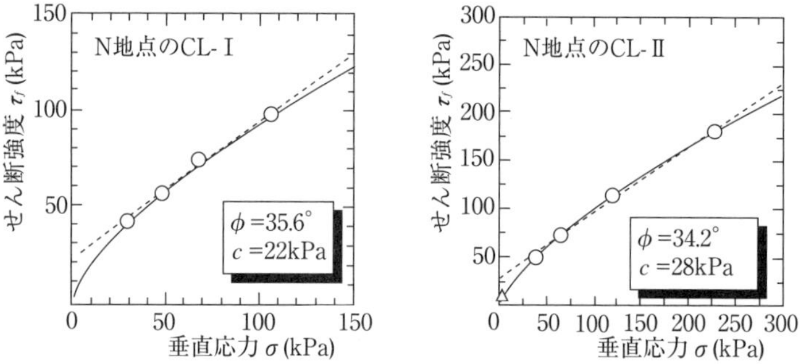


(b) せん断強度 $\tau_f$～ 垂直応力 $\sigma$ 関係

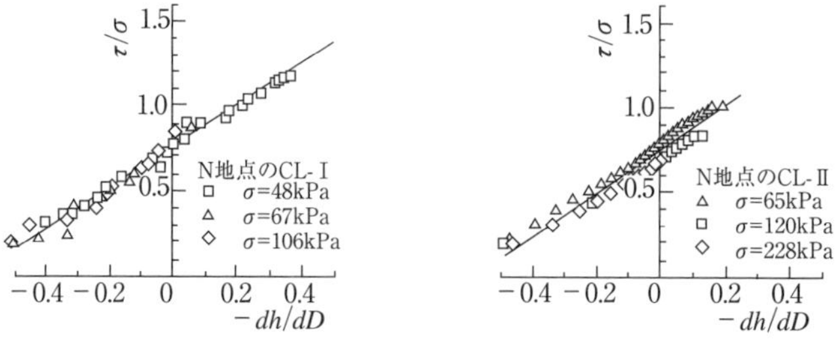


(c) ピーク強度までのせん断・垂直応力比 $\tau/\sigma$
～ 垂直・水平変位増分比 $-dh/dD$関係

**図2.31　N地点の試料CL-ⅠとCL-Ⅱの大型原位置一面せん断試験結果**

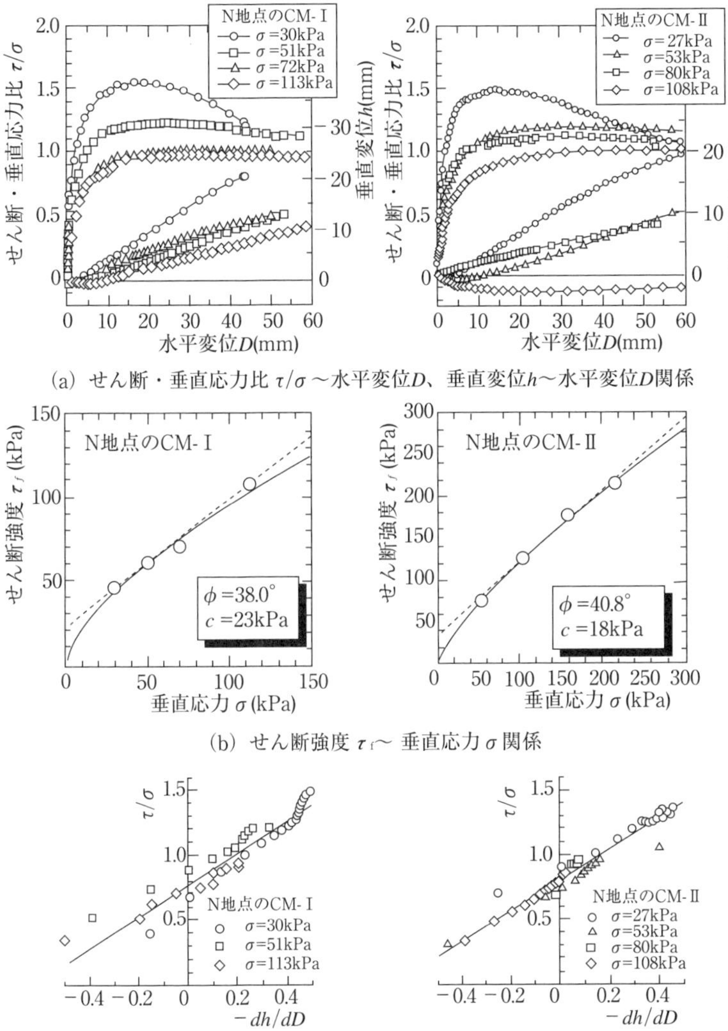


(a) せん断・垂直応力比 $\tau/\sigma$ ～水平変位$D$、垂直変位$h$～水平変位$D$関係

(b) せん断強度 $\tau_f$～ 垂直応力 $\sigma$ 関係

(c) ピーク強度までのせん断・垂直応力比 $\tau/\sigma$
～ 垂直・水平変位増分比 $-dh/dD$関係

**図2.32　N地点の試料CM-ⅠとCM-Ⅱの大型原位置一面せん断試験結果**

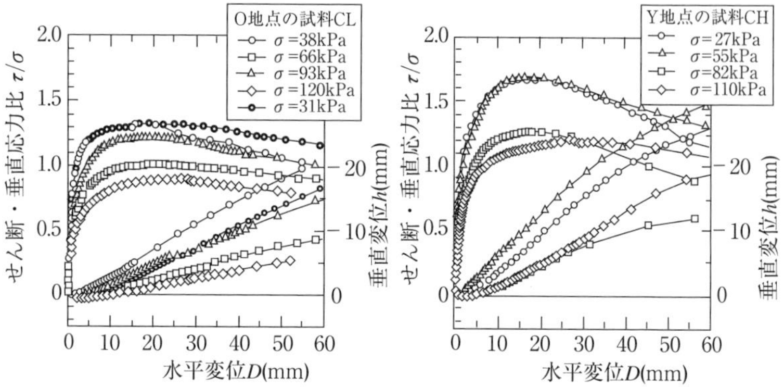


(a) せん断・垂直応力比 $\tau/\sigma$ ～水平変位$D$、垂直変位$h$～水平変位$D$関係

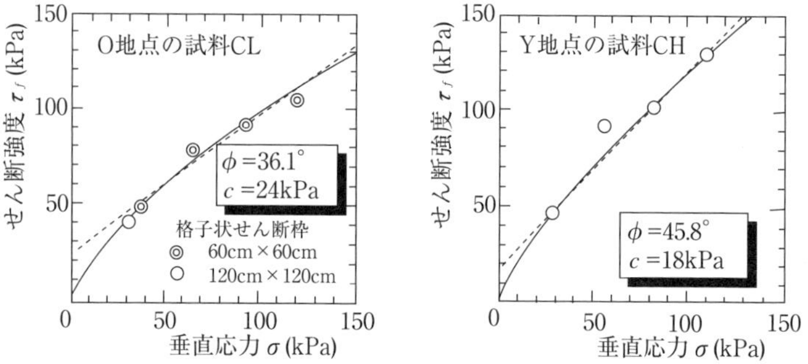


(b) せん断強度 $\tau_f$～ 垂直応力 $\sigma$ 関係

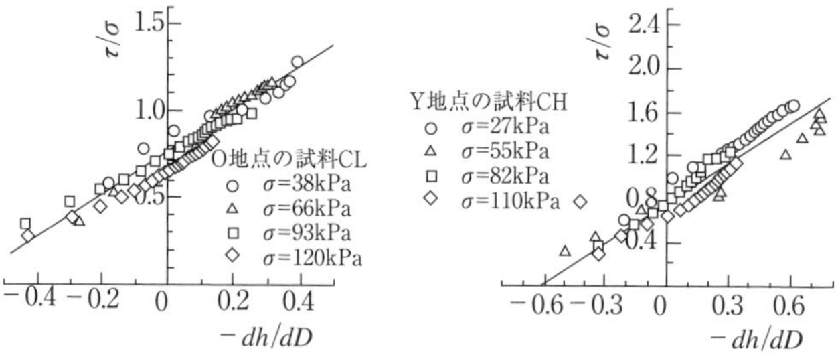


(c) ピーク強度までのせん断・垂直応力比 $\tau/\sigma$
～ 垂直・水平変位増分比 $-dh/dD$関係

**図2.33　O地点の試料CLとY地点の試料CHの大型原位置一面せん断試験結果**

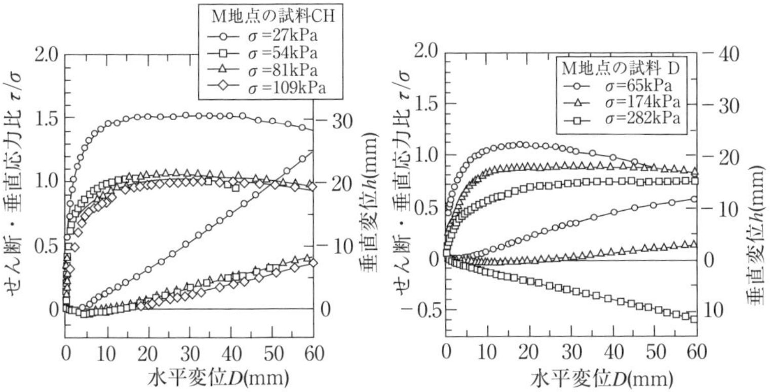


(a) せん断・垂直応力比 $\tau/\sigma$ ～水平変位$D$、垂直変位$h$～水平変位$D$関係

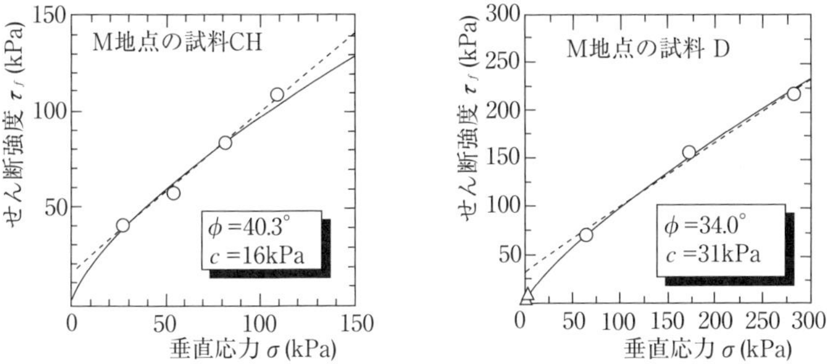


(b) せん断強度 $\tau_f$～ 垂直応力 $\sigma$ 関係

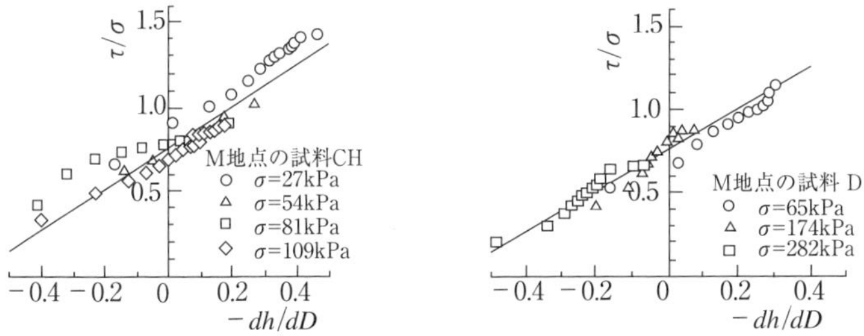


(c) ピーク強度までのせん断・垂直応力比 $\tau/\sigma$
～ 垂直・水平変位増分比 $-dh/dD$関係

**図2.34**　M地点の試料CHと試料Dの大型原位置一面せん断試験結果

の判断基準として用いることができるかもしれない)。

ここで、次の2つの問題を考えよう。

a) 載荷枠（せん断枠）の寸法が試験結果に影響を及ぼすかという問題：粗粒材用の載荷枠としては、内のり寸法で60cm×60cm×高さ8.5cmのものと120cm×120cm×高さ17cmのものを作製した。載荷枠の寸法（内のり寸法）は、三軸圧縮試験の場合の（供試体直径/最大粒径）＝4～8[12)]を参考にして、少なくとも試料の最大粒径の4倍以上を目安とした。この目安値の信頼性をチェックするために、O地点のCL試料（最大粒径$D_{max}$＝15cm）について60cm×60cmの載荷枠と120cm×120cmの載荷枠を用いて試験した。結果は図2.33(b)の左図に見られるように、ほぼ同じ直線（破線）上にプロットされた。これより、最大粒径の4倍以上の内のり寸法があれば、載荷枠の寸法の影響をあまりうけないと思われる。ところで、60cm×60cmの載荷枠を用いた場合の労力は、120cm×120cmの載荷枠の場合の1/10位に感じられた。なお、垂直応力σの最大値は原地盤の許容支持力（粗粒材の場合には約500kPa程度）までである。

b) 土石を含む粗粒材に真の粘着力$c$が存在するのかという問題：本原位置一面せん断試験の利点の1つは、超低拘束圧のもとでの土のせん断強度$\tau_f$が容易に計測できることである。そこで、N地点の試料CL－ⅡとM地点の試料Dについて、上載荷重である錘を載せずに載荷枠（せん断枠）だけを水平に引張ることを行ってみた。この場合のせん断面上の垂直応力は、載荷枠と載荷枠内部の試料の自重を載荷枠の断面積で割ったものとなり、約2kPa（≒0.2tf/m$^2$）であった（1kgf/cm$^2$＝10tf/m$^2$＝98kPa)。このようなほとんどゼロに近い超低拘束圧のもとでは、図2.31(b)の右図や図2.34(b)の右図に△印で示すように、せん断強度$\tau_f$も非常に小さい値となることが確認された。このことより、土石を含む粗粒材料の破壊包絡線は原点を通ること、したがって真の粘着力はゼロとなると結論される。したがって、破壊包絡線の形としては図2.31～図2.34の（b）図に実線で示している原点を通る指数関係、すなわち、

**表2.3　原位置大型一面せん断試験結果のまとめ**

| 試料 | $D_{max}$ (mm) | $D_{50}$ (mm) | 乾燥密度 (g/cm$^3$) | せん断枠の寸法 (cm×cm×cm) | 垂直応力 $\sigma$ (kPa) | せん断強度 $\tau_f$ (kPa) | 強度定数 $\tau_f=c+\sigma\cdot\tan\phi$ | | 強度定数 $\tau_f=a(\sigma)^b$(kPa) | |
|---|---|---|---|---|---|---|---|---|---|---|
| | | | | | | | $\phi$ (deg.) | $c$ (kPa) | $a$ | $b$ |
| N 地点の CL - I | 75 | 12 | 1.731 | 120×120×17 | 29 | 42 | 35.6 | 22 | 4.70 | 0.65 |
| | | | | | 48 | 56 | | | | |
| | | | | | 67 | 74 | | | | |
| | | | | | 106 | 98 | | | | |
| N 地点の CM - I | 150 | 40 | 1.836 | 120×120×17 | 30 | 46 | 38.0 | 23 | 5.11 | 0.64 |
| | | | | | 51 | 62 | | | | |
| | | | | | 72 | 73 | | | | |
| | | | | | 113 | 112 | | | | |
| N 地点の CL - II | 75 | 12 | 1.827 | 60×60×8.5 | 2 | 9 | 34.2 | 28 | 3.78 | 0.71 |
| | | | | 120×120×17 | 37 | 50 | | | | |
| | | | | | 65 | 73 | | | | |
| | | | | | 120 | 115 | | | | |
| | | | | | 228 | 181 | | | | |
| N 地点の CM - II | 200 | 14 | 1.888 | 120×120×17 | 27 | 38 | 40.8 | 18 | 3.51 | 0.73 |
| | | | | | 53 | 63 | | | | |
| | | | | | 80 | 88 | | | | |
| | | | | | 108 | 109 | | | | |
| O 地点の CL | 150 | 16 | 1.899 | 60×60×8.5 | 38 | 50 | 36.1 | 24 | 3.80 | 0.71 |
| | | | | | 66 | 79 | | | | |
| | | | | | 93 | 93 | | | | |
| | | | | | 120 | 106 | | | | |
| | | | | 120×120×17 | 31 | 41 | | | | |
| Y 地点の CH | 300 | 28 | 2.133 | 120×120×17 | 27 | 46 | 45.8 | 18 | 3.83 | 0.75 |
| | | | | | 55 | 95 | | | | |
| | | | | | 82 | 123 | | | | |
| | | | | | 110 | 130 | | | | |
| M 地点の D | 150 | 17.6 | 1.942 | 60×60×8.5 | 2 | 7 | 34.0 | 31 | 2.94 | 0.77 |
| | | | | | 2 | 6 | | | | |
| | | | | | 65 | 71 | | | | |
| | | | | | 174 | 157 | | | | |
| | | | | | 282 | 219 | | | | |
| M 地点の CH | 200 | 37.4 | 1.993 | 120×120×17 | 27 | 40 | 40.3 | 16 | 3.93 | 0.70 |
| | | | | | 54 | 57 | | | | |
| | | | | | 81 | 79 | | | | |
| | | | | | 109 | 110 | | | | |

$$\tau_f = a\sigma^b \quad (2.4)$$

がふさわしいと考えられる。なお、表2.3に $c$、$\phi$ の値だけでなく、このパラメーター $a$, $b$ の値も示している。このように、基本的に摩擦性材料である土を含む粗粒材が原点を通る直線（$\tau_f = \sigma \cdot \tan\phi$）ではなくて、上に凸な曲線（$\tau_f = a\sigma^b$）となる理由としては、高い垂直応力のもとでの粒子破砕やダイレイタンシーの垂直応力依存性（高い垂直応力のもとでは、上から押さえつけられて粒子が乗り上がりにくいこと）などが考えられる。ここで、真の粘着力はゼロであること（原点を通ること）がはっきりしたので、実際の設計において強度定数を選ぶときには十分注意する必要があろう。上に凸な曲線の一部を直線近似すれば、$c$、$\phi$ の値が適当に出てくるのである（しかし、当然のことながら $\sigma = 0$のときは $\tau_f = 0$である）。

以上より、実際の施工過程も経験させた実地盤に、載荷枠（せん断枠）を埋め込んだままで、試料箱（下箱）も設けない状態での原位置一面せん断試験は、ほぼ妥当な結果を出したと言えるであろう。また、４個の垂直応力のもとでの試験がほぼ半日で実施でき、経費もあまりかからなかったことを思えば、今後はこの原位置一面せん断試験法によるせん断強度を粗粒材の盛土の設計や品質管理に直接用いることができるのではないかと考えられる。

### （３）室内大型三軸圧縮試験結果との比較

原位置一面せん断試験の終了後、いくつかの試料は実験室へ運び込まれて、室内大型三軸圧縮試験（供試体直径30cm、高さ72cm）が実施された。大型三軸圧縮試験に用いられた試料は、図2.28中に●印で示す粒径の小さい方へ平行移動された相似粒度試料（最大粒径 $D_{max} = 50.8$mm）である。大型三軸圧縮試験の供試体の密度は、原位置一面せん断試験の供試体の密度と同じになるようにバイブレーターを用いて締固められた。図2.35は６種類の試料について原位置一面せん断試験結果と室内大型三軸圧縮試験結果の比較を示したものである[13]。これらの図より、地盤の実粒度試験についての原位置一面せん断試験による強度（●印）は、装置の性格上低い垂直応力（100kPa 程度以下）でのせん断強度であるが、相似粒度試料についての大型三軸圧縮試験による破壊時の

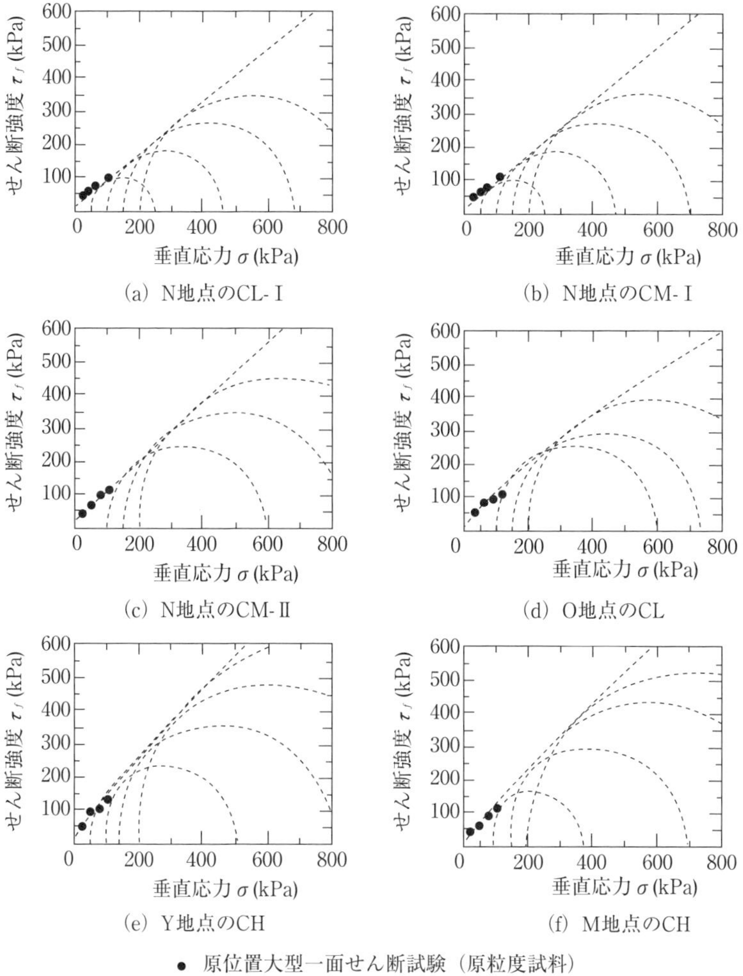


**図2.35 原位置大型一面せん断試験と室内大型三軸圧縮試験によるせん断強度の比較**

モールの応力円の包絡線（点線）に近いのが見られる。両者の破壊モード（軸対称円柱形の破壊と一面せん断的な破壊）が異なり、試料の粒度が異なり、また試料に締固めによる異方性があると考えられるので、必ずしも両者の強度が一致する必要はないが、全ての図において両者の値が近いということは原位置一面せん断試験がある精度のもとで実施されていることを検証するものとなろう。

### （４）摩擦の影響を除去する改良を施した室内大型一面せん断試験結果との比較

ある電力会社所有の室内大型一面せん断試験機（単純せん断試験機としても設計されたもの）を、せん断時の試料膨張（ダイレイタンシー）に伴って発生する摩擦力をせん断面上の垂直力として作用させないようにするために次のように改良した[14)]。最も主要な改良点は、水平方向のせん断力をフレキシブルなワイヤーロープを介して引張力としてロードセルで測定するという点である。「フレキシブルなワイヤーロープを介して引張力として測定する」ところが要点であり、これによってダイレイタンシーによって上箱が持ち上がっても、剛な棒で押す場合ならその接点に発生する鉛直方向の摩擦力が生じなくなり、水平方向のせん断力だけを正しく測定することができる。このことは、現在世の中で用いられているほとんど全ての従来型の一面せん断試験機を改良するアイディアとなろう。図2.36の③の部分がこの工夫に相当する。図2.37には、この改良された室内大型一面せん断試験機の全景写真を示す。

さて、このような改良を行った後、原位置から運び込まれた試料の相似粒度試料（図2.28中の●印の粒度、最大粒径 $D_{max}=50.8$mm）について、原位置一面せん断試験と同じ密度に締固めて、室内大型一面せん断試験を行った。せん断箱の大きさは幅60cm×奥行き30cm×高さ28cm である。図2.38は、６種類の試料についての原位置大型一面せん断試験（原粒度試料）と改良された室内大型一面せん断試験（相似粒度試料）によるせん断強度 $\tau_f$～垂直応力 $\sigma$ 関係の比較を示したものである[15)]。これらの図より、両者の試験結果がほぼ一致するのが見られ興味深い。現場での実際の破壊モードは軸対称圧縮的な破壊というよりも、むしろ一面せん断的な破壊が多いと思われるので、将来室内大型三

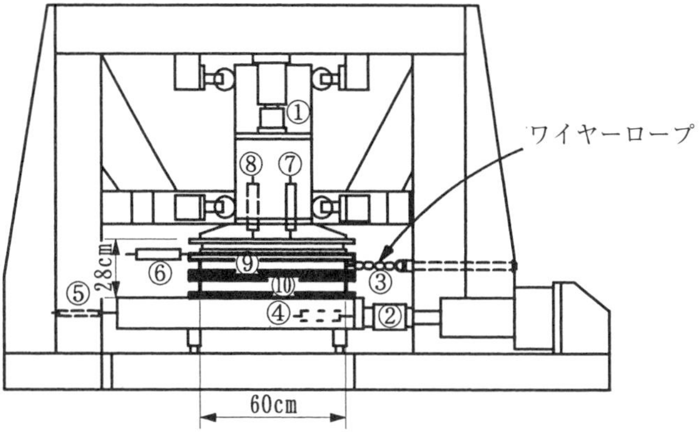


①垂直荷重測定用ロードセル
②水平荷重測定用ロードセル（20t）
③ワイヤーロープを介した水平荷重測定用ロードセル（30t）
④、⑤下箱の水平変位計　⑥上箱の水平変位計
⑦、⑧垂直変位計　⑨上箱　⑩下箱

**図2.36　改良された室内大型一面せん断試験機の概略図**

**図2.37　改良された室内大型一面せん断試験機の全景**

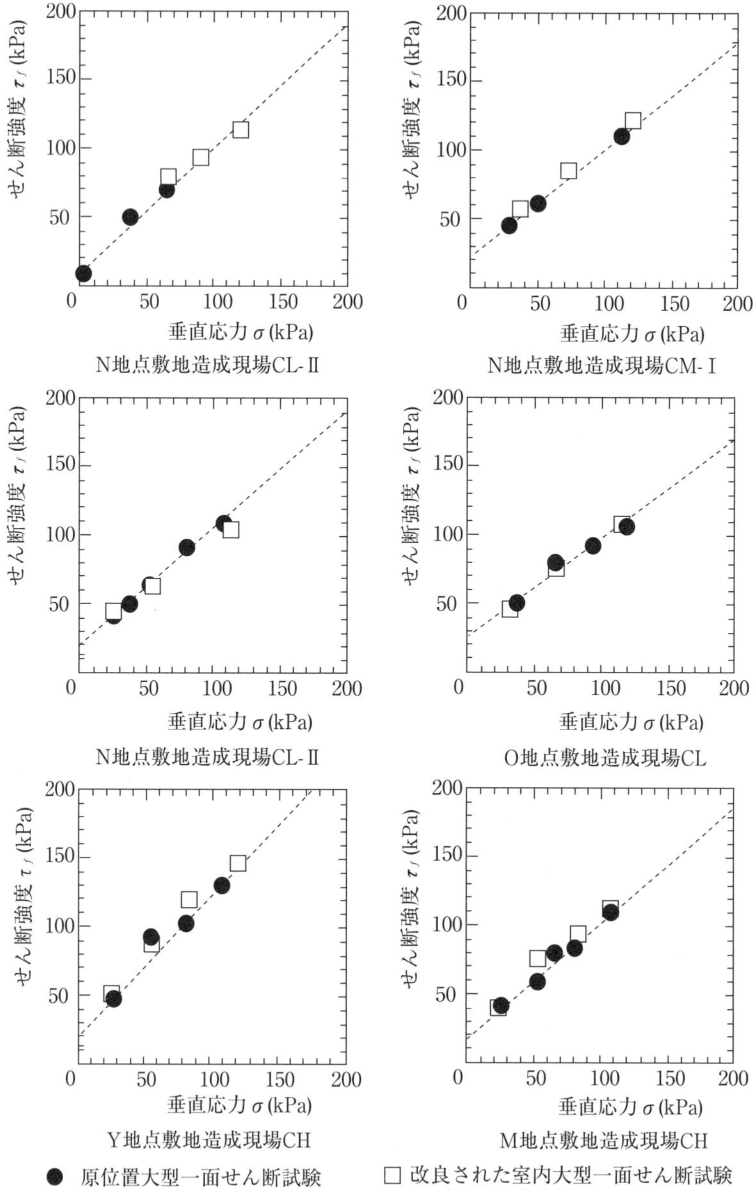


**図2.38　原位置大型一面せん断試験と改良された室内大型一面せん断試験結果の比較**

軸圧縮試験よりも、室内大型一面せん断試験に基づいて設計値が決定される日が来るのではないかと思われる。大型一面せん断試験の方が大型三軸試験よりも実験にかかる労力や日数が少なく、試験コストも安いようである。大型一面せん断試験が多くの努力にもかかわらず大型三軸試験に取って代わられたのは、前述の試料膨張時の摩擦の影響を除去できなかったためではないかと想像される。せん断力を「フレキシブルなワイヤーロープかチェーンを介して引張力として測定する」ことを行えば、現場も室内も一面せん断試験によって十分実用に耐えるせん断強度を測定することができると考えられる。

## 2.7　高拘束圧下までの室内試験の検証を経た原位置大型簡易一面せん断試験[16)]

これまでの原位置と室内の大型簡易一面せん断試験は、低拘束圧下（主に100 kPa 以下）で行うことが多かった。ここでは、2種類の最大粒径53mm のロックフィル材に対して高拘束圧下までの室内大型一面せん断試験と室内大型三軸圧縮試験をそれぞれ行い、これらの試験結果を比較・検討した。その内の1種類の試料に対しては原位置大型一面せん断試験も行った。その上で、最大粒径200mm の試料に対して4ケースの原位置大型一面せん断試験を行ったので、その結果を報告する。

### （1）室内大型一面せん断試験と室内大型三軸圧縮試験

室内大型一面せん断試験機は図2.9や図2.10に示したものと同じである。この試験機は、油圧ユニットにより垂直荷重が10tf（98.1kN）まで載荷可能である。高い垂直応力（約900kPa まで）を載荷するために、31.6cm×31.6cm＝1000cm$^2$と60cm×60cm＝3600cm$^2$の小さなせん断枠を用いた。試料としてはKN 地点ロックフィルダムにおける最大粒径 $D_{max}$＝53mm の石灰岩試料および砂岩主体の混在岩試料を用いた。また、これらの試料に対して同じ密度のもとで室内大型三軸圧縮試験（供試体寸法：直径30cm、高さ60cm）も行った。

図2.39(a)、(b) には室内大型一面せん断試験による破壊点（●印）と室内

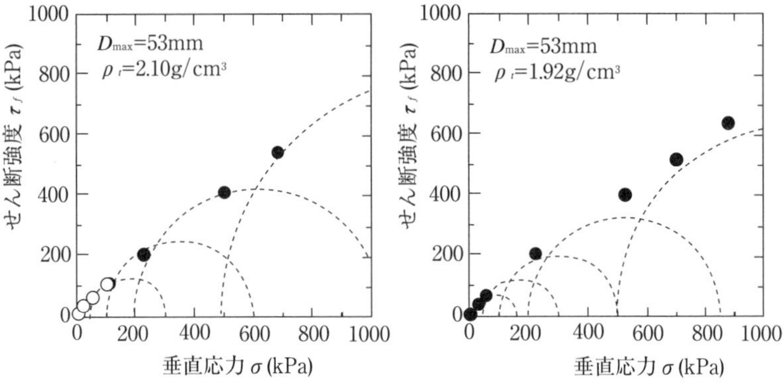


(a) 石灰岩　　(b) 砂岩主体の混在岩

○ 原位置大型一面せん断試験結果　● 室内大型一面せん断試験結果

--- 室内大型三軸圧縮試験結果

**図2.39　原位置、室内大型一面せん断試験と室内大型三軸圧縮試験結果の比較**

大型三軸圧縮試験による破壊時のモールの応力円（破線）を示している。図2.39より、両室内試験による強度が近いのが見られる。厳密に言えば、一面せん断試験は平面ひずみ条件に近い条件下での試験と考えられ、三軸圧縮試験は軸対称応力条件下での試験であるので、両者の強度（$\phi$ の値）は必ずしも完全に一致する必要はない。室内大型三軸圧縮試験の場合、密度を合わせるために試験前に軸方向にバイブレーターで加振して圧縮しているので、粒子構造の異方性も生じていると考えられ、結果的に強度（$\phi$ の値）が近くなったのであろう。図2.39より室内大型一面せん断試験の信頼性は高いと考えられる。

（2）原位置大型一面せん断試験

室内大型一面せん断試験と同じ原理の原位置大型一面せん断試験を、KN地点ロックフィルダム建設現場で行った。その試験状況を図2.40(a)～(d) に示している。原位置試験で用いたせん断枠は122.5cm×122.5cm＝15000cm²のものである。まず室内試験試料と同じ最大粒径 $D_{max}$＝53mm、同じ湿潤密度 $\rho_t$＝2.10g/cm³の石灰岩試料の試験ヤードを特別に作成して試験を行った。その結果（○印）を図2.39(a) に示す。この図より、原位置一面せん断試験結果は2

(a)せん断枠を埋め込み、周りの試料を削る

(b)せん断枠の升目部分に砕石を同じ高さまで盛り上げる

(c)載荷板を載せる

(d)垂直荷重を設置し、水平方向にせん断枠を引張ってせん断を行う

**図2.40　KN 地点での原位置大型一面せん断試験の試験状況**

種類の室内試験結果と近い値を示している。よって、①原位置試験結果は室内試験結果と良い整合性があること、②原位置試験と室内試験のせん断枠の大きさにかなりの違い（辺長で 4 倍程度）があっても、試験結果にあまり影響を及ぼさないこと（せん断枠の一辺の長さとしては、最大粒径の 4 倍以上は必要）がわかった。

この他、最大粒径200mm の石灰岩（$\rho_t=2.05\mathrm{g/cm^3}$と $\rho_t=1.94\mathrm{g/cm^3}$の 2 ケース）、砂岩主体の混在岩および CL 級岩の 4 ケースの試料についても原位置大型一面せん断試験を行った。それらの試験結果を図2.41に示す。基本的に摩擦性材料である粗粒材料の破壊包絡線は原点を通り真の粘着力 c はゼロとなるので、せん断強度 $\tau_f$～垂直応力 $\sigma$ 関係は指数関係 $\tau_f=a\sigma^b$ で表すべきである。

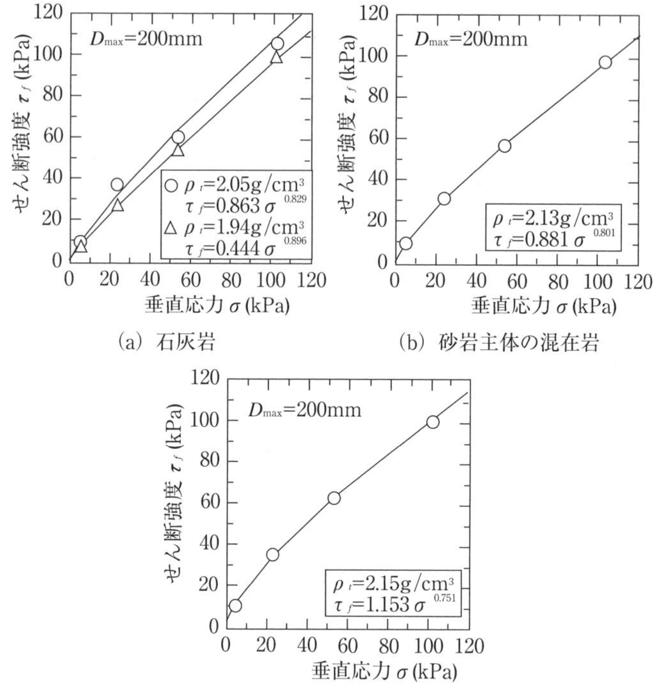


(a) 石灰岩

(b) 砂岩主体の混在岩

(c) CL級岩

**図2.41　原位置大型一面せん断試験結果**

図2.41中に示す上に凸な曲線はこの指数関係を示したたものである（せん断枠だけで垂直荷重＝0のときは、$\sigma \fallingdotseq 5$kPa 程度の低拘束応力となる）。図2.41(a)より、最大粒径200mm の石灰岩試料について密度による強度の違いがよく表われているのが見られる。

## 2.8　まき出し厚さ中央部での原位置大型簡易一面せん断試験[17)]

盛土現場での締固めは、主として振動ローラーなどの重機による転圧によっている。この方法では、転圧を層に分けて行っても各層の深度に対して密度の違いが生じると考えられる。地盤表面では高密度となるが、深くなるにつれて低密度になってしまうであろう。原位置大型簡易一面せん断試験の大きなメリットとしては、せん断枠を深さ方向の任意の位置に（どの深さでも）セットできることである。

OM 地点ロックフィルダムの建設現場でまき出し厚さ 1 m の中央部で行った原位置大型一面せん断試験を紹介する。図2.42、図2.43はそれぞれその試験の概念図と試験状況を示したものである。用いたせん断枠は122.5cm×122.5 cm＝15000cm$^2$のものである。せん断層の厚さを考慮して、まき出し厚さ 1 m に対して地盤表面から40cm の位置にせん断枠の下面をセットした。その後、

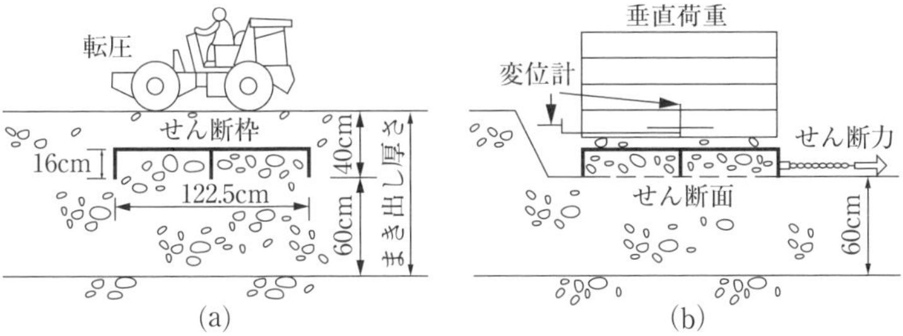


図2.42　O M地点での原位置大型一面せん断試験の概念図

図2.43　OM 地点での原位置大型一面せん断試験状況

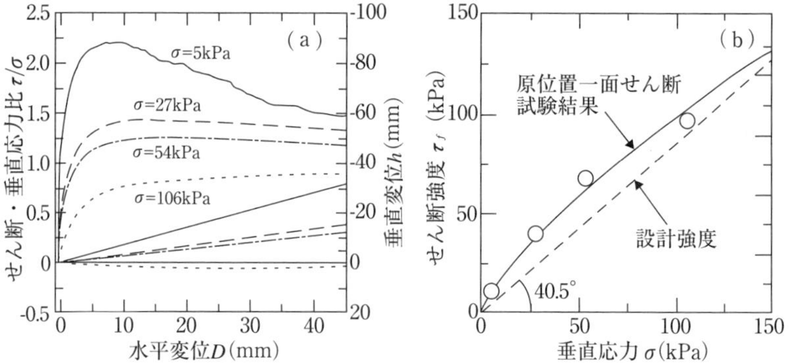


**図2.44　OM地点での原位置大型一面せん断試験結果**

40cm 埋め戻し実際施工と同じように転圧を行った（図2.42(a) 参照)。そして、せん断枠の上部、前面（せん断方向)、後面、両側面の地盤を掘削し、試験を行った（図2.42(b)、図2.43参照)。

図2.44は、原位置大型一面せん断試験結果を示したものである。図2.44(a) は、各垂直応力下のせん断・垂直応力比 $\tau/\sigma$～水平変位 $D$、垂直変位 $h$～水平変位 $D$ 関係図である（$\sigma$＝5kPa のような低拘束圧下での試験も垂直荷重を減らすことによって容易に実施できる)。図2.44(b) は、せん断強度 $\tau_f$～垂直応力 $\sigma$ 関係図である。このロックフィルダムの設計強度は $\phi=40.5°$ ($c=0$) であるので、図2.44(b) より試験結果は設計強度を十分満足していることがわかる。

上述したように、本原位置大型一面せん断試験によれば、せん断枠のセット位置を変えることによって地盤の種々の深さでのせん断強度を測定することができる。このような本試験機のもつ適用性の広さやタフネスさは、現場試験における重要な要素である。現場のさまざまな要望にも答えうる本原位置一面せん断試験法は、今後広く利用されるものと期待される。

## 2.9　粘性土への原位置小型簡易一面せん断試験の適用[18)]

いままでは粒径の大きな試料への適用を考えてロックフィル材までを対象としたが、ここでは粒径の小さな試料、粘性土への適用を考える。粘性土に用いる格子状の載荷枠（せん断枠）の寸法は、10cm×10cm×高さ２cmと14.14cm×14.14cm×高さ２cmの２種類とした。粘性土の場合には水を通しにくい（透水係数が小さい）ので、載荷枠の上に荷重を載せても通常の試験時間（数十分程度）では水を絞り出して圧密するひまがないことが多いと考えられる。したがって、透水係数$k=10^{-7}$cm/s以下の粘性土に対して数十分程度の時間で試験を行う場合は、非圧密・非排水せん断条件下の試験（UU試験と呼ぶ）と位置づけられよう。

### （１）人工圧密粘性土（藤の森粘土）を用いた小型簡易一面せん断試験

まず、粘土粉末から実験室内で人工的に圧密して作成した粘性土を試料として、室内で小型簡易一面せん断試験、在来型の一面せん断試験および一軸圧縮試験を行い、３者の測定値を比較することによって粘性土への簡易一面せん断試験の適用性を検討した。通称藤の森粘土と呼んでいる試料は、市販の藤の森粘土粉末に水を加えて含水比約80%とし、48時間ソイル・ミキサーで練り返した後、大型圧密リング（内径25cm、高さ23cm）内で最終垂直応力49kPaまで一次元圧密したものである。図2.45は、ⓐこのようにして円盤形に圧密された粘性土試料、ⓑそれを上記の３種類の試験のために切り出した試料、およびⓒ簡易一面せん断試験のためにセットされた状況を示している。粘性土を簡易一面せん断試験のためにセットする場合の１つの注意点は、載荷枠の前面だけでなく載荷枠の周囲の粘土試料を注意深く除去することである（図2.45（c）参照）。これは、非圧密・非排水せん断強度$c_u$の測定であるため、載荷枠に付着している粘土の強度もデリケートに影響するからである。なお、非圧密・非排水せん断条件であるため、垂直荷重を載荷してもしなくてもせん断強度$c_u$は変わらない（なぜなら、粘土は水を通しにくいので短時間垂直荷重を載荷して

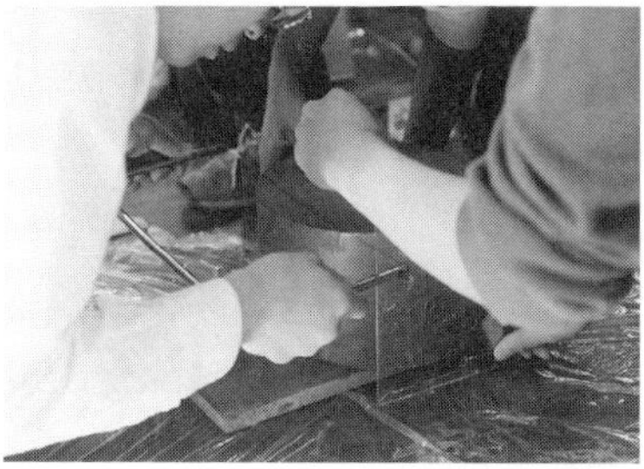

(a)

(b)

(c)

**図2.45　藤の森粘土の室内実験状況**

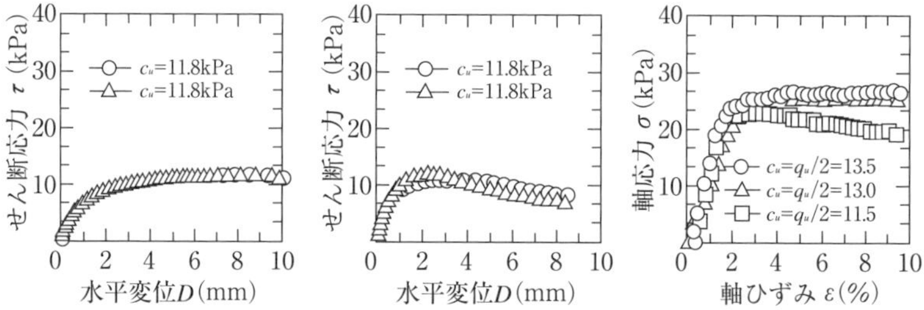


**図2.46　藤の森粘土の室内試験結果**

も圧密して強くなるひまがないからである)。図2.46は藤の森粘土についての３種類の試験結果を比較したものである。(a)図は簡易一面せん断試験結果（２ケース）を、(b) 図は摩擦の影響を除去するための工夫をした在来型の一面せん断試験結果（２ケース）を、(c) 図は一軸圧縮試験結果（３ケース）を示している。(a)，(b) 図より、両者のせん断応力 $\tau$ のピーク値であるせん断強度 $c_u$ の値はよく一致するので、簡易一面せん断試験は実用に耐えるものと考えられる。また、(c) 図の一軸圧縮試験の軸応力 $\sigma$ のピーク値 $q_u$ から得られる $c_u$（$=q_u/2$；破壊時のモールの応力円の半径 $c_u$ と直径 $q_u$ の関係から得られる）の値も、簡易一面せん断試験や在来型の一面せん断試験による $c_u$ の値と比較的近いのが見られる。しかしながら、一面せん断試験と軸対称円柱形の試料に対する一軸圧縮試験の非排水せん断強度 $c_u$ は必ずしも一致する必要はない（近ければよい）と考えられる。現場で起こる破壊状況は、実際には一面せん断的な破壊が多いのではないかと思われる。

（2）種々の現場における粘性土の原位置小型簡易一面せん断試験

上述の成果に基づいて、種々の現場で乱さない粘性土の原位置小型簡易一面せん断試験を試みた。図2.47はその中の一例で海に面した埋立地での試験状況を示している。(a) 図は垂直荷重を載せない場合、(b) 図は載せた場合を示すが、両者のせん断強度 $c_u$ は変わらなかった。また、10cm×10cm（$=100\text{cm}^2$）の載荷枠を用いた場合の測定値に対して、14.14cm×14.14cm（$=200\text{cm}^2$）の載荷枠を用いた場合の測定値がほぼ2倍になっておれば良しと考えた。なお、図2.47に見られるようにバネ秤を用いて人間の手で引張ることもできる（粘土層の面が出ておれば数分間で測定できる）。現場技術者がその場ですぐに土の強度を知ることができることも、この試験法の長所であろう（経験を積めば土の

(a)

(b)

図2.47　粘性土の原位置一面せん断試験状況

強度を予測できるようになるかもしれない)。なお、粘性土のせん断強度に及ぼすせん断速度の影響が気になるが、文献[19)]によれば乱さない粘性土の場合にはせん断速度を10倍変化させてもせん断強度には1割程度の影響しかないとのことであるので、測定誤差の範囲と考えた。これにあまりこだわっても、実際の地盤の破壊がどのようなせん断速度で起こるかは、人間には予知することがむずかしいのである。

表2.4は、4地点の現場における原位置小型簡易一面せん断試験による非排水せん断強度 $c_u$ の値と一軸圧縮試験による非排水せん断強度 $c_u(=q_u/2)$ の値を比較したものである。一軸圧縮試験結果がある地点では両者の値が近いのが見られる。この原位置簡易一面せん断試験は、試料をサンプリング（採取）する必要がなく、粘土層の面が出せればその場で簡便に短時間で結果がわかるので、今後広く利用されるのではないかと期待される[*)]。

**表2.4　原位置一面せん断試験による非排水せん断強度 $c_u$ と一軸圧縮試験による非排水せん断強度 $c_u(=q_u/2)$ の比較**

| 場所 | 原位置一面せん断試験による非排水せん断強度 $c_u$ (kPa) | 一軸圧縮試験による非排水せん断強度 $c_u(=q_u/2)$ (kPa) |
|---|---|---|
| MBR | 8 | 10 |
| SNG | 37 | 36 |
| MSM | 12.5 | — |
| HKN | 4.5 | 4.5 |

（＊）この原位置一面せん断試験機は、小型についても大型についてもすでに試験機メーカーによって製作されている。）

## 2.10　ま と め

一面せん断試験の利点としては、原理が理解しやすく、装置が簡単で、試験が容易に行えることがあげられる。これまでに広く用いられており、試験データも豊富に蓄積されている。しかし、既存の一面せん断試験機はここで触れたように構造上の問題点を抱えていると言わねばならない。2000年版の地盤工学会基準では、これらの装置の問題点を解消する一面せん断試験機を提示している[20]。一面せん断試験で最も大切な要点は、せん断面上の垂直力とせん断力を正確に測定することであると考えられる。その意味で、今回の学会基準は上記の要点を満たしているが、一面せん断試験の主要な利点の１つである装置の簡便さにやや欠けるのではないかと思われる。ましてや、原位置せん断試験機として用いるのは困難である。そこで、ここでは「摩擦試験」の原点に立ち戻って、原地盤に載荷枠（せん断枠）を埋め込み、垂直荷重は錘によって載荷し、水平方向のせん断力をフレキシブルなワイヤーロープかチェーンを介して引張力として測定する方法を考案した。これによって、ダイレイタンシーによりたとえ載荷枠（試料の上箱でも同じ）が持ち上がっても、それに伴う余分な摩擦力（鉛直方向）を試料のせん断面に及ぼすことなく、せん断面上の垂直力とせん断力を正しく測定できることになる（フレキシブルなワイヤーロープかチェーンは水平に引張れば上下方向（鉛直方向）に力を及ぼさないからである）。この改良法は、現在使用されているほとんど全ての在来型の一面せん断試験機を改良するアイディアになると考えられる。その改良例の１つを室内大型一面せん断試験について2.6の最後に示した。

また、原位置大型簡易一面せん断試験において、せん断層（シェアーバンド）の位置の確認と厚さの測定を行うために、適当な太さの針金（鈑線）を載荷枠（せん断枠）のマス目の上から地盤中に差し込むことも試みた。実際には、針金だけでは地盤中に打ち込むことができなかったので、安全柵に用いていた鉄棒と針金を沿わせて、針金の端部を鉄棒の先にはまる輪にして鉄棒と一緒に地盤中に打ち込み、その後鉄棒だけを引き抜いて針金を地盤中に残す方法を採用した。図2.48は、原位置大型簡易一面せん断試験終了後、地盤を掘り起こして回収した針金の変形状態を示したものである。載荷枠の高さ17cm に相当する部分が直線で、その下に厚さ15cm 程度のせん断層の形成が明瞭に確認された（この地盤試料の平均粒径は12mm であった）。針金と鉄棒を一体として地盤に打ち込み、後に鉄棒だけを抜き出すという現場の知恵は素晴らしいものであり、

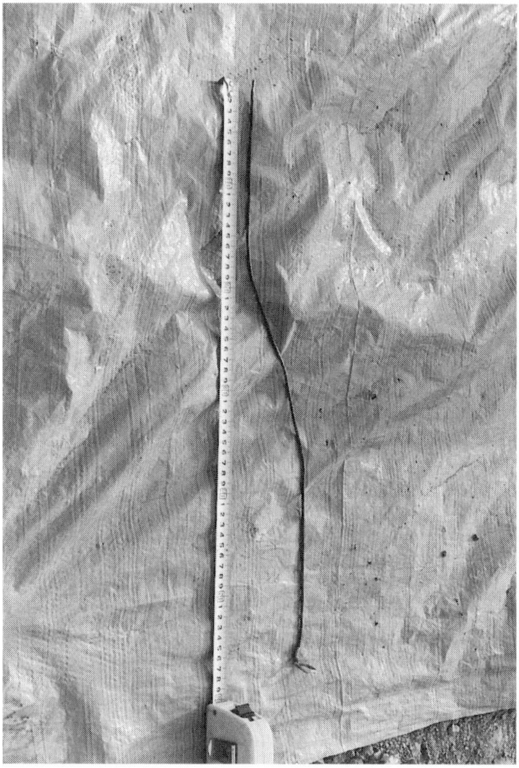

**図2.48　N地点（CL-Ⅰ）におけるせん断層の厚さを表す針金の変形状況**

このせん断層の測定方法を成功させてくれた[21]。前述したようにせん断層の厚さ（$L$）が推定できれば、一面せん断試験では不可能であったせん断面上のせん断ひずみ$\gamma$や垂直ひずみ$\varepsilon$の概算値も算定できるようになる（$\gamma=D/L$、$\varepsilon=h/L$、2.4（3）参照）。なお、砂や粘土試料の場合には、針金の代わりに細いハンダ線を用いることができる。

さて、土の粘着力$c$については多くの方々がその人なりの考え方をその貴重な経験（現場経験や研究経験）を通して持っておられるようである。ここでは、土の強度の主要な発生源は摩擦力であるという見方に立って論じてみた(2.1参照)。その理由の１つは、「砂は $\phi$ 材料であり、粘土は $c$ 材料である」という初歩的な誤解を払拭するためである。土の $c$、$\phi$ には少なくとも４種類(非圧密・非排水せん断強度：$c_u$, $\phi_u$、圧密・非排水せん断強度：$c_{cu}$, $\phi_{cu}$、圧密・排水せん断強度：$c_d$, $\phi_d$、有効応力で表示した非排水せん断強度：$c'$, $\phi'$）あるというのはやっかいなことである[1)]。正規圧密粘土の $c'$ は、多くの実験データよりほとんどゼロ（$c' \fallingdotseq 0$）であるといわれている。しかしながら、自然堆積粘土が長年の年代効果によって粘土粒子間にセメントのようなものを形成し（セメンテーションと呼ばれる)、$c'>0$となることは十分考えられることである。

ある人がこの原位置簡易一面せん断試験を見て、「なんでこんな方法を思いつかなかったのでしょうね」と思わずつぶやかれた。著者は、このつぶやきは一種のほめ言葉であると有難く聞かせていただいた。なんでもない、当たり前のやり方の中にこそ真実があり、面白いのである。果たして、発想の転換と言えるのであろうか。後世の人々が答えを与えて下さるであろう。

最後に、粒子の形を目で見れば（肉眼か虫眼鏡か顕微鏡で)、密度（詰まり具合）に対して、大体の内部摩擦角 $\phi$（厳密には圧密・排水せん断条件下の内部摩擦角 $\phi_d$）を推定する方法を付録（pp. 215～225）に紹介しておく。

## 参考文献

1）松岡元、土質力学、森北出版、1999.

2）西好一氏との討議、電力中央研究所にて、1998.

3）松岡元、孫徳安、上野祐資、在来型一面せん断試験機の改良、第32回地盤工学研究発表会講演集、255、pp.511-512、1997.

4）Matsuoka, H. and Liu, S.H., Simplified Direct Box Shear Test on Granular Materials and its Application to Rockfill Materials, Soils and Foundations（地盤工学会英文論文報告集)、Vol. 38, No. 4 , pp. 275-284, 1998.

5）松岡元、吉村優治、村田浩毅、粒状体の簡易せん断試験機の開発に関する研究、第30回土質工学研究発表会講演集、219、pp. 537-540、1995.

6）吉村優治、砂のような粒状体の粒子形状と一次性質、二次性質に関する研究、長岡科学技術大学博士学位申請論文、1994.
7）松岡元、劉斯宏、孫徳安、中村幾雄、工藤アキヒコ、近藤茂、西方卯佐男、安原敏夫、大粒径粗粒材の室内と現場簡易一面せん断試験法の開発、「大ダム」、第165号、pp. 81-93、1998.
8）私的な情報、大林組技術研究所より、1995.
9）私的な情報、関西電力総合技術研究所より、1997.
10）松岡元、劉斯宏、孫徳安、工藤アキヒコ、西方卯佐男、安原敏夫、ロックフィル材のような大粒径粗粒材の原位置簡易一面せん断試験、土と基礎（地盤工学会誌）、Vol. 47、No. 3、pp. 25-28、1999.
11）松岡元、劉斯宏、佐藤忍、柴原健人、工藤アキヒコ、西方卯佐男、井尻健嗣、粗粒材の原位置大型一面せん断試験、第34回地盤工学研究発表会講演集、229、pp. 459-460、1999.
12）地盤工学会（旧土質工学会）、ロックフィル材料の試験と設計強度、p. 30、1982.
13）Matsuoka, H., Liu, S.H., Sun, D. and Nishikata, U., Development of a New In-situ Direct Shear Test, Geotechnical Testing Journal, GTJODJ, American Society for Testing and Materials (ASTM), Vol. 24, No. 1, pp. 99-109, 2001.
14）西方卯佐男、浅野功、井尻健嗣、安原敏夫、松岡元、孫徳安、粗粒材の室内大型一面せん断試験装置の改良、土木学会第54回年次学術講演会講演概要集、Ⅲ－A19、pp. 38-39、1999.
15）盛土構造物の盛立て管理試験法の実証研究、関電興業報告書、1999.
16）松岡元、劉斯宏、篠崎岳太、山田章史、ロックフィル材の原位置一面せん断試験と室内試験の比較、第36回地盤工学研究発表会発表講演集，274，pp. 535-536、2001.
17）松岡元・劉斯宏・篠崎岳太・山田章史、ロックフィル材の原位置大型一面せん断試験と室内試験の比較、土木学会第56回年次学術講演会論文集，Ⅲ-A10、pp. 20-21、2001.
18）松岡元、劉斯宏、篠崎岳太、青木治子、砂質土および粘性土の原位置一面せん断試験と室内試験の比較、第35回地盤工学研究発表会講演集、423、pp. 833-834、2000.
19）地盤工学会、入門シリーズ13、土の強さと地盤の破壊入門、p. 202、1987.
20）地盤工学会、土質試験の方法と解説、第1回改訂版、第7編せん断試験、第4章一面せん断試験、pp. 564-574、2000.
21）関電興業の社員の機転による、1998.

# 第２講　付録

## 粒子形状による粒状体の内部摩擦角の推定法[1)]

### 肉眼や虫眼鏡によって砂、礫、ロックフィル材の $\phi$ 値を推定する

## １．はじめに

本講では、原位置一面せん断試験を行って地盤のせん断強度を測定する方法を述べたが、ここでは粒子の形状を肉眼や虫眼鏡によって見るだけで砂、礫、ロックフィル材などの粒状体の内部摩擦角 $\phi$ を推定する方法を紹介しよう。

砂のような粒状体の力学的特性は、土粒子の材質、粒度組成、粒子形状などの一次性質、あるいは密度、含水量、骨組構造などの二次性質によって決定されると言われている[2)]。これまでに、せん断中の粒子破砕が無視できる場合には、粒状体の内部摩擦角は粒子寸法や粒度分布の影響をほとんど受けないこと[3),4)]、さらに相対密度 $D_r$ が同程度であれば粒子形状のみから内部摩擦角の推定が可能であること[4)-6)]、この関係は完全球、立方体、正三角錐などの人工金属製粒状材料、さらにはロックフィル材料のような粗粒材を含んでも成り立つことを[7)-10)]明らかにしてきた。ここでは、これらの研究成果を総合的に取りまとめるとともに、代表的な粒子投影写真を参考にして、肉眼や虫眼鏡で粒子形状を識別することにより、粒状体の内部摩擦角を大略予測できることを示そう。

## ２．粒子形状の定量化

粒状体の形状がせん断強度などの工学的な性質に大きな影響を与えることは、すでに Terzaghi and Peck の著書[11)]の中で報告されている。しかし、砂粒子では個々の粒径が小さく、定量化の作業が煩雑であるために、現在でも粒子形状の定量的評価はほとんどなされておらず、地盤工学会基準（JGS）でも粒状体

の形状を定量化する指標は定義されていない。

これまで地盤工学の分野においては、粒状体の形状を定量化するために、Wadell[12]の提案した粒子の円磨度を表す roundness、Lees[13]の提案した粒子の角張りの度合を表す angularity あるいはこれらの視覚印象図[13),14]が時々利用されてきた。しかし、これらの方法では形状の定量化の作業がかなり煩雑であったり、個人誤差が入りやすいなどの問題がある。

そこでここでは、形状の定量化が比較的簡単であり、しかも個人誤差が入りにくく、その形状係数が取扱いやすい数値であること、自然にある砂の形状の違いを適切に表現できることなどを考慮して、以下に示す凹凸係数 $FU$[15]により粒子形状を表すことにする。

### 2.1　凹凸係数 $FU$ の定義

粒子内の直交する３軸を考え、付図１に示すようにその長軸と中間軸を含むように粒子を投影した断面（粒子を平面に安定するように置いたときの投影断面）について考える。ここで粒子周辺の凹凸の度合いが増すにしたがって、投影断面の外周長 $L$ が長くなり断面積 $A$ との比が大きくなることに着目し、これらの比である無次元量 $f$ を次式で表す。

$$f = A/L^2 \quad (1)$$

また、投影断面が円の場合には付図２に示すように、その半径を $r$ とすれば外周長 $L_c = 2\pi r$、断面積 $A_c = \pi r^2$ となり、式（１）は次式のような最大値をとる。

$$f_c = \frac{A_c}{L_c^2} = \frac{\pi r^2}{(2\pi r)^2} = \frac{1}{4\pi} = 0.0796 \quad (2)$$

この $f$ と $f_c$ の比が凹凸係数 $FU$ であり、次式で定義される。

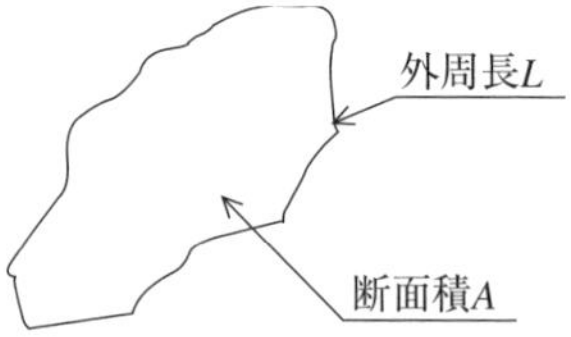

付図1　土粒子の投影図

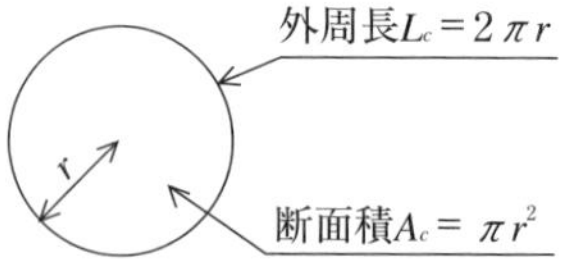

付図2　球の投影図

$$FU = f/f_c = 4\pi A/L^2 \qquad (3)$$

この凹凸係数$FU$は、粒子が完全球（投影断面が円）の場合に1.0で、凹凸の度合いが激しくなるほど小さくなる係数である。したがって、この$FU$を用いると砂のような粒状体の粒子形状を0～1.0の数値で表すことができる。

### 2.2　凹凸係数 FU の特徴と標本個数[15)]

$FU$の定量化に必要な情報は平面上に置かれた粒子投影断面の周長$L$と面積$A$の2つであるので、砂粒子の顕微鏡写真を撮るかテレビカメラを介してディスプレイモニターに投影した形をトレースして粒子断面の外周長と面積を、距離計（キルビメーター）および面積計（プラニメーター）、あるいはその両用計で測定すればよい。その作業は簡単であり、かつ個人誤差などもほとんどない。また、最近はパーソナルコンピュータの処理速度などの機能が向上しており、画像入力装置（光学顕微鏡あるいはビデオカメラ）と画像解析装置（ソフトウェアを含む）も高性能でしかも比較的安価になってきている。この画像処理装置を用いれば、しきい値で二値化された画像データより、粒子部分の画素の面積と境界画素の長さを測定することによって、周長$L$、面積$A$および$FU$の値を迅速に計算できる。付図3に本研究で一部使用した画像処理装置システムを示す。

上述した$FU$の定義から、$FU$の値は粒子が針のように細長い場合にも小さくなるので厳密には凹凸の度合いのみを表しているわけではないこと、雲母などの偏平な粒子ではこの投影断面の形状よりも偏平の程度が工学的性質に与える影響が大きいことが予想されるが、これらを評価できないなどの問題を含んでいる。しかし、自然にある砂の多くは砕屑性堆積物であり、原岩の鉱物およ

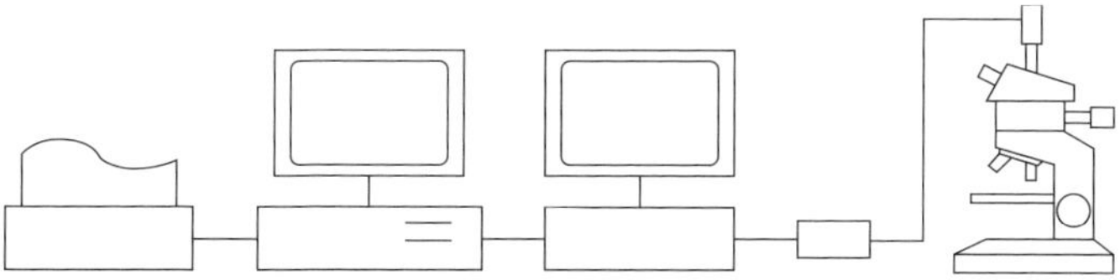


付図3　画像処理装置システム

び岩片の集合であるので、雲母鉱物を多く含んだ偏平な砂や極端な針状をした自然砂はほとんど存在しない。また、仮にそのような形状の砂があったとしても定量化の際に目視や手触りで判断が可能であるので、*FU* の特徴を理解した上でその適用を考えれば問題はないと考えられる。

また、集合体である砂の個々の粒子形状は異なっているので、その砂の形状を数値として明示するためには、母集団からの標本の抽出数を検討する必要がある。豊浦砂および代表的な川砂（木曽川の濃尾大橋付近から採取）に対して標本個数 $N$ を検討した結果、一般的な統計的手法において標本個数20個で信頼水準95%を満たすので、*FU* の決定には20個程度の標本数で十分である。

## ３．内部摩擦角 $\phi_d$ と凹凸係数 *FU* の関係

### 3.1　内部摩擦角 $\phi_d$ への影響因子

すでに述べたように、これまでに均質な砂による系統的な研究[3)−5)]を行ってきた。これらの研究は、主として砂の飽和試料に対して、ひずみ制御方式、有効拘束圧力 $\sigma_c'$ 一定の圧密・排水（CD）条件下の三軸圧縮試験によってせん断強度を調べたものである。ただし、実験に用いた試料には破砕性土は含まれておらず、しかも $\sigma_c'$ は49kPa 程度であるので、せん断中の粒子破砕による内部摩擦角 $\phi_d$ への影響は少ないと考えた。また、供試体は空中落下法、水中での棒突き法などの方法を併用して密度調整を行っているが、構造的な異方性はあまり見られなかった。これらの系統的な研究から、粒状体の内部摩擦角 $\phi_d$ は平均粒径 $D_{50}$ や均等係数 $U_C$ の影響をほとんど受けず、粒子形状と相対密度の影響が著しく大きいことを確かめている。

さらに、ガラスビーズや付図４に示すような真鍮などの金属で作製した球、立方体、正三角錐の人工粒状材料を用いた試験結果[8)−10)]、極めて粗粒なロックフィル材の大型三軸試験結果[6)−10)]を含めても、内部摩擦角 $\phi_d$ は粒子寸法の影響を受けず、粒子形状の影響が著しく大きいことが明らかになっている。

(a)球（直径2.5mm）　(b)立方体（一辺2.0mm）　(c)正三角錐（一辺3.0mm）

付図4　金属材料

### 3.2　異種形状粒子を混合した粒状体の内部摩擦角 $\phi_d$ の評価

上記の系統的な研究は、粒子形状が比較的そろった理想化した均質材料により行われている。しかしながら、実際の自然材料は異なる形状の粒子が混じり合って構成された集合体である。そこで、付図5に示すように異種形状の粒子を混合した場合について、集合体として内部摩擦角 $\phi_d$ はその平均的な形状（凹凸係数 *FU*）からこれまでの研究成果[3)-10)]と同様に推定できるか否かを検討した。すなわち、球（$FU=1.0$）、立方体（$FU=0.785$）、正三角錐（$FU=0.605$）の3種類の金属材料の粒子を混合して、個数比で $FU=0.785$ となるような試料を4種類準備し、3.1と同様な試験を実施した。その結果[16)]、これらの内部摩擦角 $\phi_d$ に差は見られなかった。したがって、異種形状の粒子が混じり合っていても、集合体としての平均的な凹凸係数 *FU* が等しければ内部摩擦角 $\phi_d$ もほぼ等しくなることが明らかになった。

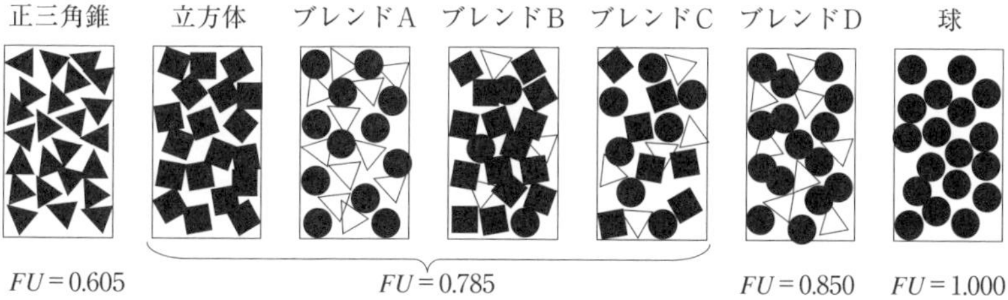


付図5　異種形状粒子混合の模式図

### 3.3　凹凸係数 *FU* による内部摩擦角 $\phi_d$ の推定

上述の3.1、3.2で明らかになった内部摩擦角 $\phi_d$ と凹凸係数 *FU* の関係を、密詰め（相対密度 $D_r$＝75％）、中密（$D_r$＝50％）、ゆる詰め（$D_r$＝25％）状態ごとにプロットして求めた近似線を示したのが付図６[18)、19)]である。例えば、図中の黄色のプロットは、４種類の人工粒状材料の中密状態での $\phi_d$－$FU$ 関係である。

この図は、上述した２．の方法により粒状体試料の $FU$ を決定すれば、せん断試験を行わずして図中の相対密度 $D_r$ 別の直線により $\phi_d$ が推定できることを意味している。例えば、形状が $FU$ ＝0.6、0.8、1.0の粒状体の内部摩擦角 $\phi_d$ は大略付表１に示すような値となる。

付表1　凹凸係数 $FU$ と内部摩擦角 $\phi_d$

| | 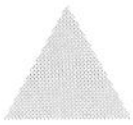 $FU$ ≒0.6 |  $FU$ ≒0.8 |  $FU$ ≒1.0 |
|---|---|---|---|
| 密詰め | 52° | 38° | 25° |
| 中　密 | 47° | 33° | 20° |
| 緩詰め | 42° | 28° | 15° |

### 3.4　簡易一面せん断試験機による内部摩擦角 $\phi_d$ の測定[18)、19)]

これまでに室内はもとより原位置でも簡便に粒状体のせん断強度を測定できる簡易一面せん断試験機を開発し、この試験から求まる内部摩擦角は三軸圧縮試験結果と近い値を示すことを報告[17)]してきた。ここでは、付図７に示す簡易一面せん断試験機を用いて、木曽川河口より５km（地点 A)、20km（地点 B)、56km（地点 C)、69km（地点 D)、74km（地点 E：支流の滝の下付近）の５地点で採取した試料を相対密度 $D_r$＝25、50、75％に調整して、室内で簡易一面せん断試験を行った結果について述べる。

試験結果は、付図６中の黒塗りプロットで示すように図中の相対密度 $D_r$ 別の直線上にほぼのっているのが見られる。また、下流へ行くほど（地点 E→地点 A）$\phi_d$ の値が小さくなり、$FU$ の値は大きくなっているのがわかる。これは、下流へ行くほど粒子の角が取れて丸くなるので $FU$ の値が大きくなり、$\phi_d$ の値が小さくなると考えられる（教科書などによく書かれている通りになってお

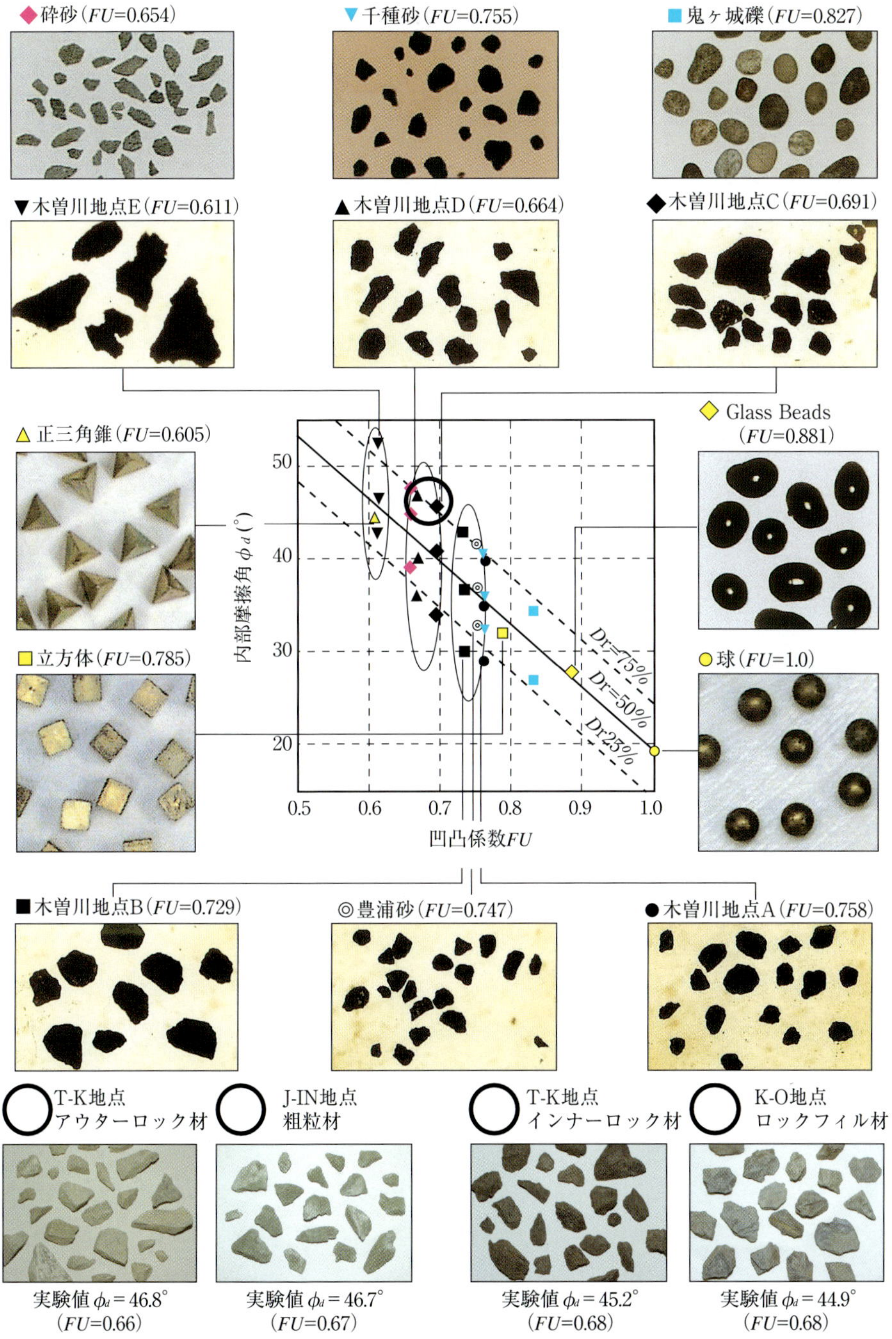


付図6　内部摩擦角 $\phi_d$ と凹凸係数FUの関係

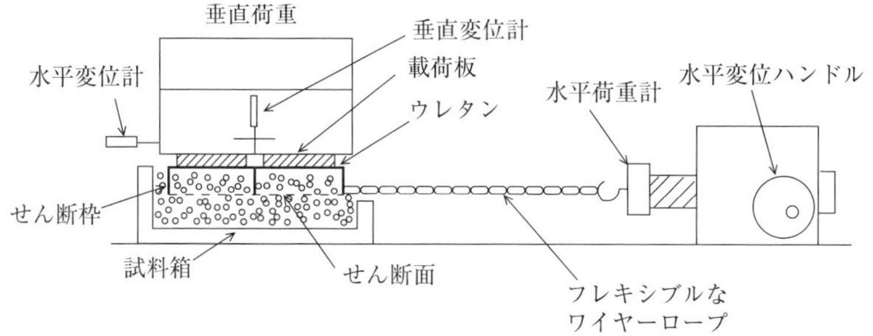


(a) 簡易一面せん断試験の様子

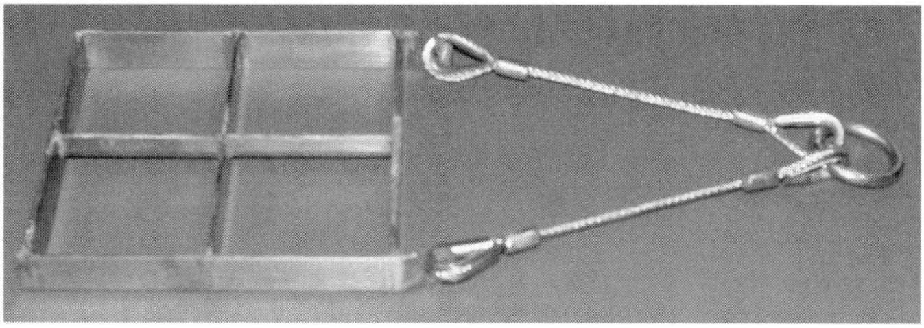

(b) 格子状せん断枠（14.1cm×14.1cm＝200cm$^2$）

付図7　簡易一面せん断試験機

り興味深い)。付図6中の代表的な粒子投影写真を見ても、上流ほど凹凸が激しく、下流ほど丸くなっているのが見られる。

### 3.5　粒子形状による内部摩擦角 $\phi_d$ の推定法のまとめ

付図6中には3個の縦長の楕円ゾーンを描いている。これは、これらの粒子の形状を一例として3種類に大別したものである。この3個の楕円で囲まれたゾーンのどれに相当するかは、代表的な粒子投影写真を参考にすれば肉眼や倍率が10倍程度の虫眼鏡で識別できるであろう。すなわち、肉眼や虫眼鏡で粒子形状がこの3種類の楕円ゾーンのどれに相当するかを識別すれば、詰まり具合（密詰めか中密詰めかゆる詰めか）によって、内部摩擦角 $\phi_d$ の値が大略予測できるのである。なお、付図6の最下段の4つの写真はロックフィル材のような粗粒材を示しているが、粒子形状の投影写真と相対密度（やや密詰め：$D_r$≒75%）より、$\phi_d$≒45～47°（図中の太い円形内）と推定される。実験値も図中に示すように$\phi_d$≒44.9°～46.8°となっており興味深い（せん断枠は122.5cm×122.5cmや63.2cm×63.2cmのものを用いた）。また、この図によればわが国の砕屑性堆積砂の場合には、かなり丸いものであっても$\phi_d$が30°以下になることはまれであると考えられる。

## 4．おわりに

粒状体の内部摩擦角は、破砕が著しい粒状体は対象外であるが、せん断試験を行わなくても粒子形状と相対密度のみから推定可能であることを示した。すなわち、粒状体の内部摩擦角は、代表的な粒子投影写真を参考にして、肉眼や虫眼鏡で粒子形状を識別することにより大略予測できる。例えば、原粒度ではせん断試験ができず、相似粒度やせん頭粒度に調整した試料を用いて大型三軸試験により決定していた粗粒材の内部摩擦角も、付図6を利用することにより容易に推定することができる。

参考文献

1）吉村優治・松岡元：粒子形状による粒状体の内部摩擦角の推定法、土と基礎（地盤工学会誌）、Vol.50、No.5、pp.20-22、2002.

2）三笠正人：土の工学的性質の分類表とその意義、土と基礎、Vol.12、No.4、pp.17～24、1964.

3）吉村優治・小川正二：粒状体の間隙比およびせん断特性に及ぼす一次性質の影響、土木学会論文集、No.487/Ⅲ-26、pp.99～108、1994.3.

4）吉村優治：砂のような粒状体の粒子形状と一次性質、二次性質に関する研究、長岡技術科学大学博士（工学）学位論文、1994.3.

5）吉村優治・小川正二：砂の等方圧密およびせん断特性に及ぼす粒子形状の影響、土木学会論文集、No.487/Ⅲ-26、pp.187～196、1994.3.

6）吉村優治・松岡元：粒子形状による粒状体の内部摩擦角の推定（第3報）、土木学会第52回年次学術講演会講演概要集（Ⅲ）、pp.50～51、1997.9.

7）吉村優治・松岡元：粒子形状による粒状体の内部摩擦角の推定、土木学会第50回年次学術講演会講演概要集（Ⅲ）、pp.322～323、1995.9.

8）吉村優治・松岡元：粒状体の内部摩擦角と粒子形状の関係、第31回地盤工学研究発表会発表講演集、pp. 745～746、1996. 7.

9）吉村優治・松岡元：粒子形状に基づいた粒状体の内部摩擦角の推定法、土木学会第51回年次学術講演会講演概要集（Ⅲ）、pp. 76～77、1996. 9.

10）吉村優治・松岡元：粒子形状に基づいた粒状体の内部摩擦角の推定法（第2報）、第32回地盤工学研究発表会発表講演集、pp. 509～510、1997. 7.

11）Terzaghi, K. and Peck, R.B. : Soil Mechanics in Engineering Practice, p. 85, Wiley, New York, 1948.

12）Wadell, H.A. : Volume, Shape and Roundness of Rock Particles, J. Geotech., Vol. 40, pp. 443～451, 1932.

13）Lees, G. : A New Method for Determining the Angularity of Particles, Sedimentology, 3, 1964.

14）Krumbein, W.C : Measurement and Geologic Significance of Shape and Roundness of Sedimentary Particles, J. Sed. Petrol., 11, pp. 64～72, 1941.

15）吉村優治・小川正二：砂のような粒状体の簡易な定量化法、土木学会論文集、No. 463/Ⅲ-22、pp. 95～103、1993. 3.

16）吉村優治・松岡元・所和美：異種形状の粒子を混合した粒状体の内部摩擦角、土木学会第53回年次学術講演会講演概要集（Ⅲ）、pp. 46～47、1998. 10.

17）松岡元・孫徳安・劉斯宏・西方卯左男・寺元真司：小型および大型の一面せん断試験機の簡便な改良法、土と基礎、Vol. 49、No. 1、pp. 21～24、2001.

18）吉村優治・松岡元・劉斯宏・篠崎岳太・山田章史：木曽川沿岸の砂の形状変化と内部摩擦角の関係、第36回地盤工学研究発表会発表講演集、pp. 493～494、2001. 6.

19）松岡元・劉斯宏・吉村優治・山田章史・滋野めぐみ：粒子形状と密度による砂、礫、粗粒材の内部摩擦角の推定法、第37回地盤工学研究発表会発表講演集. 250、pp. 497-498、2002.

# 第3講

［応用編］

## 敵を味方につける地盤の補強法

性能表示された土のう（ソイルバッグ）の活用

## 3.1　何をいまさら「土のう」か

「土のう」というと、水防団が洪水時に用いるものとか、災害復旧時に仮設工として積み上げるものというイメージが強いのではなかろうか。しかも、太陽光線にさらされて、土がはみ出ている無残な姿（ポリエチレン製の土のう袋は紫外線には極めて弱い）を見ると、とても恒久的な地盤の補強資材として用いられそうにないというのが大方の見方と思われる。しかしながら、図3.1に示すようにバラバラの土粒子を包むことは理にかなっているのである。「土のう」が外力や建物荷重を受けると、袋がその中の土に力を及ぼして中の土を拘束強化するのである。外力や建物荷重というのは、地盤にとってはいわば敵であるので、敵の力を利用して自分を強くするというのは面白いのではないか。しかも、この「土のう」を基礎の下にうまく配置すれば、飛躍的に支持力が増大することも見出された。シート状の補強材を何枚か平行に間隔をあけて配置するよりも、土を完全に包み込みことは絶対確実な補強法であり、小さな沈下量のもとで大きな支持力を発揮することもわかってきた。さらに、昔から人々が用いているものであるので大量に購入すれば非常に安価に入手できること、土などを薄い袋で包むだけであるので重さが現地盤とほぼ同じであること、コンクリート廃材、アスファルト廃材、タイル廃材、瓦廃材などの廃棄物も中詰め材として再利用できること、特殊な建設機械を必要とせず、場合によっては人力だけでも施工可能であること、セメントなどの地盤固化剤を入れる工法よりも同じ土を包むだけであるので環境にやさしいこと、軟弱地盤上に基礎を据える場合によく用いられる杭打ち工法などと比べて極めて静かで隣家からの苦情も少ないこと、等が利点として挙げられる。

○バラバラの土粒子を包むことは、理にかなっている
○適切に配置すれば、建物の支持力が飛躍的に増大する
○安価である
○環境にやさしい
○静かである
○特殊な建設機械を必要とせず、人力だけでも施工可能である
○重さが土とほぼ同じである（軽い）
○コンクリート廃材、アスファルト廃材、タイル廃材、瓦廃材などの建設廃材やゴミの溶融後の最終処理粒状物（スラグ）も中詰め材として再利用できる
+α○「土のう」自体が信じられない耐荷力をもつ（200～300kN）
+α○交通振動や機械振動の低減効果、地震動を減ずる効果（減震効果）がある
+α○砕石入り「土のう」は凍上防止効果もある
+α○水浸・ヘドロ状態の地盤でもおさまる

**図3.1　「土のう」の面白い特性**

以上は、この「土のう」一体化工法（ソイルバッグ工法）を現場へ適用する前に、室内実験などを通してある程度予想していたことであったが、現場へ適用しつつ実験を繰返し行ううちに、不思議なことにいくつかのさらなる利点（+α効果）が見出されてきた。例えば、砕石や砂を入れたポリエチレン製の普通「土のう」（約40cm×40cm×高さ10cm）自体が信じられない耐荷力（230～280kN）をもつ（耐候性のあるポリエステル製の「土のう」であれば540～640kNの耐荷力がある）ことが見出された。図2.30(d) に示した原位置一面せん断試験の垂直荷重用の鉄製錘が150kNであることを思えば、まさに信じ難いことであり、現場経験豊かな作業員でも1/10以下の低い値を予想してしまう。また、多数の「土のう」を基礎に用いて建て直しを行ったところ、通行車両による建物の揺れを感じなくなったという声が聞かれたので、振動計測を行ってみると大幅な振動低減効果がみられた。このことは地震時に振動を減ずる効果（減震効果）にも通じるのではないかと期待される。さらに、北海道・東北地方などの寒冷地で問題となる凍上現象についても、砕石を入れた「土のう」は凍上しないことが明らかになってきた。そして、これも不思議なことであるが、

水浸したヘドロ状態の超軟弱地盤でも、砕石入りの「土のう」ならば沈み込まずにおさまるが、砕石だけであるといくら入れてもどんどん沈んでいっておさまらないことが現場で経験されている。

以上のように、自然物である土――本質的に摩擦性粒状材料――の良さを、比較的小さな袋で包み込むことによって引き出す先人の知恵は素晴らしいのである。従来からの鉄やコンクリートで力まかせに作っていく方法だけでなく、このような安価で環境にやさしい、しなやかな構造物を、今後積極的に採用するべきではなかろうか。はじめから「土のう」を考えたわけではなく、自由な発想の結果として「土のう」にたどりついたいきさつを次に説明しよう。

## 3.2　「土のう」一体化工法（ソイルバッグ工法）の発想と原理[1)]

鉄やコンクリートと比べれば、土は本来バラバラの土粒子からなるもので、初めからこっぱみじんに破壊されているといえなくもない。土粒子間に働く力は、基本的には摩擦力だけである。したがって、土を包み込んで拘束すること（垂直力 $N$→大）は、摩擦力を大きくする（摩擦力 $F=\mu N$→大、$\mu$：摩擦係数）ので、有効な方法といえるであろう。しかも、この中には、地盤の敵である載荷重（外力）を利用して地盤の強化を図る――いわば「敵を味方につける」という逆転の発想（詳しくは後述する）が入っていて興味深い。

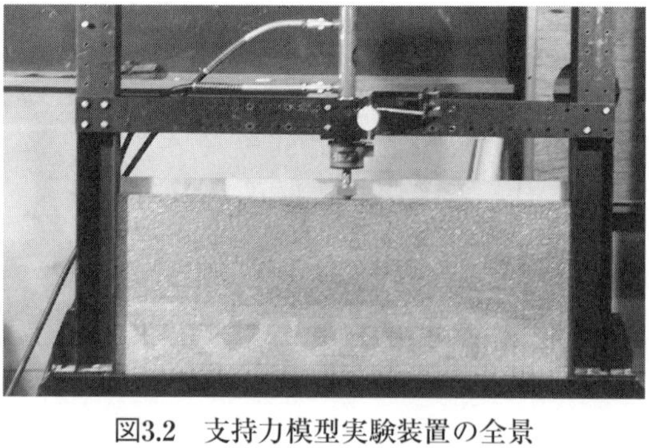

**図3.2　支持力模型実験装置の全景**

さて、図3.2は支持力模型実験装置の全景を示したものである。地盤の試料としては、直径1.6mmと3.0mm、長さ5cmのアルミ丸棒を混合して（混合重量比3：2）積み上げたものを用いた（間隙比$e=0.23$、単位体積重量$\gamma=G_s\gamma_w/(1+e)=2.69/1.23=2.2\mathrm{gf/cm^3}=21.6\mathrm{kN/m^3}$）。これは、砂礫のような粒状体の2次元モデルである。このようなアルミ丸棒積層体は、アルミの比重$G_s=2.69$と土粒子の比重$G_s\fallingdotseq2.65$が近い値であること、自立するので前後面を壁面で覆う必要がなく壁面摩擦が皆無であること、粒子（アルミ丸棒の端面）にマジックインクなどで標線を描きやすいことなどの利点がある。このような模型地盤に補強材のモデルである紙などを種々の方法で設置して補強し、荷重$Q$～沈下量$S$関係を測定するとともに、粒子の挙動を観察して補強のメカニズムについても考察しよう。

かつて、当時の卒業研究の学生たちに「紙1枚を用いて支持力を10倍にすることを、どんな方法でもよいから自由な発想で考えよう」と提案したことがある[2]。支持力の分野というのは、支持力を1.5～2倍にする方法が見つかったら万々歳という世界であったので、このような提案をした真意は「従来の方法の延長線上にはない、発想の転換」を求めたのである。とはいえ、まずは従来の方法を行ってみようということになった。現在よく用いられている軟弱地盤の支持力補強法としては、シートやネットなどの面状補強材を地盤の表層付近に水平に配置し、補強材の引抜き摩擦抵抗力によって土の水平移動を阻止しようとする補強土工法がある[3)-5)]。それで、まずアルミ丸棒積層体の粒状体模型地盤の表層付近に補強材モデルとして市販されている和紙（奉書紙、以下紙と称する）1枚を水平に配置（地表面から深さ3cm、長さ30cm）して支持力試験を行ってみたが、アルミ丸棒が紙の上ですべってしまい、また紙が軟らかくて地盤の変形に追随するために、あまり効果が見られなかった（図3.3参照）。そこで、「原理・原則に戻れ」ということになった。この場合の「原理・原則」とは何であろうか。ぺらぺらの紙は曲げに抵抗することはなく、引張のみに抵抗する引張補強材のモデルである。したがって、最も引張られる方向に配置するのが最善である。そのため、図3.4に示す弾性応力解[6]を参考にして、最小主

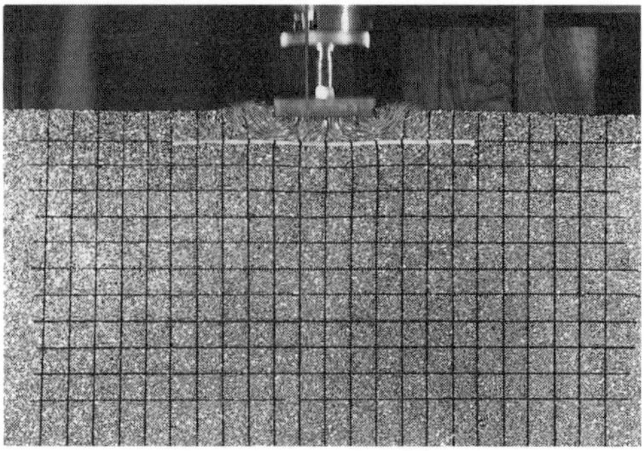

図3.3　紙（地表面からの深さ 3 cm、長さ30cm）1 枚を水平に配置

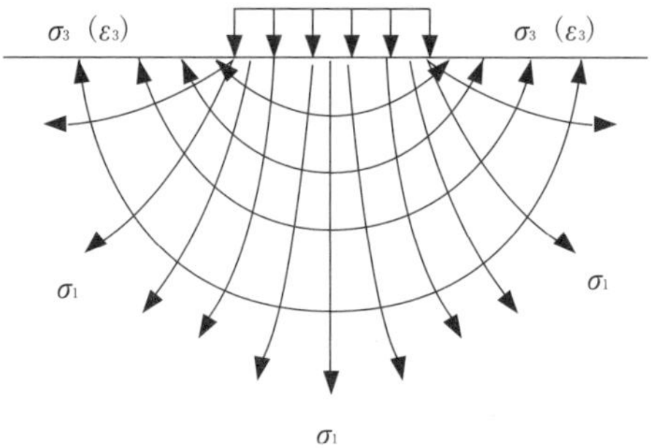


図3.4　弾性応力解による主応力線の方向

図3.5　半円状に入れた紙による補強（載荷板の両端部分は開いている）

応力 $\sigma_3$の方向にほぼ最小主ひずみ（最大引張ひずみ）$\varepsilon_3$が発生するものとして、紙を半円状に入れることを試みた（図3.5参照)。饅頭でも上下方向に抑え過ぎると（上下方向が最大圧縮主応力 $\sigma_1$の方向)、それに直交する水平方向に引張られてあんこが飛び出すのである（水平方向が最小主応力 $\sigma_3$の方向、すなわち最大引張ひずみ $\varepsilon_3$の方向)。ところが、図3.5からわかるように、最初は紙とアルミ棒の間の摩擦によって少し支持力が増加するが、やがて滑って載荷板の両脇にあふれ出てしまい、もうひとつ効果が上がらないことがわかった(なお、載荷板底面にはサンドペーパーを貼りつけている)。あふれ出て来るとふたをしたくなるのが人情であるので、図3.6に示すように紙の両端を長くして載荷板の下に折りたたんで包み込むことを思い付いた。そうすると支持力が急激に増大したので、以下この地盤の一部を包み込む補強法に着目して種々の比較実験を行い、支持力補強のメカニズムを考察するとともに、そのさまざまな適用を考えることにした。

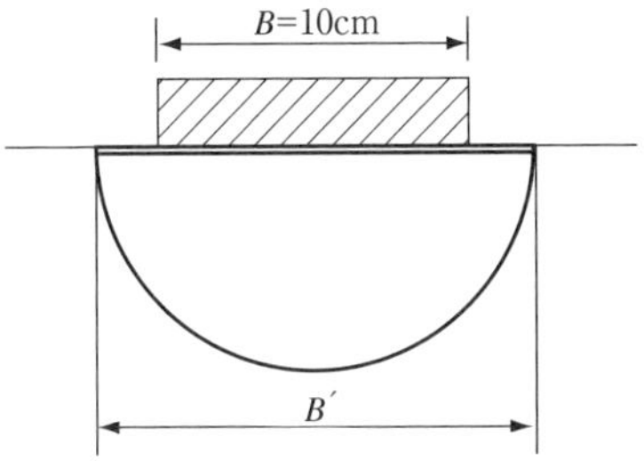


**図3.6　フーチング下の地盤の一部を包み込む補強方法**
**(B：載荷板幅、B′：初期の補強材幅)**

さて、図3.7はフーチング直下を半円状の紙で包んだ場合に、地盤に発生するすべり線の状況を示したものである（載荷板幅 $B=10$cm、初期の補強材幅 $B'=15$cm)。包まれた半円状の部分が固くなり、あたかもフーチングと一体化したようになって、その下に大きなすべり線が形成されるのが見られる。次に、$B'=15$cm の半円状の木製ブロックを作製し、フーチング（$B=10$cm）直下に設置した実験や、$B'=15$cm の半円状の補強部分を一体化させるためにガ

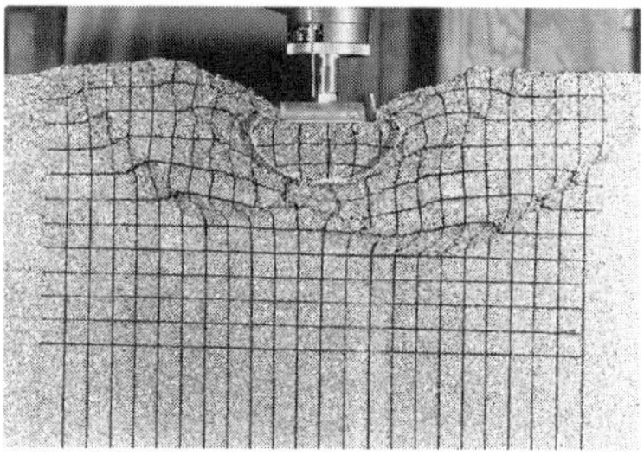

図3.7　半円状の紙で補強した場合の地盤全体のすべり破壊状況（$B$＝10cm、$B'$＝15cm）

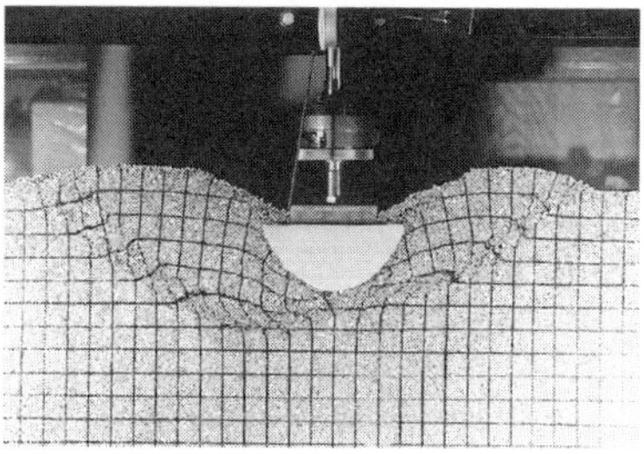

図3.8　半円状の木製ブロックで補強した場合の地盤全体のすべり破壊状況（$B$＝10cm、$B'$＝15cm）

図3.9　半円状の補強部分をガムテープで接着・固定した場合の地盤全体のすべり破壊状況（$B$＝10cm、$B'$＝15cm）

ムテープで接着・固定した実験を行った（図3.8、図3.9参照）。これらは、コンクリートなどで補強部分を固めた場合を想定したもので、最大の支持力値を与えるであろうと考えたものであった。ところが、予想に反して、ただ紙で半円状に包んだだけのものが最大の支持力値を示したのである（図3.10参照）。紙でアルミ棒を包み込むだけで、なぜこのような高い支持力が得られるのであろうか。図3.11は紙で包み込んだ部分の拡大写真を示している。同図より、当初半円状であった紙が左右にはらみだして平たくなり、紙の間の最大幅が初期の$B'$＝15cmより数cm大きくなっているのが見られる。また、紙に包まれた内部の地盤が非常に固くなって、載荷板と一体化するような強度をもつのが観察された。なぜこのようなことが起こるのであろうか。これは、載荷重によって生じるダイレイタンシー（粒子間に粒子が割り込むことによって生じる体積

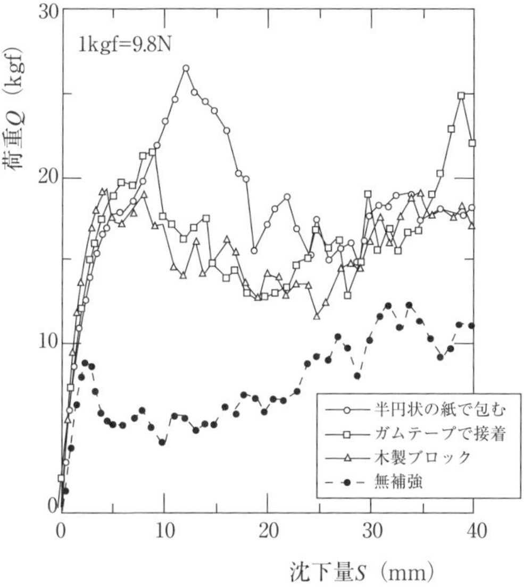


図3.10 補強材で包まれた内部の違いによる荷重Q～沈下量S関係の違い（B＝10cm、B´＝15cm）

図3.11 紙で包み込んだ部分の拡大写真

膨張現象）によって密な地盤は体積膨張しようとするが、紙で包まれているため紙から反力（紙の張力）を受けて、紙内部の試料の有効応力 $\sigma$ が増加するためと考えられる。すなわち、$\sigma$ が増加すればせん断強度 $\tau_f=\sigma\tan\phi$ より紙の内部の地盤の強度も増加して、紙の内部全体が根入れのある大きな、しなやかな基礎のように働いて支持力が飛躍的に増加すると考えられる（以上は、垂直力 $N$ が増加すれば摩擦力 $F=\mu N$ も大きくなるという議論と同じである)。いわば、地盤の敵である載荷重(外力)を利用して地盤の拘束強化を図る点——敵を味方につける——が面白い[2)]。図3.12は、DEM（Distinct Element Method、個別要素法）によってアルミ丸棒積層体模型地盤に対するこの支持力増加のメカニズムを確認したものである[7)]。図3.12(a）は沈下量 $S=18.0$～22.5mm 間の載荷板に対する粒子の相対変位ベクトルを示し、図3.12(b）は「土のう」で補強された地盤の支持力最大時の粒子間力ベクトルを示している。図3.12(a）より、「土のう」内部の粒子が載荷板に対してほとんど動かず載荷板と一体化して基礎の有効幅を大きくし、根入れも大きくするのが見られる（極限支持力は拡幅効果（有効幅）と根入れ効果（根入れ深さ）によって決まる)。さらに「土のう」直下に杭の先端に生じるようなくさび状の一体化領域が観察される。また、図3.12(b）より、「土のう」内部の粒子間力がその周囲に比べて極端に大きくなり、建物基礎と「土のう」部分が一体化して上からの荷重を支えているのが見られる。

次に、粘性土などのゆるい構造の地盤を想定して、半円状の紙の内部の間隙比を $e=0.23$から0.28、0.36と大きくした試験（実際には、紙の内部のアルミ棒を適当に引き抜いて間隙比を大きくした)、さらに極端にゆるい構造として紙の内部を市販されている紙巻きタバコ（長さ5 cm に切って用いた——これは学生のアイディアである）に置き換えた試験を行った。図3.13より、間隙を大きくする程極限支持力を発揮する沈下量は大きくなるが、紙巻きタバコの場合でも無補強の場合の2倍程度の極限支持力が得られることがわかった（袋が平たくなると袋の断面積が小さくなるので、袋に張力が発生することになる。ダイレイタンシーの発生は必ずしも必要でない)。

以上のようなことがわかって来ると、人間は欲が出てきてもっと支持力を上げるにはどうしたらよいかと考えるものである。支持力公式の形を見れば、支持力（単位面積当たりの支持圧ではない）は基礎幅の2乗に比例して大きくなるので、紙で包み込む部分の幅 $B'$ を大きくすることを思いつく。そこで、紙

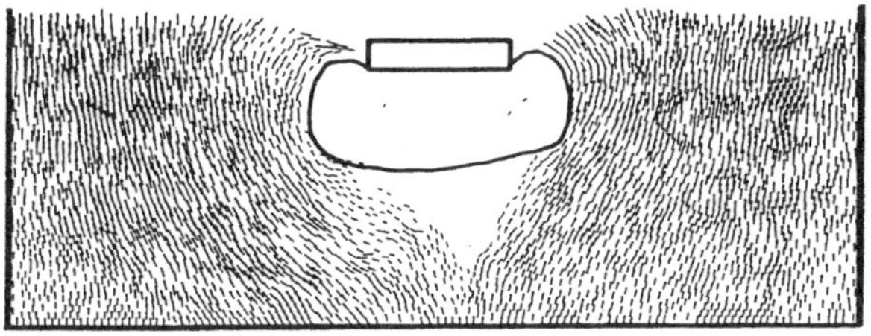

(a)沈下量 $S$ = 18.0～22.5mm 間の載荷板に対する粒子の相対変位ベルトル

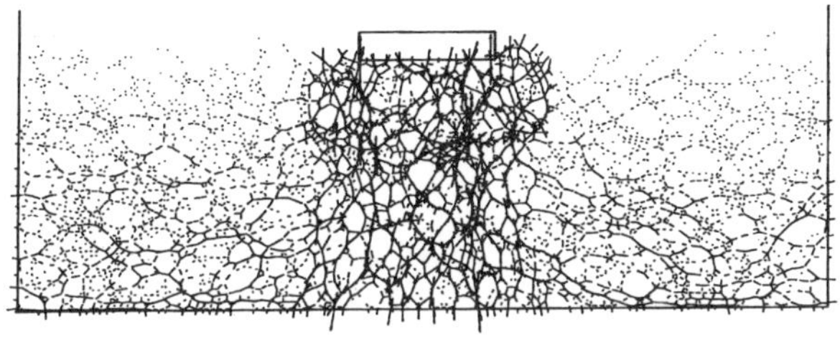

(b)補強地盤の粒子間力の伝達状況（支持力最大時）

**図3.12　DEM による「土のう」式補強地盤の支持力増加メカニズム**

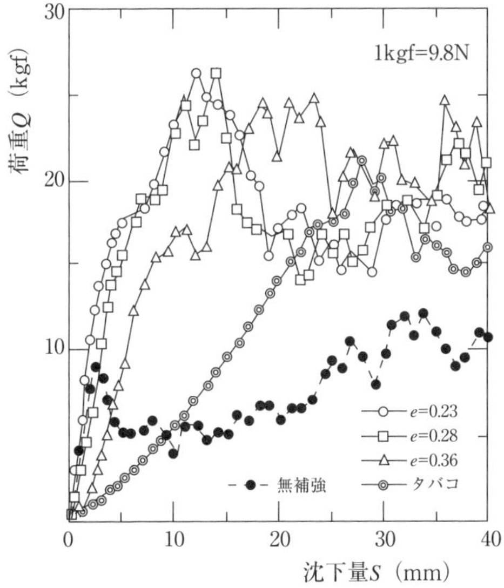


**図3.13　補強材で包まれた内部の間隙の増加に伴う支持力$Q$**
**～沈下量$S$関係の変化**

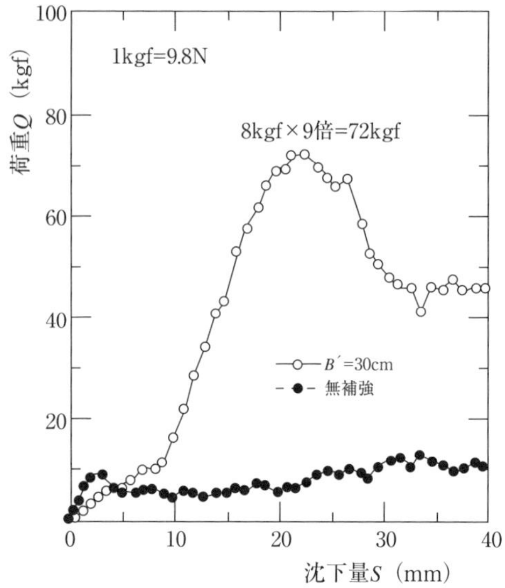


図3.14　補強材幅B′の増大に伴う支持力の増加（B=10cm、B′=30cm）

で包み込む部分の幅 $B'$ を大きくした試験を行った。図3.14は、載荷板幅 $B=10$cm に対して初期の $B'=3B=30$cm としたときの荷重 $Q$～沈下量 $S$ 関係を示したものである。図3.15は載荷板幅 $B=5$ cm に対して初期の $B'=5B=25$ cm の場合を示している。図3.14より、$B'/B=3$ の場合の極限支持力は無補強（載荷板だけで紙なし）の場合のほぼ $3^2=9$ 倍となっているのが見られる。また、図3.15より、$B'/B=5$ の場合の極限支持力は無補強の場合の $5^2=25$倍となっているのが見られ、理論通りとなるのがわかる。さて、紙（補強材のモデル）の幅 $B'$ を大きくすることによって極限支持力が大きくなるのは大変結構なことであるが、図3.14、図3.15より１つの欠点に気づく。すなわち、あまりに紙で包み込む面積を大きくすると（$B'/B=3\sim5$）、極限支持力は確かに大きくなるが、その極限支持力が得られるまでの沈下量が大きくなってしまうのが見られる。これは、図3.16に見られるように載荷板の両脇で紙が膨れ上がり、紙で包まれた部分が固くなるまでに大きな沈下量を要するからである。このことは、一般に望ましいことではないので（建物に大きな沈下量は有害である)、

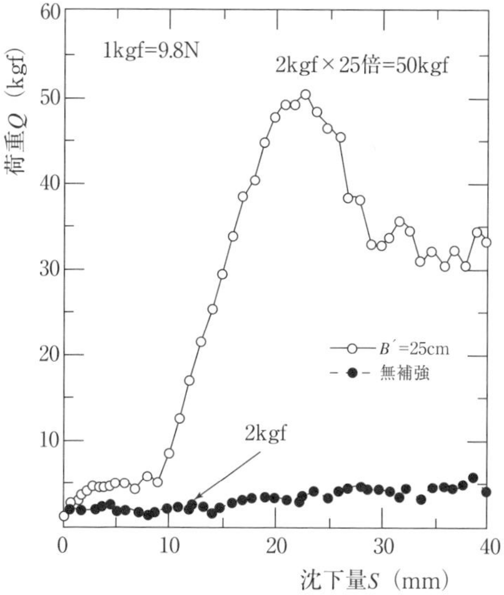


**図3.15　補強材幅B´の増大に伴う支持力の増加（B=5cm、B´=25cm）**

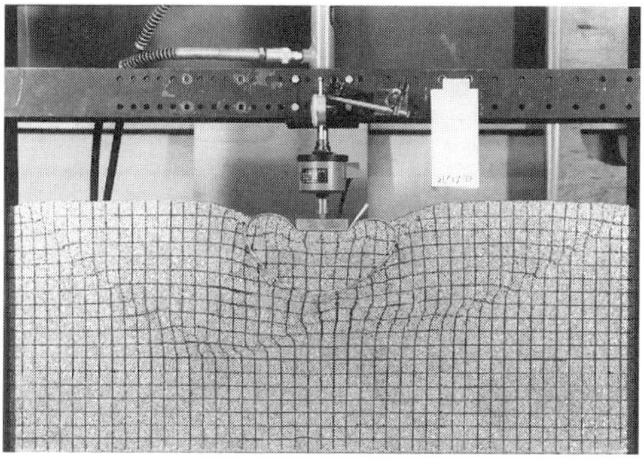

**図3.16　載荷板の両脇で紙が膨れ上がる状況（B=10cm、B´=30cm）**

次にこの問題の解決策を考えよう。

図3.17は、15cm×15cm（=225cm$^2$）の正方形状に紙で包み込んだ場合と、それと同面積の補強部分を6段に分割した場合（15cm×2.5cm×6段=225cm$^2$）の荷重$Q$～沈下量$S$曲線の比較を示したものである。図3.18、図3.19は、その2つの場合のすべり線の発生状況を示している。図3.18に示す1個の大き

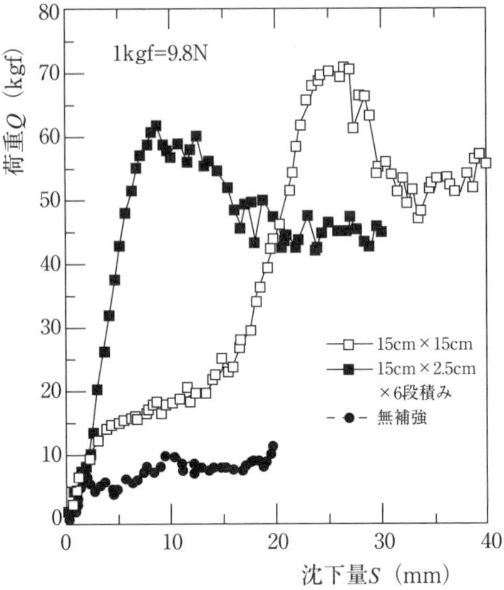


**図3.17**　補強部の分割による荷重$Q$～沈下量$S$関係の変化（補強部全体を同面積とする）（$B$=10cm、$B'$=15cm）

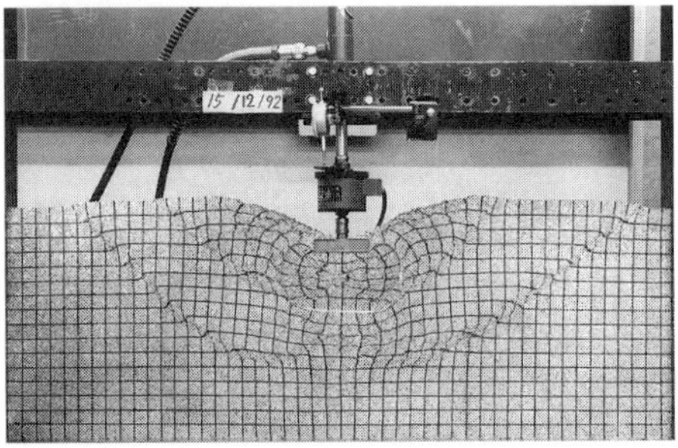

**図3.18**　15cm×15cm の正方形状の紙を配置した場合の地盤全体のすべり破壊状況（$B$= 10cm、$B'$= 15cm）

な正方形の場合には、まず正方形の内部ですべり破壊を起こした後に、ダイレイタンシー現象によって正方形の内部が固くなり、$B$ =10cm の載荷板（フーチング）と正方形部分が一体化して、今度は正方形部分の下にもう１つの大きなすべり線が形成されるのが見られる。これが、図3. 17中の15cm×15cm の場

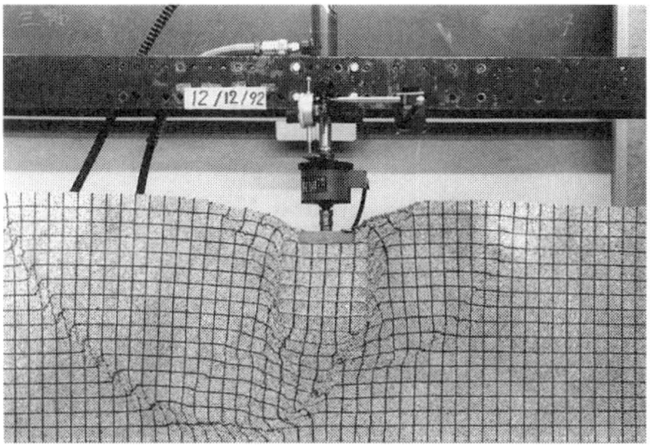


図3.19　15cm×2.5cm の長方形状の紙を 6 段積みに配置した場合の地盤全体のすべり破壊状況（$B$=10cm、$B'$=15cm）

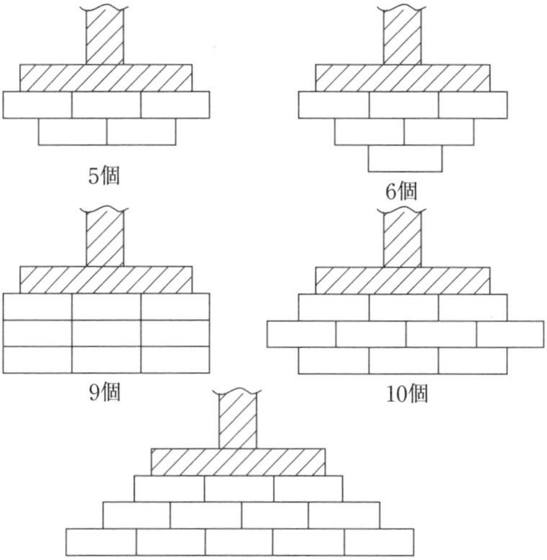


図3.20　細かく分割した補強材（土のう）の配置状況（$B$=10cm、1 個の「土のう」の寸法 4cm×1.5cm）

合の荷重 $Q$～沈下量 $S$ 曲線が“2段”になる理由である。しかし、同じ面積を 6 段に分割して包み込むと、小さい沈下量で発生しようとするダイレイタンシーをいち早く拘束し、荷重 $Q$～沈下量 $S$ 曲線の初期の立ち上がりの勾配 $dQ/dS$ を大きくすることができる。このことは、補強部分を分割して包み込むこ

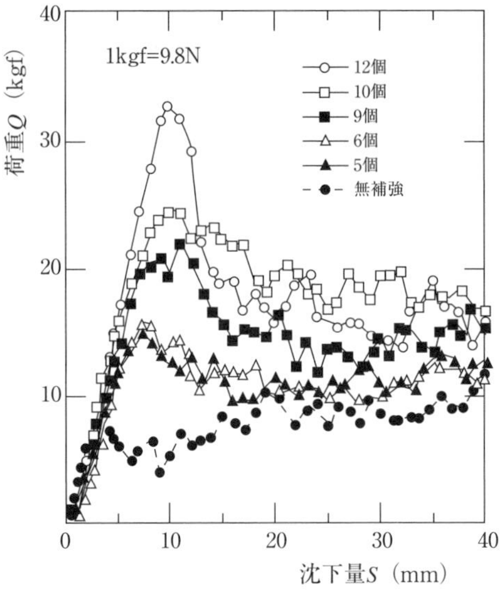


**図3.21　細かく分割する補強方法による荷重Q〜沈下量S関係の差異（図3.20と対応）**

とが効果的であることを示している。そうなると、「土のう」のようにさらに細かく分割することを思いつく（細かいかどうかは土のうの絶対幅ではなく、載荷幅――フーチング幅――と比べてどうかという問題である)。図3.21は、図3.20に示す「土のう」のような細かく分割した補強材の配置状態のもとでの試験結果を示している。図よりわかるように、「土のう」の個数が多いほど極限支持力が高くなるが、すべての配置状態について極限支持力が無補強の場合のほぼ2倍以上になるという良好な結果が得られた。したがって、極限支持力を2倍程度にすればよいのであれば、「土のう」の配置についてはさほど神経質にならなくてもよいのかもしれない。これより、土のう袋のような袋状補強材に適当な粒状体を詰めて、構造物基礎下に多数配置する補強法が考えられる。

一方、構造物基礎下に複数のシート状の補強材を水平に敷くと支持力が増加することが知られている[5),8)-10)]ので、比較のために複数の和紙を水平に配置して実験を行ってみた。図3.22(a) に15cm×2.5cmの「土のう」6段積み（図3.

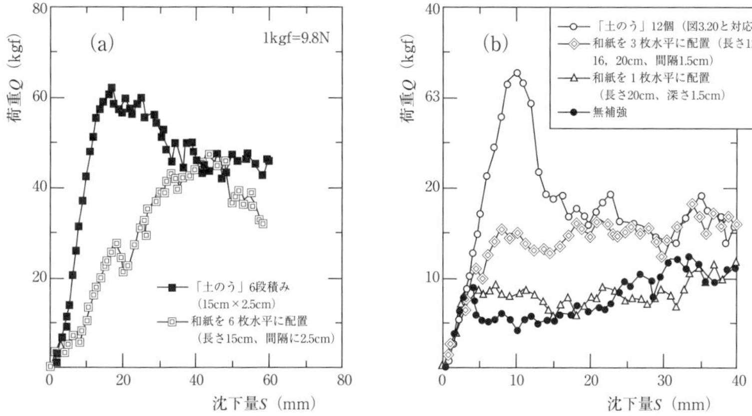


**図3.22 「土のう」と和紙を水平に配置による荷重Q～沈下量S関係の比較**

19に対応）と和紙6枚水平配置（長さ15cm、間隔2.5cm）の試験結果の比較を、図3.22(b) に「土のう」12個（図3.20の12個に対応）と和紙3枚水平配置（載荷板底面から順に長さ12cm、16cm、20cm、間隔1.5cm)、和紙1枚水平配置（長さ20cm、載荷板底面から深さ1.5cm）および無補強の場合の試験結果の比較を示す。図3.22(a) より、「土のう」6段積みの場合の極限支持力は同じ長さ・間隔の和紙を6枚水平に配置した場合よりも高く、しかも極限支持力までの沈下量も小さいのが見られる。これは「土のう」6段積みの場合には、ダイレイタンシーによって載荷板と「土のう」がいち早く一体化し、拡幅効果と根入れ効果の両方が大きくなるためと考えられる。しかし、和紙を「土のう」幅と同じ長さ15cm、同じ間隔2.5cmで6枚水平に配置した場合には、「土のう」のように側方へ逃げる粒子を拘束できないため極限支持力を得るまでにかなりの沈下量を要し、また和紙の両端が沈下とともに折れ曲がるため拡幅効果が小さく極限支持力も小さくなると考えられる。また図3.22(b) より、「土のう」12個の場合の極限支持力が、それに対応させて同じ長さ・間隔の和紙を3枚水平に配置した場合より、かなり高くなるのが見られる。これも、拡幅効果が「土のう」の方が確実なためと考えられる。

以上より、従来から多く用いられているシート状の地盤補強材よりも、土を完全に包み込んだ「土のう」を多数配置したものの方が、絶対確実な地盤の補強法を提供すると考えられる。

## 3.3 「土のう」の信じられない耐荷力、振動低減効果および凍上防止効果

### （１）「土のう」自体の強度とその算定式[11)]

前述したように、砕石や砂を入れた「土のう」（約40cm×40cm×高さ10cm）自体が信じられない耐荷力をもつ。あのペラペラの袋に包まれただけで、どうしてそんなに強くなるのであろうか。まず、その理由を考えよう。

図3.23に示すように、２次元「土のう」の長軸に平行な面に最大主応力 $\sigma_{1f}$、短軸に平行な面に最小主応力 $\sigma_{3f}$ を作用させ、２次元「土のう」が破壊するときの強度を予測しよう。２次元「土のう」の中詰め材としては粒状材料（$\phi$ 材料）を想定している。「土のう」に外力が作用すると密に詰められた中詰め材はダイレイタンシー（体積膨張）を起こすが、それを「土のう」袋が拘束するので袋に張力が生じる（なお、たとえ中詰め材の体積が一定でも「土のう」袋がより平たくなれば袋が引張られて張力が生じる）。この袋に生じる単位奥行き当りの張力 $T$ の２倍（上下、左右に袋があるので）を「土のう」の幅 $B$ と高さ $H$ でそれぞれ割って拘束応力 $\sigma_{01}=2T/(B\times1)$、$\sigma_{03}=2T/(H\times1)$ に置き換え、「土のう」の中詰め材に作用する応力状態で表した（図3.24参照）。この応力状態のもとで「土のう」の中詰め材が破壊する極限状態にあるものとすれば、「土のう」の破壊時の $\sigma_{1f}$ は次式のように表される（$K_p$ は受働土圧係数と呼ばれる）。

$$\sigma_{1f}+\frac{2T}{B}=K_p\left(\sigma_{3f}+\frac{2T}{H}\right)\quad \text{ただし,}\ K_p=\frac{1+\sin\phi}{1-\sin\phi}$$

$$\therefore\sigma_{1f}=\sigma_{3f}K_p+\frac{2T}{B}\left(\frac{B}{H}K_p-1\right) \tag{3.1}$$

次に、２次元「土のう」の強度特性を調べるために、２次元「土のう」模型

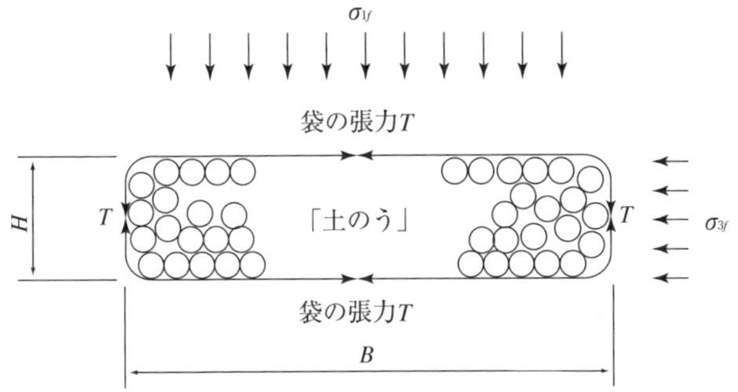


**図3.23 「土のう」に作用する応力状態**

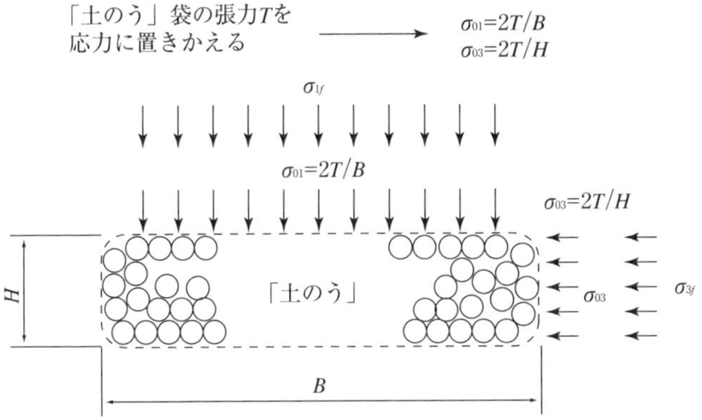


**図3.24 「土のう」の中詰め材に作用する応力状態**

を作製して二軸圧縮試験を行った（図3.25、図3.26参照）。２次元「土のう」袋には破れやすい書道用紙（引張強度 $T=0.36$kgf/cm $=3.53$N/cm）を用い、中詰め材には直径1.6mm、3.0mm、長さ５cm（混合重量比３：２）のアルミ丸棒を土粒子の２次元モデルとして用いた。「土のう」模型の寸法は横幅 $B=15$cm、高さ $H=3.75$cm とした。試験に用いた二軸圧縮試験機は、鉛直力と水平力を独立に載荷できる機構になっている。この試験機に２次元「土のう」模型を上下の載荷板の境界の影響を考慮して水平に３段積み上げて二軸圧縮試験を行い、「土のう」を破壊させた。図3.27は「土のう」破壊時のモールの応

図3.25　２次元「土のう」模型（３段積み）の二軸圧縮試験

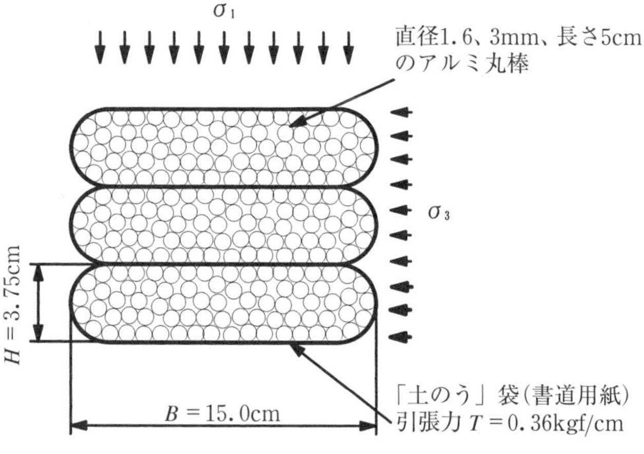


図3.26　２次元「土のう」模型（３段積み）の二軸圧縮試験の概略図

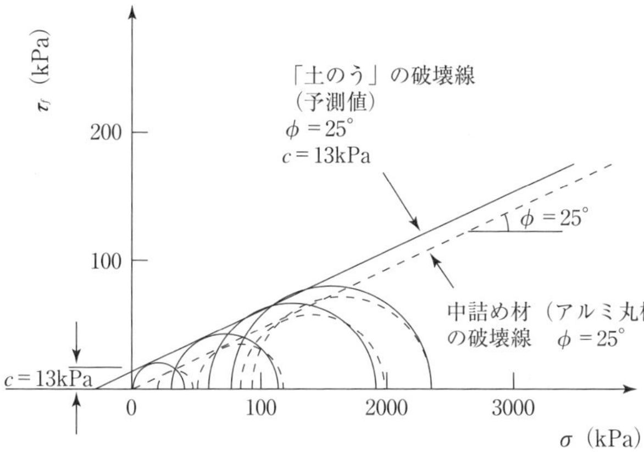


**図3.27　二軸圧縮試験による「土のう」破壊時のモールの応力円**

力円を示したものである。実線のモールの応力円は 2 次元「土のう」模型に作用する応力状態で整理したものであり、これより「土のう」の強度は $c$、$\phi$ 材料の特性を示すことがわかる。一方、点線のモールの応力円は 2 次元「土のう」の中詰め材に作用する応力状態で整理したものであり、これより中詰め材（アルミ丸棒）は当然のことながら $\phi$ 材料の特性（原点を通る直線；$\phi = 25°$）を示すことがわかる。なお、「土のう」の中詰め材に作用する応力状態で整理するには、「土のう」袋の引張強度（$T = 0.36$kgf/cm $= 3.53$N/cm）から拘束応力 $\sigma_{01}$、$\sigma_{03}$を算定して $\sigma_{1f}$、$\sigma_{3f}$ に加えなければならない（図3.24参照）。ここで、極めて興味深いのは、$\phi$ 材料であるアルミ丸棒積層体が単に包まれるだけで $c$、$\phi$ 材料（$\phi$ の値はアルミ丸棒積層体の $\phi = 25°$ と一致する）に変身することである。誰が想像できるであろうか。アルミ丸棒積層体を $c$、$\phi$ 材料にせよといえば、大抵の人は接着剤（地盤ならセメントなど）を入れることを考えるのではなかろうか。直感的な理解の仕方としては、粒状材料（$\phi$ 材料）が包まれて袋の張力によって粒子間力が大きくなると、粒子がズレようするとき摩擦力が働き粒子どうしがズレにくくなる。これは接着剤を入れたのと同じである、ということである。このことが、後述する粒状体入り「土のう」の驚異的な耐荷力の源となっている。

さて、$c$、$\phi$ 材料の破壊時の主応力 $\sigma_{1f}$、$\sigma_{3f}$ の間には次の関係式が成り立つ。

$$\sigma_{1f}=\sigma_{3f}K_p+2c\sqrt{K_p} \qquad (3.2)$$

式（3.1）、（3.2）より、「土のう」の拘束力（張力）による見掛けの粘着力 $c$ は次式のように表すことができる。

$$c=\frac{T}{B\sqrt{K_p}}\left(\frac{B}{H}K_p-1\right) \qquad (3.3)$$

上式より計算された $c=13\mathrm{kN/m^2}=13\mathrm{kPa}$ と「土のう」の中詰め材の $\phi=25°$ を使って「土のう」の破壊線（予測値）を図3.27中に実線で示した。予測された破壊線（実線）が試験結果より求めた破壊時のモールの応力円にほぼ接するように引けることより、予測値は実測値をよく説明しているのがわかる。ここで、「土のう」の $\phi$ は中詰め材の $\phi$ と同じ値（2つの破壊線が平行）になっているが、これは「土のう」が破壊するときには中詰め材も極限状態に達しているとして式（3.1）を誘導しているためであり、実測によるモールの応力円からもその仮定の妥当性を確認できる。

次に、コンクリート用の耐圧試験機を用いて実物の「土のう」の強度試験を行った（図3.28参照）。通常の市販されているポリエチレン製土のう袋と耐候性のあるポリエステル製土のう袋を用意し、中詰め材には砕石（$\phi=44°$）を用いた。砕石を入れたときの寸法は、それぞれ約40cm×40cm×高さ10cm、約38cm×30cm×高さ8.5cmとした。通常のポリエチレン製土のう袋は紫外線に弱いのが欠点であるが、ポリエステル製土のう袋は紫外線に強く材料の引張強度も大きい。この他に、紫外線（UV）をカットするポリエチレン製土のう袋も作製している。表3.1は砕石入り実物「土のう」の耐圧試験結果を示したものである。通常のポリエチレン製「土のう」でも耐荷力は23～29tf（＝225～284kN）と驚異的な値である。図3.29はその応力～ひずみ曲線の一例を示したものである。ここで、式（3.1）で $\sigma_{3f}=0$ として通常の「土のう」の耐荷力の予測を行う。$L$ は「土のう」の奥行き長さである。

$$\begin{aligned}F&=\sigma_{1f}\times B\times L=(2T/B)\{(B/H)K_p-1\}\times B\times L\\&=2T\{(B/H)K_p-1\}\times L=2\times\{(0.4/0.1)\times 5.55-1\}(T\times L)\end{aligned} \qquad (3.4)$$

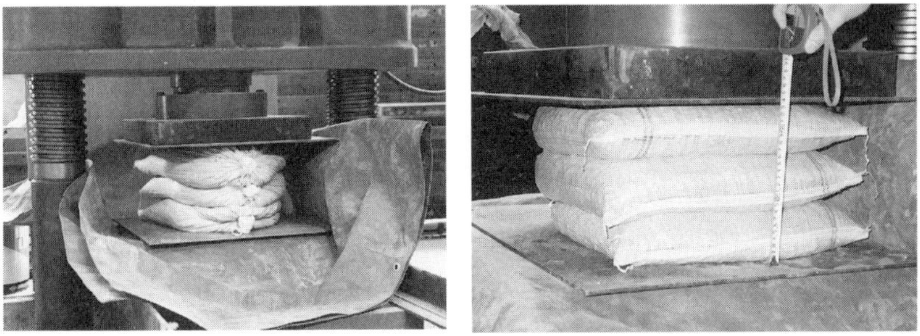

図3.28　実物「土のう」の耐圧試験の様子

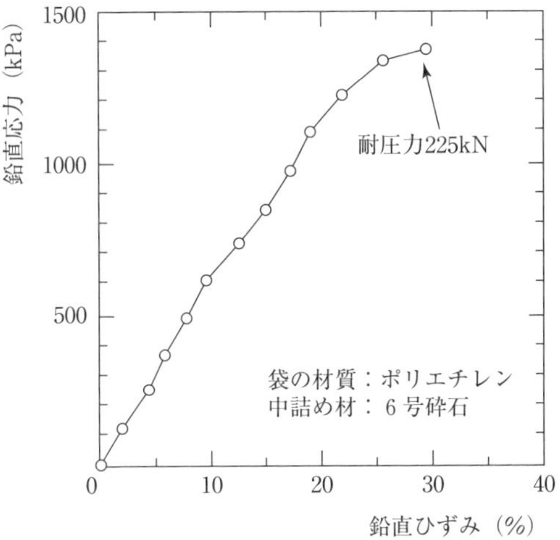


図3.29　実物「土のう」の耐圧試験による応力～ひずみ関係の一例

表3.1　実物「土のう」の耐圧試験結果

| 市販「土のう」 | 耐紫外線「土のう」 |
|---|---|
| 230～280kN<br>(1400～1800kPa) | 540～640kN<br>(4700～5600kPa) |

$$= 42.2 \times (T \times L) = 42.4 \times (1.2 \times 0.4) = 20.4\text{tf} = 200\text{kN}$$

上式は２次元「土のう」の耐荷力を求める式であるが、３次元「土のう」の耐荷力を予測する際の参考値として示した。この計算結果より、「土のう」の破壊荷重（20.4tf＝200kN）は袋の張力（1.2tf/m×0.4m＝0.48tf＝4.7kN）の40倍以上（42.4倍）にもなっており、このことが「土のう」の強度を予想をはるかに超える程大きくする理由と考えられる。元をたどれば、外力（載荷重）が生じさせた土のう袋の張力（拘束力）$T$ によって発生した粘着力 $c$（式(3.3)）が源である。すなわち、外力（載荷重）→ダイレイタンシーの発生（あるいは袋が平たくなる）→袋の張力 $T$ の発生→粘着力 $c$ の発生であり、外力（載荷重）──敵──を味方につけていることがわかる。また、表3.1よりポリエステル製の「土のう」のように袋の材質を改良することによって耐荷力を大幅に増大させ得ることもわかった。以上の結果より、通常の「土のう」でも予想をはるかに超える耐荷力を有すること、耐候性・高強度の「土のう」袋を用いればさらに大きな耐荷力を得られることがわかったので、従来の「土のう」のイメージを変えて、適用範囲を大幅に広げられるであろう。これを利用しない手はないのである。

## （２）「土のう」の振動低減効果[12)]

軟弱地盤（$N$ 値*）＝１～２程度）上の建物基礎の下に多数の「土のう」を並べて配置する地盤の補強法（図3.30～図3.32参照）を実施したところ、今まで感じていた交通振動による建物の揺れをほとんど感じなくなったという声がいくつかの施工箇所で聞かれた。そこで、２箇所の施工箇所において交通振動を計測し、実際に振動が低減されているかどうかを調べた。また、振動計測結果を解析して、どの周波数領域の振動が低減されているかについても調べ、人体や建物に及ぼす影響について検討した。

（*）$N$ 値とは質量63.5kg のハンマーを75cm の高さから落下させて、サンプラーを地盤中へ30cm 貫入させるのに要する打撃回数（number）のことである。

### (a) 神奈川県 YM 市における振動計測結果

建物建設箇所の地盤は、黒ぼくと呼ばれる火山灰性有機質粘性土で極めて軟弱な、やっかいな代物であった（靴がめり込んで歩きにくい程である)。この黒ぼくは棄てるのが大変であるというので、「土のう」の中に入れて、図3.30

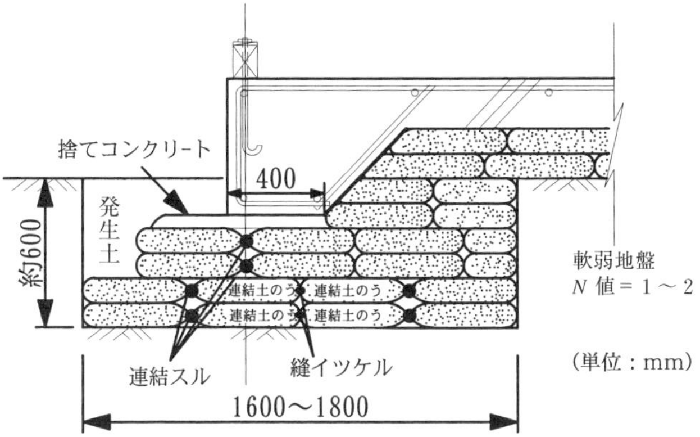


**図3.30 「土のう」配置図**

**図3.31 ＹＣ町におけるフーチング部の基礎地盤の補強**

**図3.32 ＹＣ町における建物基礎地盤の補強**
(フーチング部以外にも「土のう」を２段積んでその上に配筋しベタ基礎とした)

のように「土のう」を並べ、１段毎に板状転圧機（バイブレーター）と木づちで締固めて積み上げげた（図3.33参照)。図3.34は振動計測点を示したものである。上記のように、「土のう」で地盤補強をして建て直しを行った建物のすぐ外側の「土のう」配置位置にかからない点Ｐ１と、「土のう」の上にある建物のすぐ内側の１階の床面（カーペットをめくった）の点Ｐ２で計測した。なお、地表面に垂直な方向を $z$ 方向、車道に沿う地表面の方向を $x$ 方向、車道に直交する地表面の方向を $y$ 方向とする。

図3.35（a）は建物外の点Ｐ１での $z$ 方向の振動加速度のある時刻における計測結果を示しており、図3.35（b）は建物内の点Ｐ２での $z$ 方向の振動加速度の同じ時刻における計測結果を示している。両図を比較すれば、交通振動が「土のう」を通って建物内部へ入ると、かなり低減されているのが見られる。また、図3.36（a），（b），（c）は、どの振動数領域の振動加速度が低減しているかを見るために、点Ｐ１と点Ｐ２の加速度スペクトル比を振動数に対して示したものである。(a）は $z$ 方向、(b）は $x$ 方向、(c）は $y$ 方向の加速度スペクトル比を振動数に対して示している（なお、図3.36（a），（b），（c）は振動数のバンド幅0.2Hz で平滑化している)。また、加速度スペクトル比が１というのは土のうを介して建物内に入っても低減していないことを意味している。図3.36（a），（b），（c）より、$z$、$x$、$y$ 方向とも振動数１～10Hz 程度の範囲で加速度スペクトル比が半分以下（0.4程度）に低減しているのが見られ、極めて興味深い。人間の体感レベルの高い振動数（人間が振動をよく感じる振動数）が４～８Hz といわれており、木造建築の共振振動数が数 Hz（10Hz 以下）であることを思えば、これは非常に意義深いことと思われる。

(b）茨城県 YC 町における振動計測結果

建物建設箇所は $N$ 値＝１～２程度の軟弱地盤であったので、図3.30に示す「土のう」配置で地盤補強を行った。その施工状況を図3.31、図3.32に示す。振動計測点は、車道から少し離れている（20～30m 程度）点を除いては図3.34の場合と同様であって、建物外の点Ｐ１と建物内の１階床面の点Ｐ２で計測した。なお、$z$、$x$、$y$ 方向は前述のものと同じ定義である。図3.37（a），（b）は、

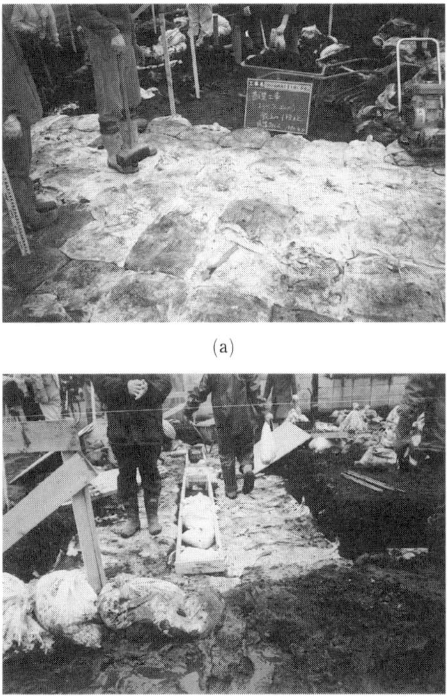

(a)

(b)

**図3.33　ＹＭ市における黒ぼく地盤の建物基礎補強**

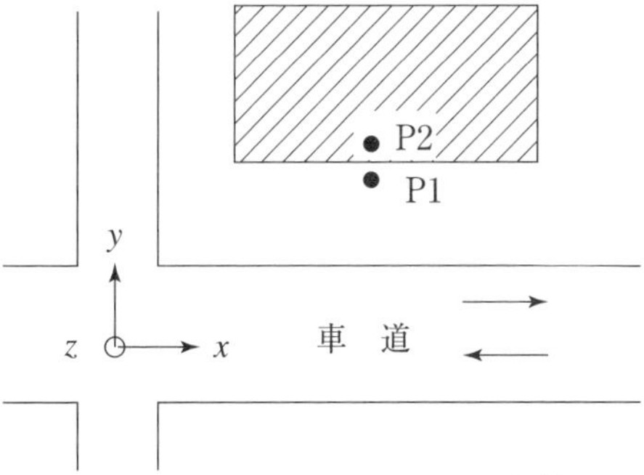


（P1：建物外、P2：建物内）

**図3.34　ＹＭ市における振動計測点**

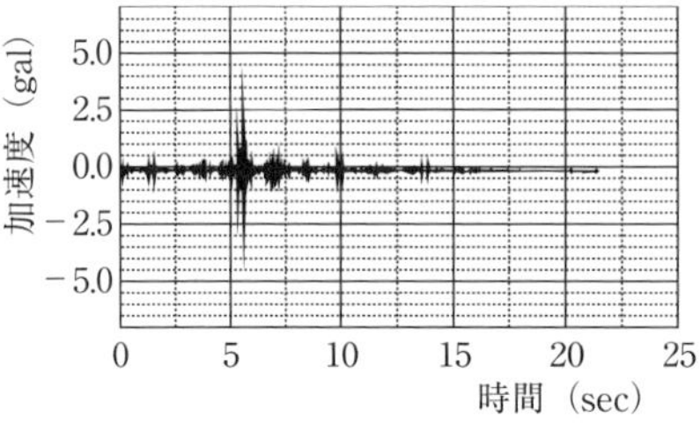


(a) 計測点Ｐ１－$z$（建物外）

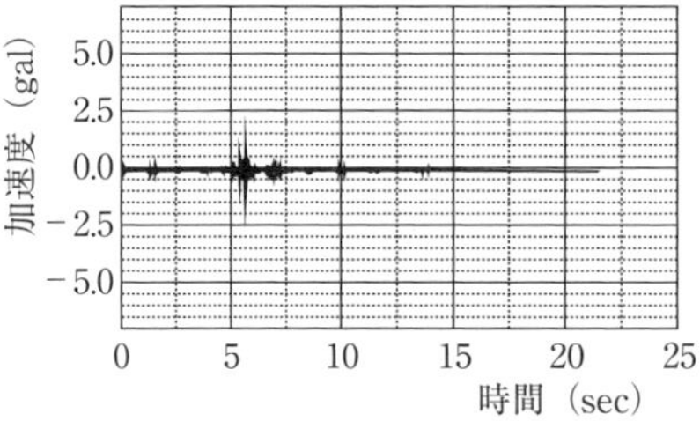


(b) 計測点Ｐ２－$z$（建物内）

**図3.35**　YM市における（a）建物外と（b）建物内の$z$方向の加速度～時間関係

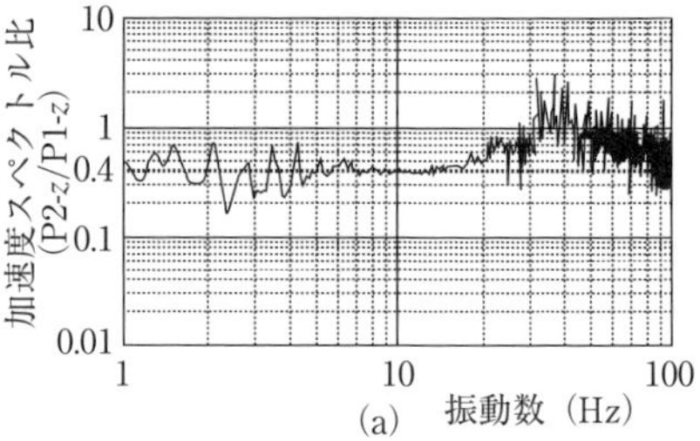


(a)

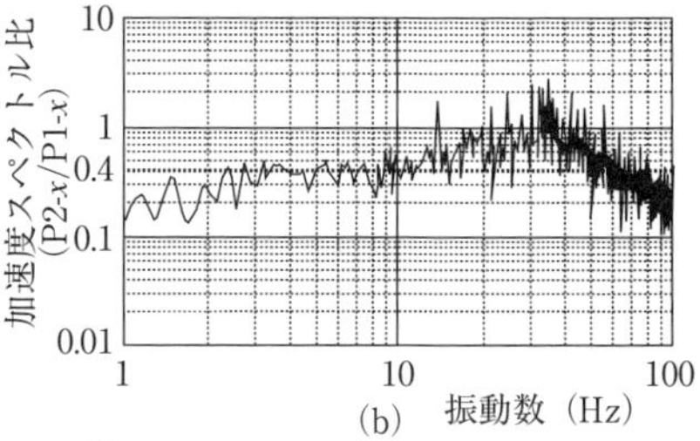


(b)

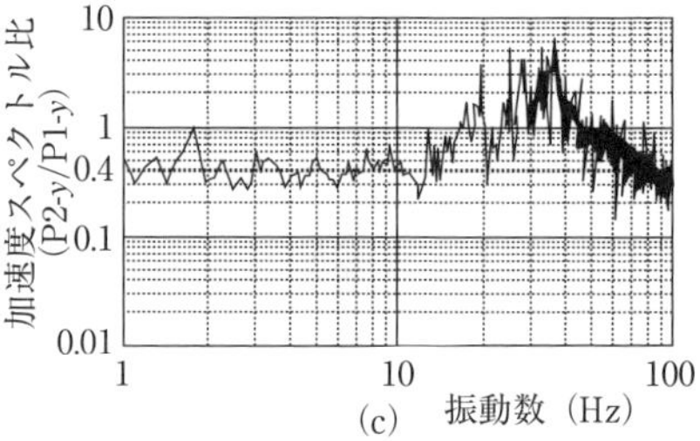


(c)

**図3.36**　YM市における$z$、$x$、$y$方向の加速度スペクトル比～振動数関係

それぞれ建物外の点Ｐ１と建物内の点Ｐ２での$z$方向の振動加速度の同じ時刻における計測結果を示している。両図を比較すれば、交通振動が「土のう」を通って建物内部へ入ると、相当量低減されるのが見られる。なお、「土のう」一体化工法による建物基礎補強の主目的は支持力の増大であって、振動低減は＋α効果である点が興味深い。振動低減のメカニズムの解明は難しい問題であるが、いまのところ軟弱地盤中の固い袋状物の存在による振動の入力損失、袋状物間の不連続性（隙間）による振動の遮断・低減などを考えている。

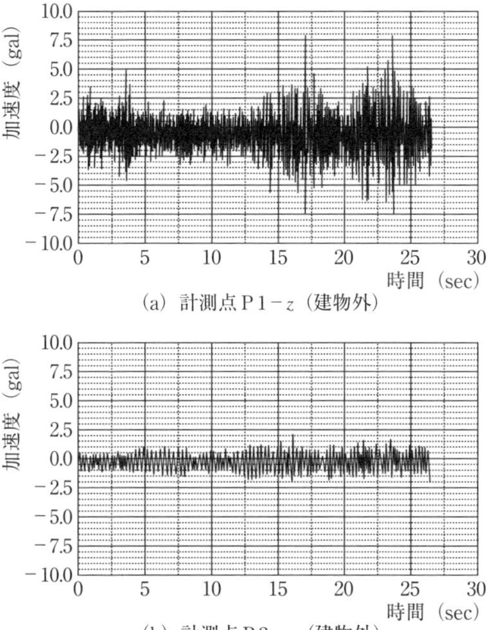


(a) 計測点P1−$z$（建物外）

(b) 計測点P2−$z$（建物外）

**図3.37　ＹＣ町における（a）建物外と（b）建物内の $z$方向の加速度～時間関係**

最後に、「土のう」一体化工法による振動低減についての楽しい話を１つ紹介しよう。北海道 TK 市において、すぐ近くを JR 線が走る建物の建設現場があった。ここでは、図3.63（後出）に示す$N$ 値＝２～３の場合の「土のう」標準配置図に従って基礎地盤の補強を行っている。基礎地盤の補強がほぼ完了した状態で、水を入れたコップを図3.38（a）に示す建物中心部の「土のう」の上、(b）に示す建物周辺部のフーチング基礎のための「土のう」上の捨てコンクリート面の上、(c）に示すそれらの地点と JR 線からの距離がほぼ等しい地盤の上に置いた。そして、貨物列車が走って来たときに、コップの中の水面が揺れたら声を上げるように打ち合わせたが、声が上がったのは（c）図の地盤上のコップだけであり、(a)，(b）図の「土のう」を介したコップの中の水面は全く揺れなかった。このことより、原始的な方法ではあるが、「土のう」

(a)

(b)

(c)

図3.38　JR 線から等距離におけるコップの水面の揺れのチェック

一体化工法の振動低減効果がはっきりと確認された[13)]。

## （３）凍上防止効果

北海道などの寒冷地においては、地盤の凍結・凍上問題は避けては通れない

1つの重要な課題である。凍上問題で注意すべき点は、地盤中の水が凍って少し体積が増加してもほとんど問題にならないことである。ポイントは水の補給が続くかどうかであって、それは主に水の毛管上昇による。砂利などの粗い粒子の入った「土のう」は土粒子の隙間が大きいので水が毛管上昇しない、したがって凍上しないというのが、「土のう」の凍上防止効果の考え方である。

図3.39は、その地域で法的に定められた凍結深さ以深まで建物基礎（フーチングなど）を入れる従来の方法を示している。このような深い基礎を据えるには、深くまでコンクリートのための型枠を組み配筋をし、コンクリートを打設しなければならない。多くの時間と費用を要するのである。図3.40は、砂利入りの「土のう」を活用した新たな凍上対策用の施工法を示している。凍結深さ

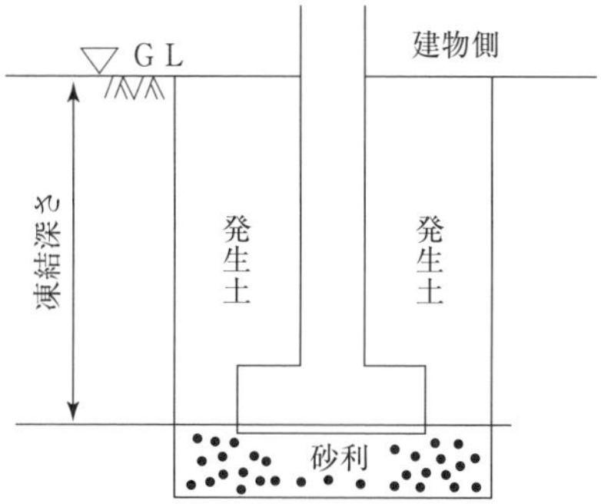


**図3.39　凍結深さ以深まで建物基礎を入れる従来の方法**

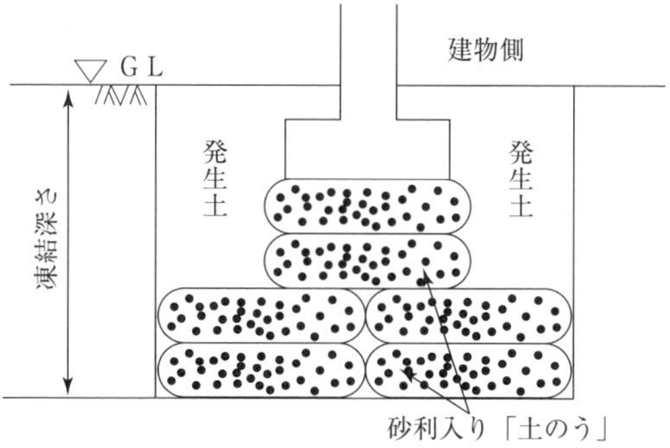


**図3.40　凍結深さ以深まで砂利入り「土のう」を設置する新たな方法**

や地盤の支持力にもよるが、砂利や砕石などの入った「土のう」を２～６段程度図示のように転圧しながら積み上げれば、普通の深さの基礎（フーチングなど）によって十分対応することができる。研究結果によれば、砂利入り「土のう」はそれ自体が凍上しないことに加えて、水分の毛管上昇を遮断するのでそれより上の土層での凍上を防ぐ効果もあることがわかっている[14)]。したがって、建物基礎に対する凍着凍上（基礎に凍り着いて持ち上げる凍上）の恐れもほとんどなくなる。なお、「土のう」袋は通常ポリエチレン製であり凍着凍上しにくい材質である[15)]。以上のように、砂利や砕石入りの「土のう」を建物基礎下に積み上げて並べることは、地盤の支持力増大、地盤の振動低減のみならず、地盤の凍上防止にも効果的であることがわかった。まさに、一石三鳥といえる。

## 3.4 「土のう」の強度・変形・摩擦特性

前述したように、「土のう」の短軸方向から最大主応力が作用する場合の驚異的な強度については解明してきた。一方、「土のう」に水平外力や傾斜外力が作用する場合については、強度が低下するのではないかという危惧が抱かれている。ここでは、２次元「土のう」模型（以下、「土のう」模型と呼ぶ）の二軸圧縮試験を行なって、最大主応力が「土のう」の短軸方向から傾いて作用する場合の「土のう」の強度について考察し、強度推定式を提案する。また、引張抵抗をもたない $\phi$ 材料の中詰め材を土のう袋で包み込むことによって、引張応力のもとでもせん断強度を有する材料に変化させるという極めて興味深い効果についても言及する。さらに、「土のう」の変形特性や「土のう」間の摩擦特性についても述べる。

### （１）「土のう」積層体の強度異方性[16)]

「土のう」の強度異方性を調べるために、「土のう」模型を作製して二軸圧縮試験を行った（図3.41参照）。「土のう」模型には引張強度の弱い広告用紙（引張強さ約8.24N/cm）を用い、中詰め材には内部摩擦角 $\phi=25°$ 、直径1.6mm、3.0mm、長さ 5 cm（混合重量比 3：2）のアルミ丸棒を土粒子の 2 次元モデルとして用いた。「土のう」模型の寸法は横幅 $B=5$ cm，高さ $H=1$ cm とした。この二軸圧縮試験機は鉛直力、水平力を独立に載荷できる機構となっている。図3.41に示すように、「土のう」模型を水平方向から $\delta$ 度傾けて積んで（最大主応力方向が「土のう」模型短軸方向から $\delta$ 度傾く）二軸圧縮試験を行い、「土のう」模型を破壊させた。試験は $\delta=0°$、15°、30°、45°、60° および90° で行った。

図3.42は、各 $\delta$ のときの見掛けの粘着力 $c(\delta)$ を $c(\delta=0°)$ の値で割って正規化したものを縦軸に、最大主応力方向の傾斜角 $\delta$ を横軸にとった関係図を示している。図中の点線、一点鎖線はある理論[17]に基づいて書いたもので、●印は実測値のプロットである。理論線では、中詰め材の $\phi$ が大きくなるにつれて見掛けの粘着力 $c(\delta)$ の値が大きくなる傾向が見られるが、安全側を考えて、実測値の傾向に合うように $c(\delta)/c(\delta=0°)$ の関数を決めた（図3.42の実線）。$c(\delta)$ の推定式を次のように定める。

$$c(\delta)=\begin{cases}c(\delta=0°)\cos 2\delta & (0°\leqq\delta\leqq 45°)\\ 0 & (45°\leqq\delta\leqq 90°)\end{cases} \tag{3.5}$$

ただし、$c(\delta=0°)$ は次式で表わせる（前掲の式（3.3）と同じ）[11),17)]。

$$c(\delta=0°)=\frac{T}{B\sqrt{K_p}}\left(\frac{B}{H}K_p-1\right) \tag{3.6}$$

ここに、$B$：土のうの横幅、$H$：土のうの高さ、$K_p$：受働土圧係数、$T$：土のう袋の破断張力である。式（3.5）、式（3.6）による推定破壊線と実測された破壊時のモールの応力円の比較を図3.43（a）、(b)、(c)、(d) に示す。これらの結果から「土のう」模型の $\phi$ は中詰め材の $\phi$（この場合はアルミ丸棒積層体の $\phi=25°$）と同じになり、$\delta$ が大きくなるにつれて（最大主応力方向が傾くにつれて）見掛けの粘着力 $c$ は小さくなり、$\delta=45°$ でゼロになることがわかる。

**図3.41　2次元「土のう」模型の二軸圧縮試験**

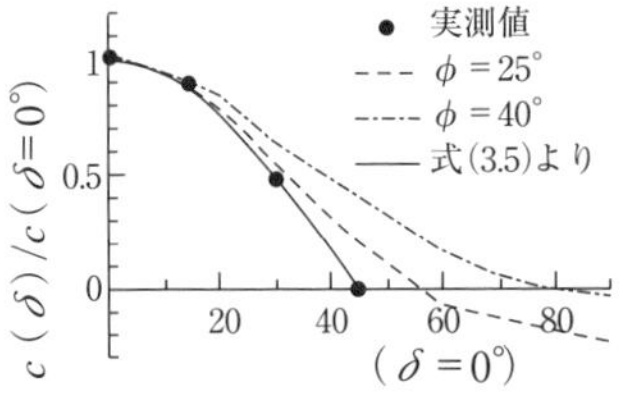


**図3.42　$c(\delta)/c(\delta=0^\circ)$〜$\delta$関係**

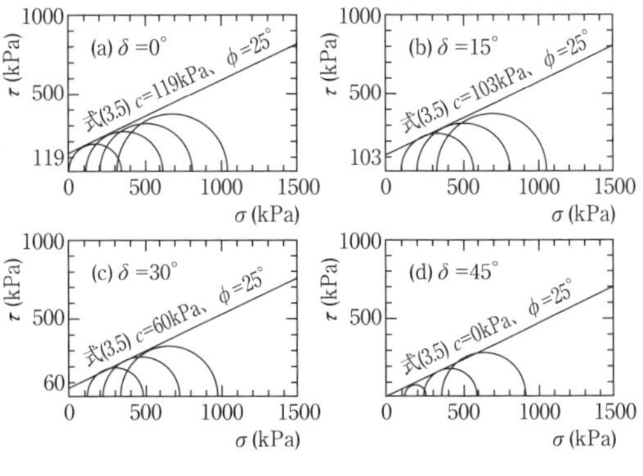


**図3.43　2次元「土のう」模型の二軸圧縮試験結果と推定式の比較**

## (2)「土のう」の引張強度

$\phi$ 材料である土は当然のことながら引張強度をもたない。しかし、「土のう」袋で $\phi$ 材料を包むことにより引張応力のもとでもせん断強度をもつ材料に変化するのではないかと考え、「土のう」模型を用いて実験を行なった（図3.44参照)。「土のう」模型には二軸圧縮試験で使用したのと同じ広告用紙とアルミ丸棒を用いた。この実験結果を図3.45に示す。図3.45より「土のう」寸法と袋の張力によって理論的な「土のう」の破壊線は異なるが、圧縮側の理論破壊線の引張側への延長線がそのまま引張側の破壊線となることがわかる。つまり、「土のう」圧縮時には外力によって「土のう」が変形し、「土のう」袋に張力が発生するが、横から（水平方向へ）「土のう」を引張ることによっても「土のう」袋に張力が発生し、この張力によって中詰め材を拘束することになる。このことから、「土のう」袋を縫いつけるなどして連結した場合には、「土のう」に引張力が作用することがあると考えられ、理論的には圧縮側の破壊線を延長して引張側まで考え得ることになる。この事実は、$\phi$ 材料を単に「土のう」袋に入れるだけで、コンクリートのように引張時にも強度をもつ材料に変化することを意味しており興味深い。しかし、実際の設計においては、安全側を考えて、圧縮側（$\sigma \geqq 0$）のみを考えることとする。

## (3)「土のう」の破壊強度式

以上、「土のう」に傾斜外力が作用すると見掛けの粘着力 $c(\delta)$ が低下することや、「土のう」が引張時にも強度を有することについて述べてきたが、設計のための「土のう」の破壊線はどのように考えればよいのであろうか。図3.46中のモールの応力円は、$\sigma_3 = 0$ のときの「土のう」破壊時（「土のう」袋は引張破壊し、中詰め材はせん断破壊する）のモールの応力円を示したものである。$c(\delta)$ は式(3.5)、式(3.6)によって計算できる値である。上述のように、「土のう」袋を連結している場合には、図3.46の太点線（$\tau_f = \sigma \tan\phi + c(\delta)$）を破壊線として用いることができる（安全側をみて $\sigma \geqq 0$ の範囲に限る)。また、「土のう」袋を連結していない場合は、「土のう」に外から引張応力が作用しないので、$\sigma_3 < 0$ となることはない。また、$\sigma_1 = \sigma_3 = 0$ （$\sigma = 0$）のときは、土は拘束されず「土のう」の張力 $T$ もゼロになるので $\tau_f = c = 0$ となり、原点Oとなることがわかる。さらに、「土のう」袋が破断する前の応力（$0 < \sigma \leqq \sigma_F$）

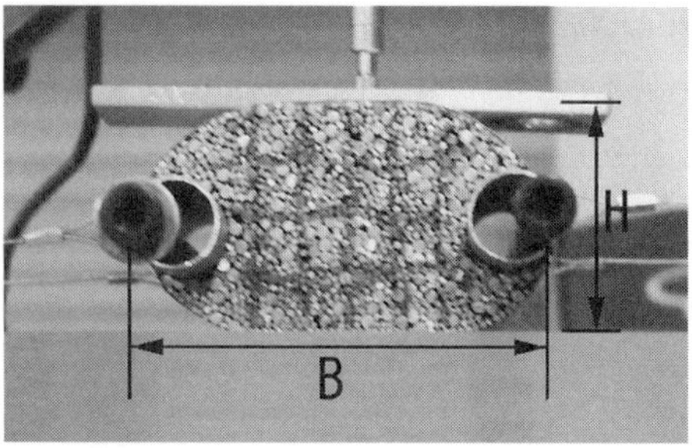


図3.44　２次元「土のう」模型の水平方向への引張試験

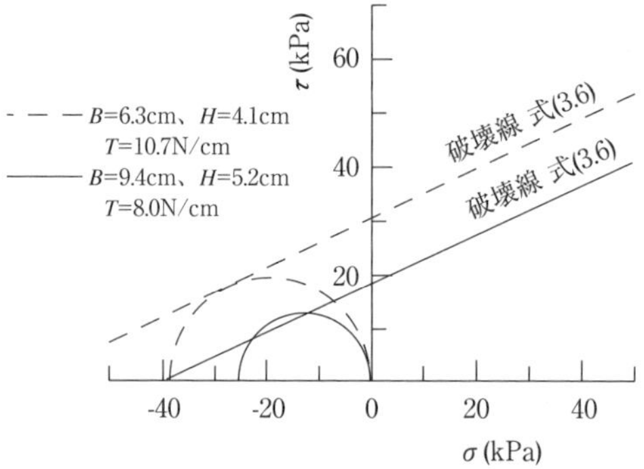


図3.45　２次元「土のう」模型の引張試験結果

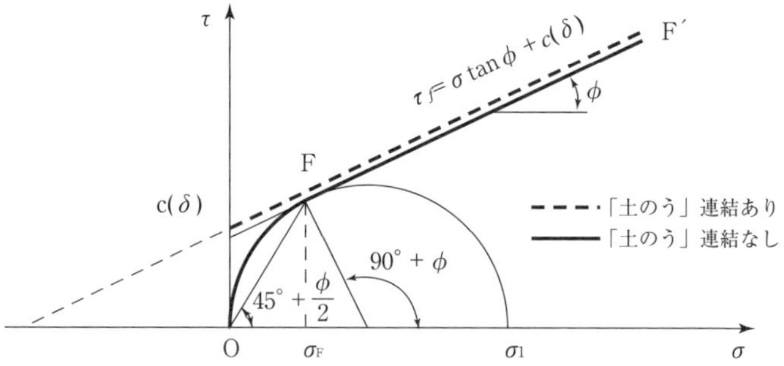


図3.46　「土のう」の破壊線

のもとでは、「土のう」袋の張力が大きくなるに伴って「土のう」の強度が徐々に大きくなるが、このときに「土のう」が保持し得る応力状態を表わすモールの応力円の最外周円は円弧OFで表現されることになる。次に、「土のう」袋が破断する応力（破壊面上の垂直応力 $\sigma \geqq \sigma_F$）の場合は、図3.46の点Fより右の破壊線 $\tau_f = \sigma \tan\phi + c(\delta)$ で表せる。以上より、「土のう」を連結しない場合の「土のう」の破壊線は図3.46の太実線（円弧OFと直線FF'）になると考えられる。なお、図3.46より $\sigma_3 = 0$ で $\phi = 90°$（点Oでの応力円への接線の傾き）となり、側圧 $\sigma_3 = 0$ でも「土のう」を鉛直に積めることの理論的な根拠を与えるものとなっている。

### (4)「土のう」の変形特性[18)]

これまで主に土のうの強度特性について解明してきた[11),16)]が、実際の土のうの設計・施工にあたっては土のうの変形特性も重要な問題となる。そこで、ここでは土のうの変形量の予測式を求め、実物土のうの実験結果との適合性を示す。

#### (a) 土のう短軸方向と最大主応力方向が一致する場合（$\delta = 0°$）の変形予測

前掲の図3.24は土のう中詰め材に作用する応力を示したものである。ここで、$\sigma_1$、$\sigma_3$：土のうに作用する最大、最小主応力、$\sigma_{1m}$、$\sigma_{3m}$：土のう中詰め材に作用する最大、最小主応力、$T$：土のう袋の張力（ここでは、破断張力だけでなく、破断に至るまでの張力も表す）、$H$：土のうの高さ、$B$：土のうの幅、$H_0$：土のうの初期高さ、$B_0$：土のうの初期幅、$n$：土のうの縦横比（$n = B_0/H_0$）とする。図3.24において、鉛直方向と水平方向の力のつり合いから式（3.7）を得る。

$$\left.\begin{aligned} \sigma_1 + \frac{2T}{B} &= \sigma_{1m} \\ \sigma_3 + \frac{2T}{H} &= \sigma_{3m} \end{aligned}\right\} \qquad (3.7)$$

また、土のう中詰め材の主応力比～主ひずみ関係を以下の式（3.8）のよう

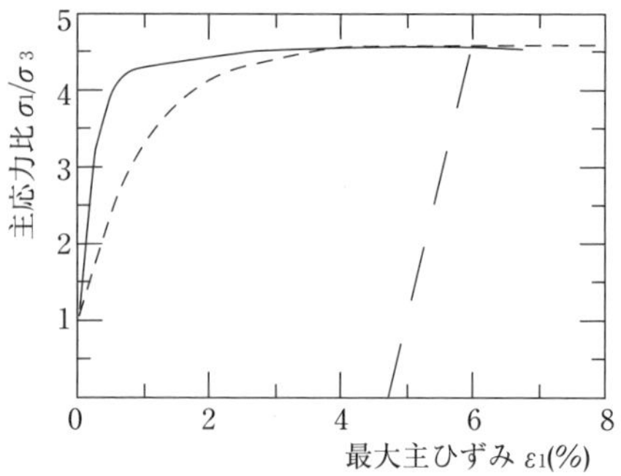


**図3.47　中詰め材の主応力比〜主ひずみ関係**

に定める。ここに、$\varepsilon_1$は最大主ひずみである。

$$\sigma_{1m}/\sigma_{3m} = f(\varepsilon_1) \tag{3.8}$$

この主応力比〜主ひずみ関係は中詰め材の同じ密度での三軸圧縮試験から決定するのが最善である。しかしながら、実際には粒子が大きいなどさまざまな理由から三軸試験を行なうのが困難な場合が多い。このような場合の主応力比〜主ひずみ関係の予測の仕方としては次のような方法が考えられる。一つは、Cam-clay モデルに代表されるような種々の弾塑性構成式によって予測する方法であるが、この方法は実用的な観点からはあまり取り扱いやすくない。そこで、ここでは指数関数によって中詰め材の主応力比〜主ひずみ関係を近似的に推定し、この関数を具体的に下記の式（3.9）ように仮定した。図3.47は豊浦砂（$\phi = 40°$）の主応力比〜主ひずみ関係において、実線が三軸試験結果、破線が式（3.9）の関数である。なお除荷および再載荷時の関数は、式（3.9）において主ひずみ $\varepsilon_1$がゼロのときの初期勾配を傾きとする直線とした。

$$\frac{\sigma_{1m}}{\sigma_{3m}} = a\exp(-100\varepsilon_1) + K_P \tag{3.9}$$

$K_p = (1 + \sin\phi)/(1 - \sin\phi)$：中詰め材の受働土圧係数

ここに、定数 $a$ は中詰め材の初期状態によって定まる。例えば、初期が等方圧密状態の場合、$\varepsilon_1 = 0$ で $\sigma_{1m}/\sigma_{3m} = 1$ として $a = 1 - K_p$ と決定される。

次に、土のう短軸方向のひずみ $\varepsilon_y$ は次式（3.10）で表される。なお、最大

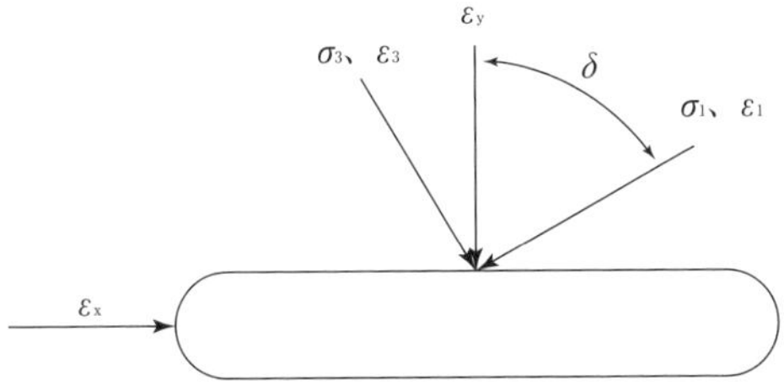


**図3.48　土のうに作用する傾斜応力と各ひずみ**

主応力 $\sigma_1$の方向が土のう短軸方向と一致する場合（$\delta=0°$）は $\varepsilon_y=\varepsilon_1$である（図3.48参照）。

$$\varepsilon_y=\frac{H_0-H}{H_0} \tag{3.10}$$

ところで、式（3.7）に示した土のう袋の張力 $T$ と土のう袋のひずみ $\varepsilon$ との間には材料特性を調べる実験から次式（3.11）を得る。

$$T=k\varepsilon \tag{3.11}$$

$k$：材料特性によって決まる定数（N/cm）

このとき土のう袋のひずみ $\varepsilon$ は、土のう袋の初期周長 $L_0=2(B_0+H_0)$ と変形時における周長 $L=2(B+H)$ を用いて次式で表せる。

$$\varepsilon=\frac{L-L_0}{L_0} \tag{3.12}$$

ここで、土のう袋のひずみ $\varepsilon$ と土のう短軸方向のひずみ $\varepsilon_y$ を関連づけるために、袋に包まれているので破壊に至るまでの体積ひずみが比較的小さい（1%程度）という実験事実から次のような体積一定の仮定を設ける。

$$A=B_0H_0=BH \tag{3.13}$$

$A$：単位奥行きあたりの土のう体積

式（3.7)、(3.8）より、すでに提案している強度式を含む次式が得られる[11)]。強度式の場合は、袋の張力 $T$ は袋の破断張力、$f(\varepsilon_1)$ は $K_p$ となる。

$$\sigma_1=\sigma_3 f(\varepsilon_1)+\frac{2T}{B}\left\{\frac{B}{H}f(\varepsilon_1)-1\right\} \tag{3.14}$$

上式に式（3.10)、式（3.11)、式（3.12)、式（3.13）を代入することによって、最大主応力が土のう短軸方向から作用する場合（$\delta=0°$）の変形予測式(3.15)が得られる。これにより最大主応力 $\sigma_1$ と最大主ひずみ $\varepsilon_1$ の関係が分かる。なお、この場合、前述したように $\varepsilon_y=\varepsilon_1$ となる。

$$\sigma_1=\frac{f(\varepsilon_1)}{B_0}\left[\sigma_3 B_0-2k\,\varepsilon_y\frac{n+\varepsilon_y-1}{(n+1)(1-\varepsilon_y)}\left\{(1-\varepsilon_y)\frac{1}{f(\varepsilon_1)}-\frac{n}{(1-\varepsilon_y)}\right\}\right] \tag{3.15}$$

(b) 傾斜外力が作用する場合（$\delta\neq0°$）の変形予測

次に、最大主応力 $\sigma_1$ が土のう短軸方向から $\delta$ 傾いた方向より作用する（ただし、$\delta$ の値そのものはあまり大きく変化しない）場合の土のうの変形予測式を考える。図3.48はこの時の応力とひずみを表したものである。さて、この場合モールのひずみ円と式(3.12)で述べた体積一定の仮定（$\varepsilon_v=\varepsilon_1+\varepsilon_3=0$）から次式を得る。

$$\varepsilon_y=\varepsilon_1\cos 2\delta \tag{3.16}$$

ところで、最大主応力 $\sigma_1$ が土のう短軸方向から $\delta$ 傾いて作用する場合には、その見掛け上の粘着力 $c(\delta)$ が $c(\delta)=c(0)\cos 2\delta$ となる[16)]。この粘着力 $c(\delta)$ は袋の張力 $T$ に比例する[11)]ので、式(3.11)を考慮すれば次式(3.17)が得られる。

$$k(\delta)=k(0)\cos 2\delta \tag{3.17}$$

これらの式(3.16)、式(3.17)を式(3.15)に代入することによって、最大主応力 $\sigma_1$ が土のう短軸方向から $\delta$ 傾いた方向より作用する場合の土のうの変形予測式、式(3.18)が得られる。これにより式(3.16)を用いれば最大主応力 $\sigma_1$ と最大主ひずみ $\varepsilon_1$ の関係が分かる。

$$\sigma_1=\frac{f(\varepsilon_1)}{B_0}\left[\sigma_3 B_0-2k\,\varepsilon_y\frac{n+\dfrac{\varepsilon_y}{\cos 2\delta}-1}{(n+1)\left(1-\dfrac{\varepsilon_y}{\cos 2\delta}\right)}\left\{\left(1-\frac{\varepsilon_y}{\cos 2\delta}\right)\frac{1}{f(\varepsilon_1)}-\frac{n}{\left(1-\dfrac{\varepsilon_y}{\cos 2\delta}\right)}\right\}\right] \tag{3.18}$$

図3.49はこの式(3.18)によって計算した土のうの最大主応力 $\sigma_1$ と最大主ひずみ $\varepsilon_1$ との関係を実測値と比較したものである。なお、図3.49(a)、(b)、(c)、(d)での実験値は傾斜させた土のう模型積層体（$\delta=0°\sim45°$）の二軸圧縮試験

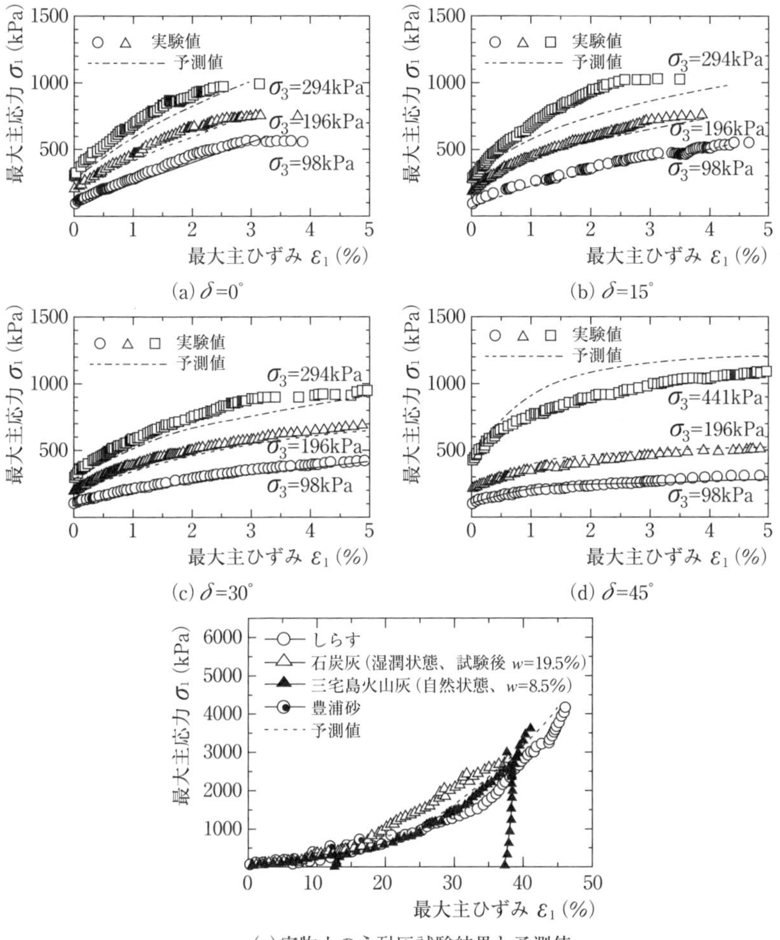


(a) $\delta$=0°　(b) $\delta$=15°

(c) $\delta$=30°　(d) $\delta$=45°

(e)実物土のう耐圧試験結果と予測値

**図3.49　実験値と予測値との比較**

($n$＝5、$\phi$＝25°、$k$＝320N/cm、$B_0$＝5cm、$H_0$＝1cm、$a$＝−0.683)より得たものである[16]。また、図3.49 (e) は実物の土のうの耐圧試験結果とその予測値($n$＝4、$\phi$＝40°、$k$＝450N/cm、$\sigma_3$＝0、$B_0$＝40cm、$H_0$＝10cm、$a$＝−0.278)を示したものである。この図3.49より式 (3.18) で表される予測値は実験値をよく説明していることが分かる。以上より、最大主応力$\sigma_1$と最大主ひずみ$\varepsilon_1$の

関係が求められた。また、式（3.13）の体積一定の仮定から最小主ひずみ $\varepsilon_3$ は $\varepsilon_3=-\varepsilon_1$ として求めることができる。なお、図3.49（e）に示すような転圧やプレローディングによって変形量を減少させる効果は、式(3.18)の関数 $f(\varepsilon_1)$ を図3.47に示した除荷および再載荷時における中詰め材の主応力比〜主ひずみ関係に置き換えることによって推定することができる。なお、図3.49(a)〜(d)では上に凸の曲線のように見えるのに対して、(e)では下に凸の曲線のように見えるのは、(a)〜(d)はひずみの範囲が小さい（$\varepsilon_1=0\sim5\%$）ためであり、ひずみの範囲を大きくすれば(e)と同じような上ぞりの傾向を示すことを確かめている。

## （５）「土のう」間の摩擦試験

「土のう」間の摩擦試験を行なうに先立って、「土のう」袋(ポリエチレン製)どうしの摩擦試験を行なった。表3.2に試験結果を示す。袋どうしの間で相対変位が生じ始め、滑り出した時の摩擦角 $\phi_s$ の平均値＝15°（摩擦係数 $\tan\phi_s$＝0.27)、摩擦抵抗力のピーク値での摩擦角 $\phi_{p1}$ の平均値＝23°（摩擦係数 $\tan\phi_{p1}$＝0.42）であった。なお、この摩擦抵抗力のピーク値までの変位は約５mm であった。

次に、中詰め材の粒子形状による角張りが土のう袋の表面へ出ないような細かい砂を中詰め材とする場合の「土のう」間の摩擦試験を行った（図3.50参照）。

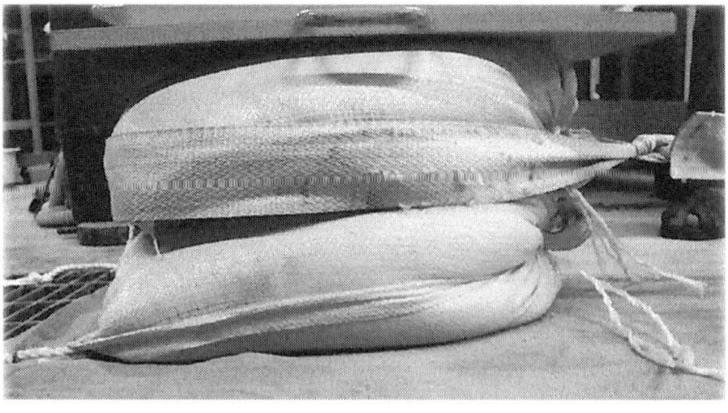

**図3.50　実物「土のう」間の摩擦試験の様子**

**表3.2 土のう袋どうしおよび細かい･粗い中詰め材の土のう間の摩擦試験結果**

| 摩擦条件 | 中詰め材 | 滑り出し時の摩擦角 $\phi_s$ の平均値 | ピーク値の摩擦角 $\phi_{p1}$の平均値 | 中詰材の $\phi$ |
|---|---|---|---|---|
| 土のう袋どうし | | 15° | 23° | |
| 細かい中詰め材入り土のう間 | 6号珪砂 | 15° | 23° | 40° |
| | 豊浦砂 | 15° | 22° | 40° |
| 粗い中詰め材入り土のう間 | 砕石 | 測定せず | 31° | 44° |
| | ロックフィル材 | 測定せず | 43° | 45° |

**表3.3 谷間積み土のうの摩擦試験結果**

| 中詰め材 | 滑り出し時の摩擦角 $\phi_s$ の平均値 | ピーク値の摩擦角 $\phi_{p2}$の平均値 | 谷間角 $\theta$ | $\phi_{p2}=\phi_{p1}+\theta$ |
|---|---|---|---|---|
| 6号珪砂 | 15° | 55° | 30° | 53° |
| 豊浦砂 | 17° | 47° | 25° | 47° |
| 砕　石 | 測定せず | 55° | 23° | 54° |
| ロックフィル材 | 測定せず | 61° | 25° | 68° |

表3.2に試験結果を示す。2種の砂（6号珪砂－最大粒径 $D_{max}$＝0.9mm、平均粒径 $D_{50}$＝0.25mm、豊浦砂－最大粒径 $D_{max}$＝0.8mm、平均粒径 $D_{50}$＝0.18mm）について、滑り出し時の摩擦角 $\phi_s$ の平均値＝15°、ピーク時の摩擦角の平均値 $\phi_{p1}$＝22°～23°ともに、ほぼ「土のう」袋どうしの摩擦角に等しくなるのが見られる。このことは、中詰め材が細かくて粒子形状による角張りが土のう袋の表面へ出ないことを思えば理解される。なお、中詰め材の内部摩擦角 $\phi$ は6号珪砂、豊浦砂ともに40°であった。また、摩擦抵抗力のピーク値までの変位は約5～10mmであった。

さらに、中詰め材の粒子形状による角張りが土のう袋の表面へ出て来るような粗い砕石やロックフィル材を中詰め材とする場合の「土のう」間の摩擦試験も行なった。表3.2に試験結果を示す。粒形が大きいロックフィル材（最大粒径 $D_{max}$＝53mm、平均粒径 $D_{50}$＝12mm）が中詰め材の場合には、「土のう」間の摩擦抵抗力のピーク値の摩擦角 $\phi_{p1}$の平均値が中詰め材であるロックフィル材の内部摩擦角 $\phi$ に近くなるのが見られ興味深い。これは、中詰め材の粒子

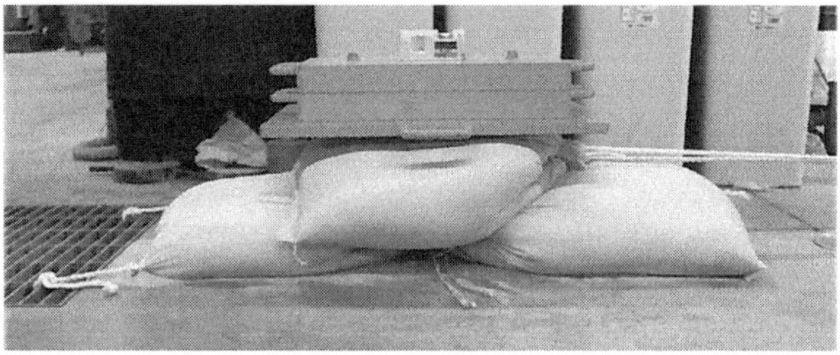

図3.51　「土のう」間の谷間に「土のう」を設置した摩擦試験

図3.52　ロックフィル材の地盤の上にロックフィル材入りの「土のう」を置いた場合の摩擦試験

が非常に粗くて、その角張りが土のう袋の表面にほぼそのまま出てくるような場合には、$\phi_{p1} \fallingdotseq \phi$ となると理解される。また、そこまでは粒子が粗くない砕石の場合には、土のう袋の摩擦角23°＜「土のう」間の摩擦角 $\phi_{p1}=31°$＜中詰め材の内部摩擦角 $\phi=44°$ となるのが見られる。これは中詰め材の粒子の角張りが少しは袋の表面に出て「土のう」間の摩擦角 $\phi_{p1}$ に影響を与え、中間の値となったと考えられる。

表3.3は、図3.51に示すように、「土のう」間の谷間に「土のう」を設置して行なった摩擦試験結果を示したものである。これは「土のう」間の水平抵抗力を増加させる方法の一つとして行なったものである。種々の中詰め材に対して、

水平方向へ引張った場合の「土のう」間の摩擦角 $\phi_{p1}$（表3.2参照）と谷間角 $\theta$ の和として、「土のう」間の谷間に設置した「土のう」の摩擦角 $\phi_{p2}$がほぼ説明できるのは興味深い。これは、摩擦のある角度 $\theta$ の斜面上を物体が滑り上がる場合の摩擦角としてほぼ理解できることを示している。

図3.52は、鉄枠の中にロックフィル材を入れて粒子を動きにくくした地盤の上にロックフィル材入りの「土のう」を置いた場合の摩擦試験の状況を示したものである。このようにしてロックフィル材の粒子を動きにくくした場合は、摩擦角はロックフィル材の内部摩擦角 $\phi=45°$ に近くなり、鉄枠を設置しなくて粒子が動きやすい場合は、それより少し低くなる（$\phi=37°$）のが見られた。この試験も水平方向の抵抗力（摩擦角）を大きくするための工夫の一つである。

さらに、土のうの前面や土のうの間に適当な長さの杭状の棒を打ち込みコンクリートブロックを設置すれば、水平抵抗力を上げて見掛けの摩擦角を大きくすることができる（$\phi$ に換算して67°や72°にすることは容易である）。これらのことは、土のう積み擁壁を安定させるための工夫の一つである。

## 3.5 「土のう」一体化工法の設計法[19)]

ここでは、土のう積層体の具体的な設計法（土のう積み盛土、土のう積み補強地盤の支持力、土のう積み擁壁）について、地震時も考慮して提案する。ただし，ここでは土のう自体は平たく安定しており、転がり落ちるなどの不安定性はないものとする。また、地震時については震度法を用いるものとし、$k_v$、$k_h$ については、一般的に土木構造物の設計に用いられている値 $k_v=0$、$k_h=0.15$（このとき、主応力方向は約8.5° 傾く）を採用した。

### （1）「土のう」積み盛土

図3.53は土のう積み盛土の概念図である。この土のう積み盛土の安定性については次の2点について検討する。1点目は、土のう単体が破壊（破袋）する

場合である。これに対しては、土のうの耐荷応力を示す式（3.1）によって計算する。例として、土のう中詰め材の $\phi=30^\circ$、$\sigma_{3f}=0$、標準土のう（$T=12$kN/m、$B=40$cm、$H=10$cm）では、$\sigma_{1f}=660$kPa となり、土の単位体積重量 $\gamma=18$kN/m$^3$（土のう積み盛土の単位体積重量もこれに近い）とすると、高さ36.7 m に相当する。

２点目は、図3.53に示すようなすべり破壊をあえて想定する場合である。なお、ここでは計算を簡略化するために図3.53に示すような直線すべり線を仮定した。このときの安全率 $F_s$ は、地震時において式（3.19）で表される（常時には $k_v=k_h=0$）。ここで、$\delta$ は最大主応力方向と土のうの短軸方向とのなす角、$W$ はすべり線より上の土塊の重さ、$\ell$ はすべり線の長さ、$c(\delta=0^\circ)$ は $\delta=0^\circ$ のときの土のうの見掛けの粘着力である。

$$F_s=\frac{(1-k_v)-k_h\tan\left(45^\circ+\dfrac{\phi}{2}-\delta\right)}{(1-k_v)\tan\left(45^\circ+\dfrac{\phi}{2}-\delta\right)+k_h}\tan\phi$$

$$+\frac{\ell\cdot c(\delta=0^\circ)\cos 2\delta}{\left\{(1-k_v)\sin\left(45^\circ+\dfrac{\phi}{2}-\delta\right)+k_h\cos\left(45^\circ+\dfrac{\phi}{2}-\delta\right)\right\}W} \qquad (3.19)$$

図3.54、図3.55は、式（3.19）より求めた、常時と地震時の盛土高さ $H_s$ に対する安全率 $F_s$ の変化である。ここで用いた土のう中詰め材の $\phi$ は、実際に考えられる値の中から小さいものを選んだ（安全側）。また角度 $\delta$ は、常時にはせいぜい15°程度と考えられる（最大主応力方向の傾き $\delta$ が大きくなれば、粘着力 $c(\delta)$ が小さくなるため安全率は低くなる）。一方、地震時の場合には、上述したように主応力方向が約8.5°傾くので、$\delta$ は大きく見ても30°程度と考えた。図3.54、図3.55より、土のう積み盛土が最も危険であると考えられる地震時の $\omega=90^\circ$（鉛直壁の場合）でさえ、約60m の盛土高さまで積むことができる。以上より、実際の盛土高さ（最大でも20m、大抵は２～５m 程度と思われる）を考慮すると、土のう単体の破壊、すべり破壊のどちらに対しても十分安全で破壊することはないと考えられる（なお、実際には土のう単体の破壊

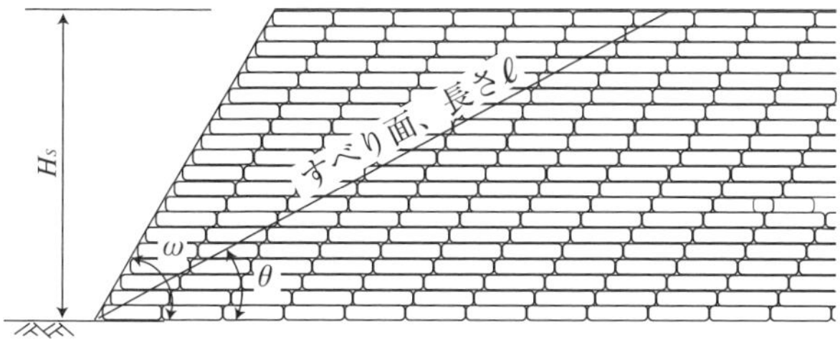


図3.53　土のう積み盛土の概念図

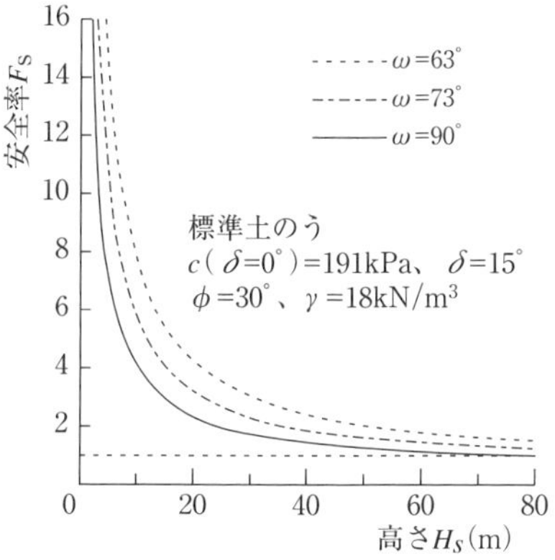


図3.54　常時における安全率

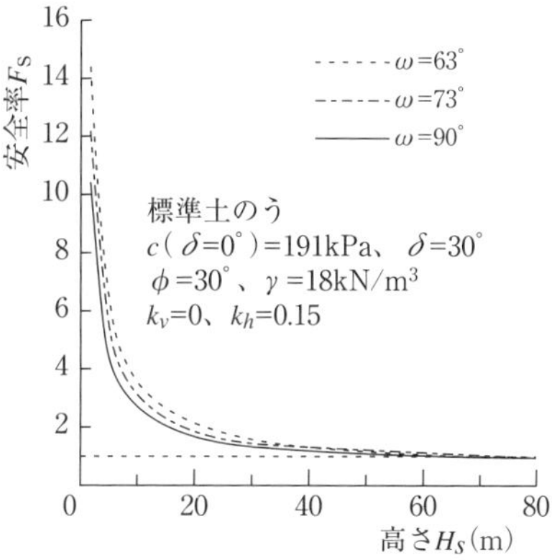


図3.55　地震時における安全率

が起こらなければ、図3.53に示すようなすべり破壊も起らないと考えられる)。また、土のう間の摩擦角 $\phi_{p1}=23°$ から $\tan 23°=0.42>0.15=k_h$ が成り立つ。従って、地震力によって最前列の土のうが飛び出すということも起こらないと思われる。

## (2)「土のう」積み補強地盤の支持力

土のう積み補強地盤では、図3.56に示すような土のうによる拡幅効果と根入れ効果によって支持力が増加する。また、基礎直下の土のうが破壊（破袋）しない限り、土のう間のすべり破壊は生じないと考えられる。従って、土のう補強地盤の支持力は次のようにして求められる。①式（3.1）より基礎直下の土

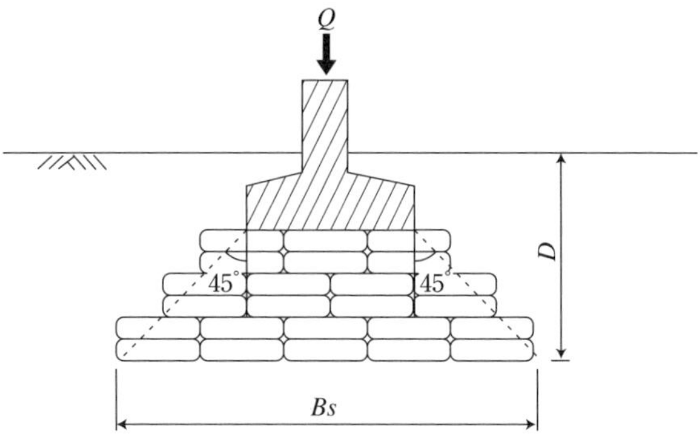


**図3.56　土のう積み補強地盤の概念図**

のうの破壊に対する検討を行う。②土のう積層体による拡幅幅 $B_s$ と根入れ長 $D$ を考慮して、従来の支持力公式で土のう積み補強地盤の支持力を計算する。ここで、土のうが基礎と一体として挙動すると考えられる拡幅角度は、図3.56に示すように最大で45°程度までとする。これは、土のう短軸方向に対する最大主応力方向の傾き $\delta$ が45°を超えると土のうの見掛けの粘着力 $c(\delta)=0$ となることも考慮に入れて定めたものである[16)]。

## (３)「土のう」積み擁壁

図3.57は土のう積み擁壁の概念図である。まず、土のう積み擁壁の場合には、側方からの主働土圧によって土のう短軸方向に対する最大主応力方向の傾斜角 $\delta$ が大きくなると考えられるが、どの程度であろうか。想定される $\delta$ の最大値を簡単なケース（$\phi=30°$、裏込め土と土のう積み擁壁の間の摩擦角度 $\phi_w=0°$、$\beta=0°$、$k_h=k_v=0$）について計算すると、$\tan 2\delta = 2\tau_{xy}/(\sigma_x-\sigma_y) = 2\{(1/2)K_a\gamma z^2/B_s\}/(\gamma z - K_a\gamma z) = z/(2B_s)$（$B_s$：土のう積み擁壁の横幅、$z$：土のう積み擁壁の上面からの深さ）となる。これより、$z=0$（地表面）で $\delta=0°$、$z=2B_s$ で $\delta=22.5°$、$z=3B_s$ で $\delta=28.2°$ となり、いずれも $0°\leqq\delta<45°$ の範囲にあるので土のうの見掛けの粘着力 $c(\delta)=c(\delta=0°)\cdot\cos 2\delta$ が存在することになる。このことが、土のう積み擁壁が鉛直に近い角度でも安定する理由の１つと考え

られる。次に、土のう間のすべり（滑動）や最下部の土のう底面と基礎地盤間のすべり（滑動）について考えよう。主働土圧による滑動力：$(1/2)K_a\gamma z^2$と土のう間のすべり（滑動）に対する摩擦抵抗力：$\gamma B_s z$・$\tan\phi_{p1}$の式の形を比較す

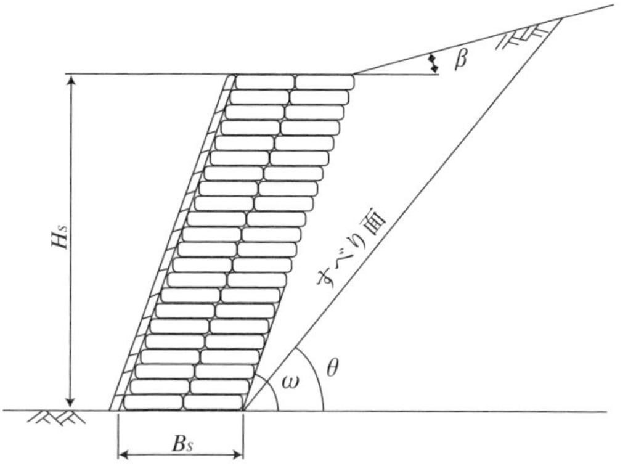


**図3.57　土のう積み擁壁の概念図**

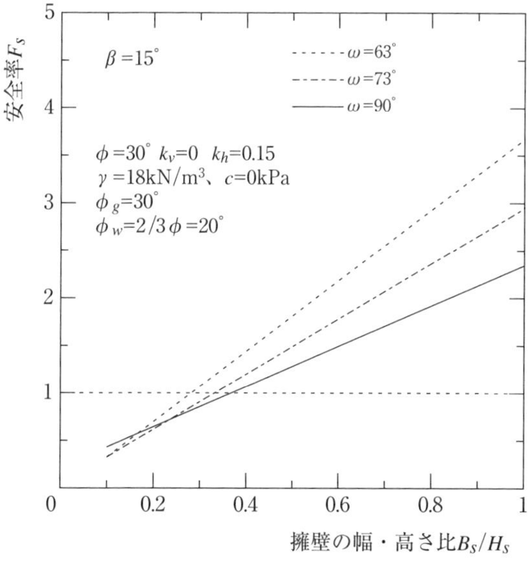


**図3.58　土のう積み擁壁の最も危険な条件下での安全率**
**（地震時；滑動に対する安全率）**

ると、$z$ が大きくなる程（土のうの下段程）すべりやすくなるのがわかる。したがって、土のう間の摩擦角 $\phi_{p1}$の最小値23°（この値は土のう袋どうしの摩擦角と一致し、土のう中詰め材が細砂などで粒子の突起が土のう袋の外へ表れない場合の土のう間の摩擦角である）を採用すると、$B_s/z=0.39$のときに安全率 $F_s$ が１となる。この $B_s/z$ の値をもっと小さくしたい（高さ $H_s$ に対して幅 $B_s$ の小さい擁壁にしたい）場合の対処方法としては、その $B_s/z$ の限界値（$=0.39$）より大きな $z$ の部分（土のう積み擁壁の下部）では、例えば土のう中詰め材として砕石や大粒径粗粒材を用いて、土のう間の摩擦角 $\phi_{p1}$を30°～35°程度に上げる努力をすることが考えられる。また、土のう間の谷間に土のうを配置したり、土のうを連結したりして、実質的に $\phi_{p1}$または $\phi_{p2}$（表3.3参照）を大きくすることも考えられる。また、土のう底面と基礎地盤間のすべり（滑動）についても同様に実質的に土のう底面と基礎地盤間の摩擦角 $\phi_g$ を大きくする努力が求められる。上記のことを考慮しつつ、コンクリート擁壁の場合と同様にして、土のう積み擁壁の安定性について滑動と転倒に対する安全率 $F_s$ を試算した。パラメーターは、実際に想定される値の中から、安全率を最小とするものを用いた。この結果、地震時での滑動に対する安全率が最も小さくなった。図3.58は、このときの計算結果である（なお、裏込め土にごく小さな粘着力 $c$（例えば、$c=10\text{kN/m}^2$程度）があるものとすれば、図3.58の安全率 $F_s$ は飛躍的の増加して、設計は非常に楽になる）。ここで、$\phi_g$ は土のう積み擁壁底面と基礎地盤間の摩擦角、$\phi_w$ は土のう積み擁壁と裏込め土との間の摩擦角である。図3.58より、図3.57に示す $B_s/H_s$ が0.3～0.4のときに安全率 $F_s$ が１に近づくのが見られる。これは重力式のコンクリート擁壁の設計目安である $B_s/H_s=0.3$～0.6に近いものである。以上のことから、土のう積み擁壁は最も危険な条件下でも、土のう積み擁壁の底面と基礎地盤間の摩擦を大きくするなどの工夫（例えば、杭状のものを基礎地盤へ打ち込んで土のうと連結するなど）をすれば、十分実用に耐えると思われる。

### (4)「土のう」積層体の変形・沈下

ここでは「土のう」積層体自身の変形や沈下を考えるものとする。実際に「土のう」の変形・沈下が問題になる状況を想定してみると、建物基礎地盤を「土のう」で補強したような場合が多いと考えられる。この場合は、建物荷重は「土のう」の短軸方向に作用することが多い（最大主応力方向が土のう短軸方向となす角度 $\delta \fallingdotseq 0°$）。そこで、各種の中詰め材を入れた実際の土のうを３段積みにして耐荷力試験を行った（３段積みにしたのは、上下載荷板の境界の影響を少なくするためである）。図3.59はその試験結果を示したものである。なお、この試験では土のうに側方からの圧力をかけていない（側圧 $\sigma_3 = 0$）。このことは、側圧 $\sigma_3 = 0$ の場合に生じる変形の方が $\sigma_3 > 0$ の場合に生じる変形よりも大きいと考えられるので、安全側の大きな変形を与える試験と位置付けた。また、実際に現場で用いる状況を想定して、小型板状バイブレーターで数回転圧した土のう供試体を用いた。同図より、上水汚泥（粘性土）を除いて種々の中詰め材の変形係数の値が比較的近いのが見られ興味深い。砕石入り土のうの耐

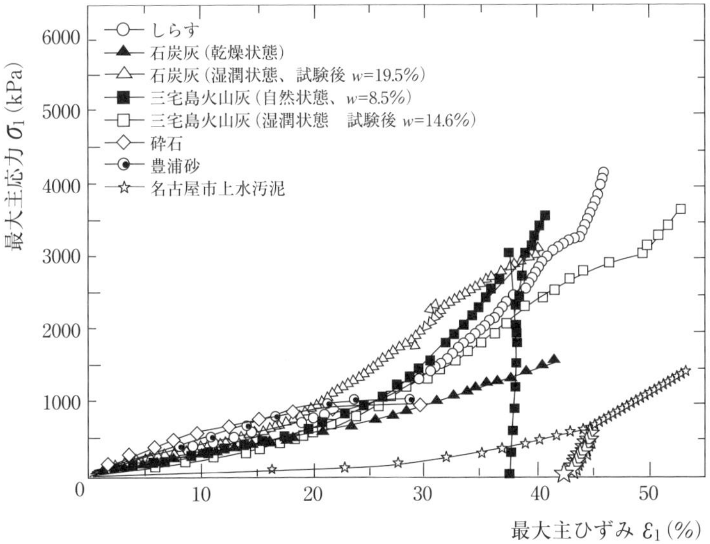


図3.59　土のうの耐圧試験結果

圧力があまり高くないのは、砕石の角ばりによって土のう袋がピーク強度時にボロボロになるからである（試験終了後の土のう袋は、よくこれまでがんばるかと思うほど上下の全面がボロボロになっている）。破壊時のひずみ量が大きいと感じられるが、実際の作用応力はごく小さいことが多く、ひずみもあまり大きくならないと考えられる。なお、現場で転圧を十分行うことがキー・ポイントであって、その場合には図3.59中のかなり急な再載荷曲線の傾きを変形係数として使うことができる。

以上まとめると、現場で用いる土のう袋に、現場で用いる中詰め材を入れ、あらかじめ定めた土のう寸法になるように現場と同程度の転圧を行った土のう供試体を３段以上積んで耐荷力試験を行い、図3.59のような主応力～主ひずみ関係を描いて、その傾きから変形係数を求めるのである。そして、その変形係数から作用応力、現場の土のう段数を考慮すれば、土のう積層体の沈下量（変形量）を算定することができる。なお、ここでの方法は簡便法であって、3.4(4)で述べた理論的な考え方からも変形量を計算することができる。

## 3.6 「土のう」一体化工法の現場施工例

### （１）鉄道枕木の下に「土のう」を設置した現場施工例[20)]

「土のう」による地盤の支持力補強法を鉄道道床部・路盤部に適用した場合の効果については、すでにアルミ丸棒積層体あるいは６号砕石を用いた模型載荷試験やJR総研での実物大のモデル軌道を用いた動的載荷試験等によって有効であることが検証されている[21)、22)、23)]。ここでは、JRのあるローカル線の、噴泥現象（列車の振動で泥を噴き出す現象）を起こして枕木沈下量の大きい最悪箇所においてこの補強法を実施したので、その施工方法と鉄道枕木の沈下抑制効果について述べよう。

現場は降雨時などに山間部から土砂が流入しやすい場所にあり（図3.60(a)参照）、タイタンパーで沈下を復旧しても２、３本列車が通るとすぐに20mm以上の枕木沈下量が発生する状況であった（沈下量が30mmに達すると緊急出

(a)

(b)

(c)

(d)

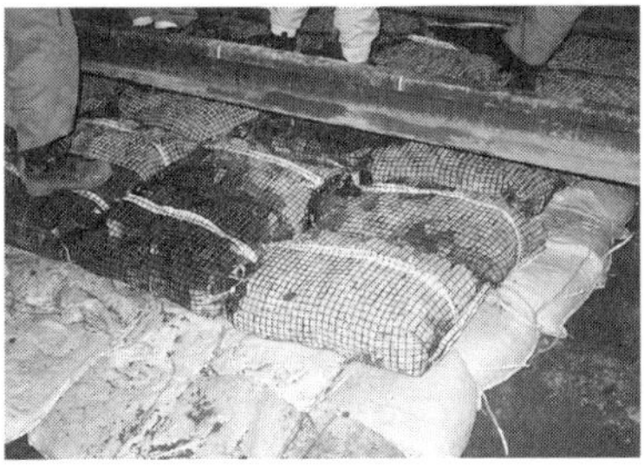

(e)

(f)

**図3.60 「土のう」による補強前の現場状況と施工手順**

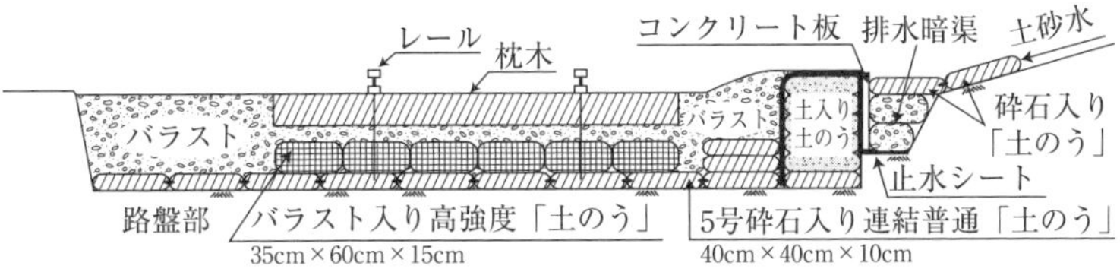


**図3.61 「土のう」による鉄道枕木の沈下対策工法の断面図**

動となって沈下を戻さなければならない)。軌道内で鉄棒（長さ１m）を打ち込んだところ、図3.60(b) に示すように簡単に打ち込むことができ、道床部（バラストのある所）の中に細粒分を含む土砂が相当量入り込んで軟弱になっていることがわかった。図3.61はこの現場で行った「土のう」を活用した対策工法の断面を示している。

施工手順としては、①枕木をレールから外し、道床部全部と路盤部の深さ10cm 程度までをバックホウによって掻き出す（図3.60(c))、②掻き出した地盤面を転圧し、その上に５号砕石入りの通常の「土のう」(40cm×40cm×10cm程度）を土のう袋の側面に特別に縫い付けたひもによって連結して全面に敷き詰め、転圧機（バイブレーター）によって十分な締固めを行う（図3.60(d))、③その上の枕木直下の部分にバラスト入りの高強度「土のう」(35cm×60cm×15cm 程度）を敷き詰め、バイブレーターによって締固める（図3.60(e))、④枕木をレールに締結し、バラストを投入し、タイタンパーによって入念に突固める。「土のう」による補強区間は約13m であり、図3.60(f) はその半分程度の区間が完成した状態（最終列車の通過から翌朝の始発列車まで一晩かけた）を示している。また、山側からの土砂の流入を避けるために、通常の土入り「土のう」を積み上げ、止水シートを巻きつけて止水壁を設置した。山側からの土砂水はその止水壁の前面に設けた排水暗渠（バラスト入り高強度「土のう」を用いた）を通して側溝に流れ込むように工夫している。

図3.62はこの箇所のレールの継ぎ目部における鉄道枕木の経時沈下量の計測結果を示したものである。この図より、枕木沈下量は施工後３年程度経過しても10mm 程度に収まっており、施工前の補修作業を繰返してもすぐに20mm 以上の沈下量が生じる状況との差は歴然としている。また、列車の動揺加速度は施工前には平均0.12$g$（$g$：重力の加速度）であったのが、施工後には1/3程度の0.04$g$ になっていた。この列車荷重による加速度を大幅に低減させていることも、枕木の沈下量を抑制する要因になっていると考えられ興味深い。道床部のバラストを全部新しいものに交換しても数ヶ月で沈下量が30mm に達し、タ

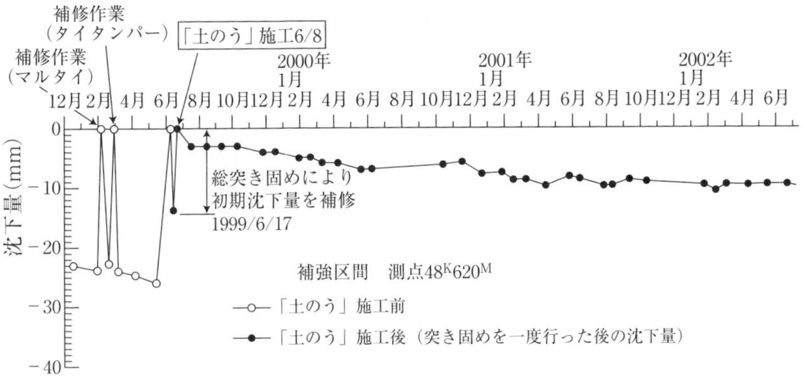


**図3.62　鉄道枕木の経時沈下量の実測値**

イタンパーによる補修作業が必要になる場合も多いと聞いているので、この場合は成功事例であるといえるであろう。少なくとも、最悪箇所の汚名は消え去ったものと思われる。

## （２）建物基礎の下に「土のう」を設置した現場施工例

低層建物（１～３階）基礎下の地盤中に「土のう」を設置する場合、地盤の固さと「土のう」の配置方法には関係があるはずである。軟弱な地盤であれば、上からの建物荷重ができるだけ分散するように、幅広く、深くまで多数配置するというのが原則である。ここでは、まず地盤の固さを表す$N$値＝１～２、２～３、３～４程度の軟弱地盤に対して、基礎の全面に配筋してコンクリートを打設するベタ基礎とした場合の「土のう」の標準的な配置図を考えた（図3.63参照）。「土のう」は真上にだけ積むのではなくて、力の伝達線が広がって分散するように千鳥に（土のうと土のうの間に）積むのがコツである。またベタ基礎の下にも全面に２段配置した。フーチング下の「土のう」は底部と底部を耐久性のある糸で縫いつけ、口部と口部を土のう本体部分をからめて口ひもで縛って連結する（図3.64参照）と、大きな変形に対しても抵抗するので有効である。「土のう」の間の隙間には、砕石や現地発生土を入れるか、土量が1/5

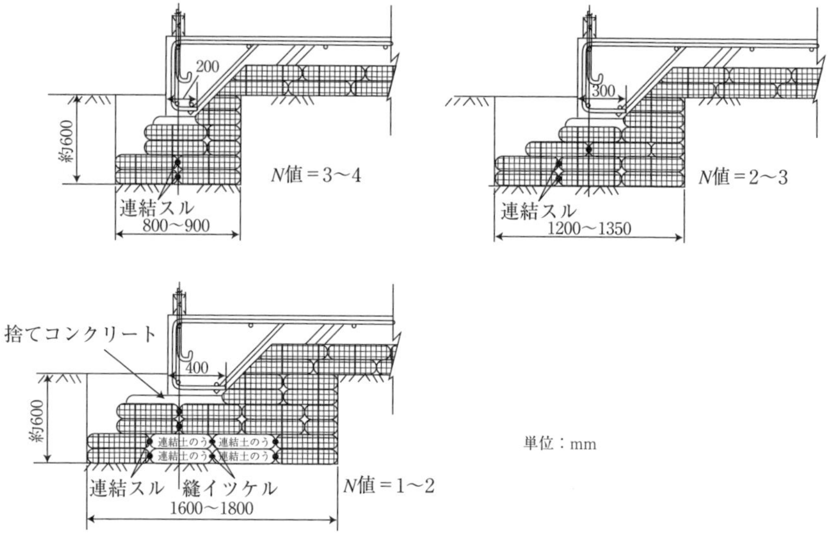


**図3.63　低層建物基礎下の「土のう」標準配置図（ベタ基礎の場合）**

**図3.64**　「土のう」の連結方法（4連結の場合）

**図3.65**　外力に最も抵抗しやすいように生き物のように変形する「土のう」積層体（ただし、極端に沈下量を大きくしたときの状況。土のうは水平方向のみ連結している）

〜1/4程度の土のうを押し込む。各段土のうを積み上げる毎に、転圧機（バイブレーター）で十分締固める。土のうの高さは10cm 程度を標準とする。土のう袋の中には、砕石、砂、水砕スラグ、コンクリート廃材、アスファルト廃材、タイル廃材、瓦廃材、現地発生土などを入れることができる。図3.63を見てもわかるように、建物基礎と「土のう」積層体と軟弱地盤の相互作用の問題であって、それぞれの剛性が微妙にバランスして、全体としてしなやかでしぶとい構造体を構成するようである。模型実験によれば、「土のう」が外力に最も抵抗しやすい方向に生き物のように変形する（最大圧縮主応力 $\sigma_1$線に直交する方向に変形する）のが見られ興味深い（図3.4と図3.65参照）。では次に、日本各地における現場施工例を紹介しよう。

a）茨城県 YC 町における建物基礎地盤の補強

ここは、図3.63に示すような「土のう」標準配置図を定めて本格的な建物基礎補強を実施した第1号の施工現場である。「土のう」配置図（$N$ 値＝1～2）や基礎地盤補強の施工状況は、すでに3.3(2) の振動低減効果のところで示している（図3.30～図3.32参照）。建物は面積約20m×10m の平屋建てで、「土のう」を約4,500袋用いた。土のう袋の中には再生砕石を入れた（そこで入手できる最も安価なもの、できれば無料のものを探す）。問題なく施工は完了し、その後5年程経過しているが何の変状も生じていない。軟弱地盤（$N$ 値＝1～2）の支持力を増大できたばかりでなく、＋α（プラス・アルファ）効果として建物の振動低減効果も確認された（3.3(2) 参照）。

b）茨城県 FS 町における建物基礎地盤の補強

この付近は、かつては霞ヶ浦につながる沼地であったためか、極めて軟弱な地盤で知られており、杭であれば30m 以上も打たなければならない所である。$N$ 値＝1～2の場合の「土のう」標準配置図に従って施工した（約6,000袋使用）。図3.66に施工中の写真を示す。土のう袋の中には砕石を入れた。建物の大きさは YC 町の場合とほぼ同じである。ここで興味深かったのは、建物のすぐ横の捨てコンクリートの上に据えた浄化槽が傾き沈下したことであった。「土のう」の上に据えた建物はなんともなくて、浄化槽が傾き沈下したことは、本「土のう」一体化工法の有効性を如実に物語っている（後で聞いたことであるが、上記の茨城県 YC 町でも捨てコンクリートの上に据えた浄化槽が傾いたとのことであった）。また、振動低減効果も報告されている。

(a)

(b)

**図3.66　ＦＳ町における建物基礎地盤の補強**

### c）千葉県 MB 市における建物基礎地盤の補強

ここも軟弱な地盤であり、土のう積みの時にかなりの雨が降って基礎が浸水したが、砕石入り「土のう」は沈むことなく驚くほど安定した。$N$ 値＝１～２の場合の「土のう」標準配置図に基づいて多少の臨機応変な対応をはかった(約6,500袋使用)。軟弱地盤に水があると砕石はいくら入れても収まらないが、砕石入り「土のう」であれば見事に収まるのである。このことは、“現場の知恵”として覚えておくと利用できるであろう。図3.67に代表的な施工中の写真を示す。ここでは、浄化槽が水圧で浮き上がるので、下および周りの「土のう」に浄化槽を縛りつけて収めたが、全く問題は起らなかった。

(a)

(b)

**図3.67　ＭＢ市における建物基礎地盤の補強**
**（水の中への土のう設置例）**

d）千葉県 KR 町における建物基礎地盤の補強

ここは名水の産地であり、道行く人々に水を振る舞ったという土地柄である。そのこと自体は大変結構なことだが、地下水位が高く（地表面下50cm 位）、すぐ水が噴き出てくるので建物基礎地盤の施工はやっかいである。そこで、なるべく地盤を掘り下げないようにして、フーチング部には 4 連結「土のう」3 段を主体とした幅の広い「土のう」配置とした（図3.68参照）。そして図3.68に示すように建物中央部のベタ基礎下にも「土のう」を配置し、十分転圧してから、湿気を防ぐためにビニールシートを張って、鉄筋を配置してコンクリートを打設した。この現場でも、水の中であっても「土のう」なら収まることが実証された。

(a)

(b)

図3.68　ＫＲ町における建物基礎地盤の補強
（地下水位が高かった事例）

e）宮城県Ｓ市における建物基礎地盤の補強[24)]

この現場は、図3.69からわかるようにヘドロ・水浸状態の基礎地盤であった。建物の基礎を据える根切り底面を出すとバケツが浮くほど水浸しており、人間が立つと長靴が30cm 程度めり込むという状態であった。普通ならギブ・アップするか、多額の費用をかけて杭を多数打つか、地盤固化剤を大量に注入するか位しか考えられない。杭を打てば騒音が出るし、地盤固化剤を入れれば環境破壊になって必ず問題が起こる（民家がすぐ横にあり、田んぼが隣接していて、どちらの方法も許されない）。こんな土地は買わないのが良いということになる。ところがすでに述べてきたように、砕石入り「土のう」は水浸した軟弱地

(a)

(b)

**図3.69　S市におけるヘドロ・水浸状態の基礎地盤**

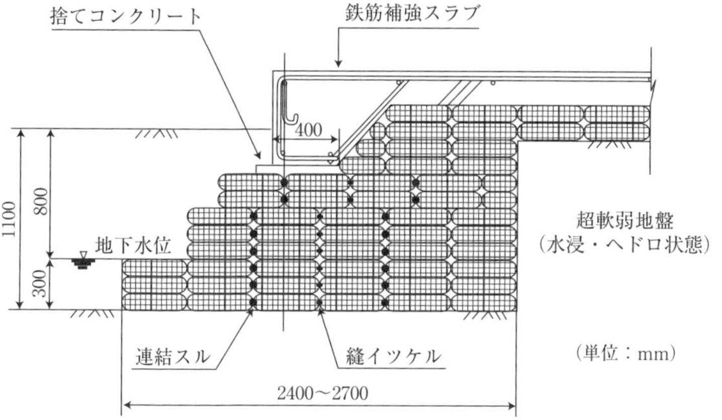


**図3.70　S市における水浸・ヘドロ状態の基礎地盤を補強する「土のう」配置図**

(a)

(b)

**図3.71　S市におけるヘドロ・水浸状態の基礎地盤の補強**

盤でも収まるのである。この現場の経験を生かして、図3.70に示すような対応策を講じた。すなわち、4連結「土のう」を含めて6個の「土のう」を3段水没させ、その上に図示のように4連結「土のう」を5段積み上げげた（図3.71参照）。これで、ピッタリ収まったのである。この8段の「土のう」積層体の上に大型バックホウが乗ったが、ビクともしなかったとのことであった。この事例も、丈夫でしなやかで排水性に富む「土のう」積層体の偉力を見せつけるものであった。

f）北海道TK市における建物基礎地盤の補強

この場所は3.3(2)の振動低減効果のところで述べた、JRの貨物列車によるコップの水面の揺れをチェックした現場である。海岸に近く砂質土系の地盤であったがゆるかったため、「土のう」で建物基礎地盤の補強を行った。施工中の写真を図3.72に示す。砂利入り「土のう」一体化工法は、地盤の支持力の増大のみならず振動低減効果、さらには北海道のような寒冷地では凍上防止効果も期待される（3.3(3)参照）。

g）北海道OT市における建物基礎地盤の補強

ここでは、軟弱地盤対策と凍上対策を兼ねて砂利入り「土のう」一体化工法を採用した。図3.73に示すように4連結「土のう」を多用した堂々たる基礎補強であり、全面に鉄筋を配してコンクリートを打設したベタ基礎としている。凍結凍上問題に関連して、この建物の周りを発泡スチロール板などで覆うスカート断熱をした所としない所で温度計測を一冬中行ったが、両者の温度差はほとんど見られなかった。このような現場計測結果からも、砂利入り「土のう」一体化工法が凍上対策としても有効であることがわかる（砂利入り「土のう」は土粒子間の隙間が大きく水が毛管上昇しないので凍上しない）。

h）大阪府ST市における「土のう」積み基礎[25)]

ここでは、鉄骨3階建ての建物の基礎から横の一級河川まで3m程度しかないため、建物荷重を何らかの方法で下へ2～3m伝達してから分散させねばならなかった。そうしないと、河川の護岸（簡単なブロック積み）が壊される可能性があったからである。普通なら、杭を打つかコンクリートを打設する

(a)

(b)

**図3.72　ＴＫ市における建物基礎地盤の補強**

(a)

(b)

**図3.73　ＯＴ市における建物基礎地盤の補強**

ところであるが、経費節約のため「土のう」を活用した。すなわち、図3.74、図3.75に示すように幅１m、深さ２m、奥行き13m 程度の塹壕を河川に平行に掘り、その中に連結した「土のう」積層体を積み上げ、さらに先に入れておいたネット状の補強材（テンサー）で巻いて締めつけるという二重包み込み工法を採用した。これは「土のう」積層体を杭やコンクリートのような荷重支持体として積極的に用いることを意味している。

i）京都府Ｋ市におけるエレベーターピットの基礎地盤の補強

ここでは、エレベーターピットの基礎地盤の補強とエレベーターの上下動時や停止時の振動低減のために、エレベーターピットの底面（基礎面）全面に「土

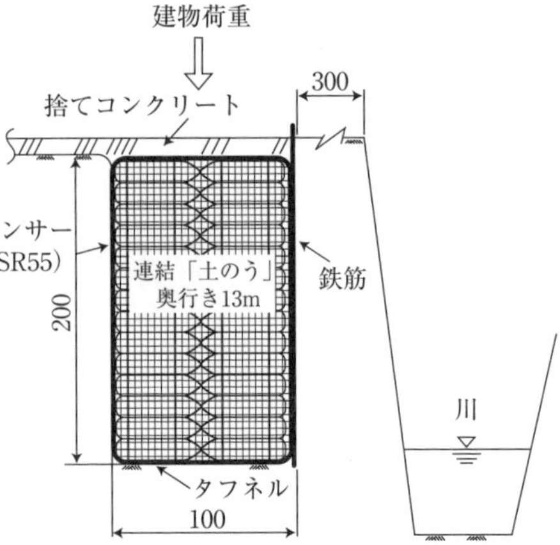


単位：cm

**図3.74　ST市における「土のう」積み基礎**

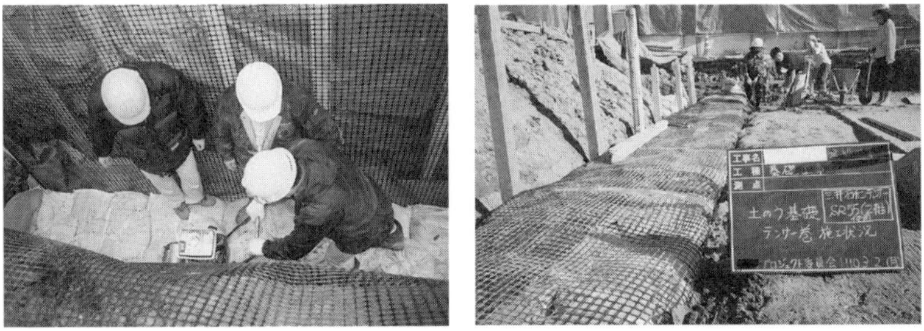

(a)　　(b)

**図3.75　ＳＴ市における「土のう」積み基礎の施工写真**

のう」を５段十分転圧して積み上げた。図3.76にその施工中の写真を示す。この「土のう」の設置のためか、エレベーターの運動はスムーズであり、振動を感じないとのことであった。

## (３)「土のう」積み杭の現場施工例[26]

ここでは、建物の基礎下に座ぶとんを積み上げるように「土のう」積層体を杭状に構築して地盤の補強を行い、表層数ｍが軟弱な地盤の支持力の増強を

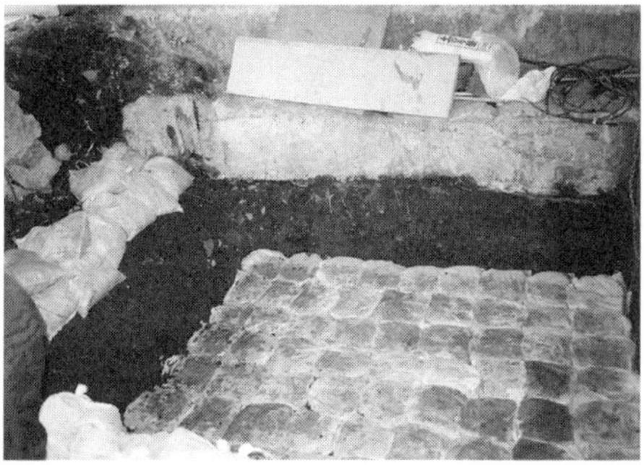

図3.76 K市におけるエレベーターピットの基礎地盤の補強
(全面に「土のう」を5段設置した)。

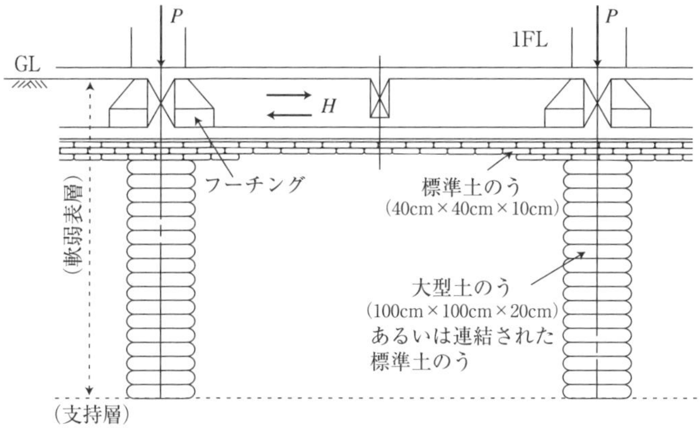


図3.77 土のう積み杭の概念図

意図した「土のう」積み杭の考え方について述べるとともに、その現場施工例を紹介する。

(a)「土のう」積み杭の考え方

この基礎工法の基本的な考え方は、図3.77に示すように軟弱表層地盤中に積層した「土のう」積み杭と建物直下にベタ基礎状に配置した「土のう」積層体により支持しようとするもので、いわば「土のう」工法によるパイルド・ラフトである。こうすることによって、建物が重い場合や軟弱表層地盤が厚い場合でもある程度沈下が抑制できるものと考えられる。この際、地盤と土のう間の間詰めを注意深く行い、土のうや間詰め材の転圧を十分行うことは重要なポイントである。環境にやさしく、土とほぼ同じ重量で軽くてしなやかな「土のう」は、反面脆弱で耐久性に劣ると考えられがちであるが、日光（紫外線）さえ遮断すれば長期間安定し、使い方を間違わなければ前述したように驚異的な耐荷力を発揮する。したがって、本「土のう」積み杭は、地中にあって日光が遮断され、建物荷重（図3.77中の $P$）が「土のう」の短軸方向に作用して最も耐荷力が大きくなる、まさに理想的な利用法といえる。

一方、地震等による水平力（図3.77中の $H$）が作用する場合には、次のように考えられる。まず、「土のう」積み杭は断面積が大きく安定した形状であり、コンクリートや鋼に比べて剛性が地盤そのものに近いため馴染みが良く、破壊しにくい。また、中詰め材の履歴減衰や「土のう」間の繰返し摩擦特性によって、地震エネルギーなどを減衰させやすい“高減衰構造体”として挙動するものと推測される（等価減衰定数 $h \fallingdotseq 0.3$ という実測値がある）。まさに、自然の免震構造となっているのである。この点については、図3.63に示すような通常の建物基礎下の「土のう」配置によっても、水平方向の地震力に対して同様の免震性能を有するものと期待される。

(b) 現場施工例

現在のところ（2002年9月現在）、「土のう」積み杭を用いた建物は10棟あるが、その内の2例について概要を紹介する。

①千葉県 TY 市における建物基礎地盤の補強

図3.78に示すように表層の約3mが非常に軟弱（水田の埋立て地）であるため、図3.79に示すように6基の「土のう」積み杭を配置した。図3.80、3.81は「土のう」の積層状態と転圧状況を示したものである。このように地盤と「土のう」の間の隙間に間詰め材を充填し、十分転圧することによって強固な基礎が完成する。

②神奈川県 SG 市における建物基礎地盤の補強

上述のものと同様、水田の埋立て地であり、表層の約2.5m程度が非常に軟弱であった。本建物は、図3.82に示すように長辺方向が約30mと長く、また

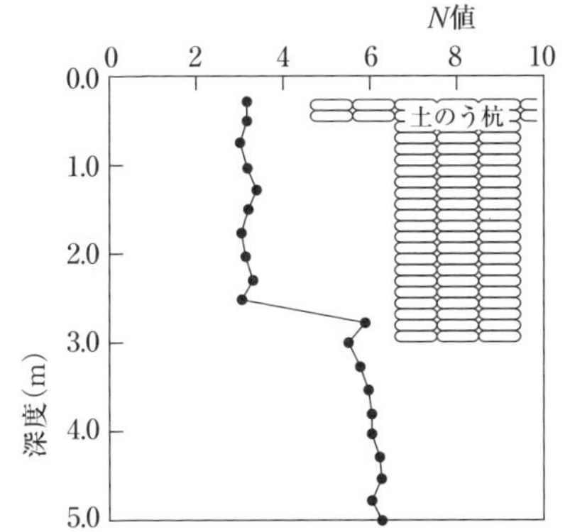


図3.78　TN市における建物基礎地盤のN値分布

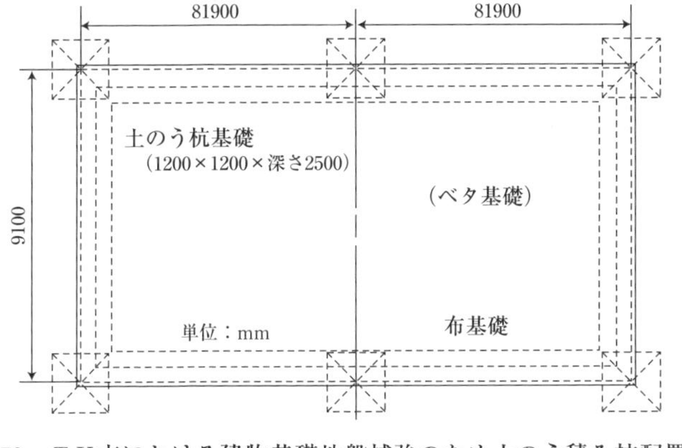


図3.79　ＴＹ市における建物基礎地盤補強のため土のう積み杭配置図

図3.80　ＴＹ市における土のう積み杭基礎３段目

図3.81　ＴＹ市における土のう積み杭基礎の転圧状況

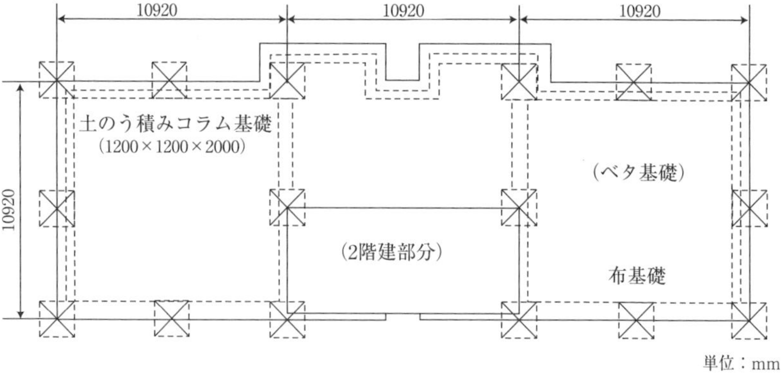


**図3.82　ＳＧ市における建物基礎地盤補強のため土のう積み杭配置図**

**図3.83　ＳＧ市における土のう積み杭基礎1段目**

**図3.84　ＳＧ市における土のう積み杭基礎の仕上がり状況**

中央の一部に2階部分があるため、その部分にも基礎梁を通して、合計16基の「土のう」積み杭を配置した。図3.83、図3.84は「土のう」積み杭の積み上げ開始と、整然と「土のう」が並んだ仕上がり状況を示している。この場合には、間詰め材の充填や十分な転圧はもちろん、「土のう」どうしを連結することによって、より一層の一体化を図った。

## (4)「土のう」積み擁壁の現場施工例

### (a) 福岡県F市における「土のう」を裏込め材とする擁壁[25)]

著者が現場を見たときには、高さ約10m（ほぼ3階建ての建物の高さ)、幅約10mにわたってほぼ鉛直に感じられるような角度で崩壊していた（図3.85(b) 参照)。どのように対処するかを即断即決することを求められたが、土を入れると安定せず、さりとてコンクリートを打てば経費の無駄遣いになる。そこで、これまでの研究成果に基づいて、砕石入りの「土のう」(この場合は高さ9cm程度であまり多くの砕石を入れない）を裏込め材として積み上げることを直ちに提案した。結果として大成功で、「土のう」8,000〜10,000袋を入れ、鉄筋コンクリート擁壁の完成まで3週間程度で完了した。「土のう」積層体はがっちりと安定しており、上で作業員が足で踏み固めても全く不安感がなかった。鉄筋コンクリート擁壁がなくても大丈夫という感じであったが、紫外線からポリエチレン製の土のう袋を守るために、当初の予定通り鉄筋コンクリート擁壁を打設した。砕石入り「土のう」は排水性能が極めて良く、裏込め材として完璧なものであった。

「土のう」積層体がなぜこれほど安定するのかを調べるために、図3.86に示すような模型載荷実験を行った。図3.85に示す「土のう」積層体を意識して、アルミ丸棒を入れた「土のう」模型（4cm×1cm、奥行き5cm）を20段3列に積み上げて鉛直方向に載荷した。驚いたことに、水平方向に支えなくても「土のう」模型積層体は完全に自立し、この試験装置の最大荷重まで載荷しても全く破壊する兆しが見られなかった。このような実験結果と考え合わせると、図3.85に示した応急処置は、斜面安定、土圧低減、排水性能の向上などさまざまな点で合理的なものであったと言えよう。

### (b) 愛知県NO市における高さ2mの「土のう」積み擁壁[24),25)]

「土のう」積み施工を始める前日に、地盤の強度を確認するために原位置一面せん断試験を実施しようとして、バックホウによって現況法面の端部で根切

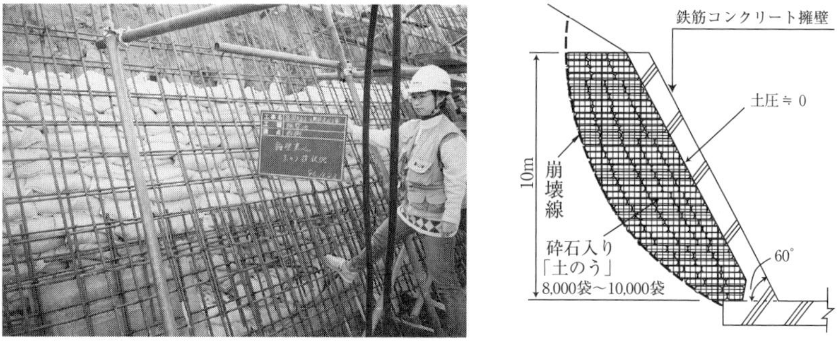


(a)　　　(b)

**図3.85　F市における「土のう」を裏込め材とする擁壁**

**図3.86　「土のう」模型積層体の一軸圧縮試験**

り底面を出したところ、図3.87(a) に示すように地下水が湧き出てきた（地下水位は地表面から25cm程度下であった)。その地下水の中へ長さ1mの鉄棒を手で突込んだところ、簡単に根元まで入る軟弱な地盤であることがわかった。そこで、根切りをすることをやめにして、現況の地表面上に「土のう」を積み上げることにした。図3.87(b) に示すように2個の「土のう」の底部を耐久性のある糸で縫いつけ、「土のう」の口部を縛りつけて4連結「土のう」とし

(a) 基礎地盤の水浸状態

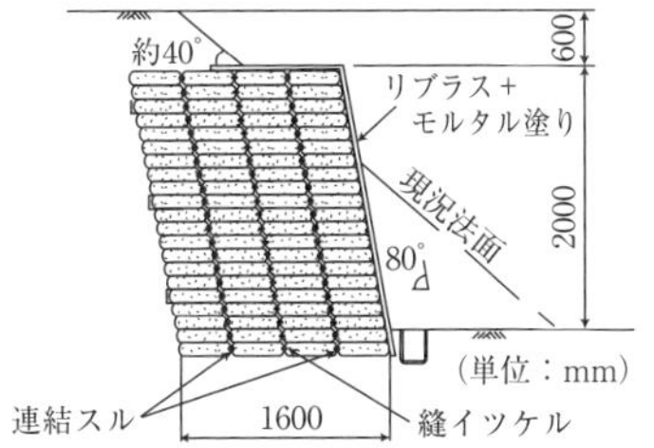


(b) 連結「土のう」配置図

(c) 「土のう」積み完了

(d) 完成写真

**図3.87 NO 市における「土のう」積み擁壁の施工例**
**(高さ 2 m、法面角度80°、延長約50m)**

た。この 4 連結「土のう」を20段程度引張りつつ積み上げ、高さ 2 m、法面角度80°の「土のう」積み擁壁（総延長約50m）を完成させた。土のう袋の中には、その土地で最も安価に入手できる砕石などを入れ、4 連結「土のう」の間の隙間にも同じ砕石をまいて、1 段毎に十分転圧機で締固めた（これは施工の重要なプロセスである)。「土のう」1 個の寸法は砕石などが入った状態で約40 cm×40cm×10cm とした。この現場では約5,500袋の「土のう」を用いた。図3.87(c) は「土のう」積み完了時の写真であり、図3.87(d) は紫外線から「土のう」を守るためにリブラスをかけてモルタル塗りで仕上げた「土のう」積み擁壁の完成写真である。下の部分を駐車場スペースとして利用した。

(c) 静岡県 MS 市における高さ4.5m の「土のう」積み擁壁[24)]

関東ロームからなる現況法面を擁壁によってできるだけ立てて、上の部分に駐車場スペースを確保する工事である。図3.88(a) からわかるように、６連結「土のう」を引張りつつ積み上げ、段切りをして10〜12連結「土のう」をさらに引張りつつ積み上げることによって、高さ4.5m、法面角度75°（実は隣地境界線が法面上にあり、それより下は直角（90°）に積んだ）の「土のう」積み擁壁（延長約21m）を施工した。土のう袋の中には無償で入手したタイルを含む建設廃材を入れ、連結された「土のう」の間の隙間にもそれをまいて、１段毎に十分転圧した。なお、図3.88(a) の奥行き方向の「土のう」配置は真上に積むのではなくて、飛び出しにくい千鳥配置とした。図3.88(b) は石積み城壁のように「土のう」が積み上げられた状態を、図3.88(c) は排水溝も設けた「土のう」積み擁壁の上面の状況を、図3.88(d)は図3.87(d) と同様、リブラスをかけてモルタル塗りで仕上げた完成写真を示している。なお、図3.88(c) の状態で、振動伝播の様子を調べるため土のう地盤の上面をバックホウのショベルでたたいてもらった。たたいた瞬間はドンとひびくが、後はすぐに振動がおさまるのが土のう地盤の上で感じられた。振動減衰特性は極めて良いようであった。この現場では約３万袋の「土のう」を用いた。

(d) 三宅島災害復旧工事に関連した施工例[27]

ここでは東京都が採用した三宅島災害復旧工事に関連した施工例を紹介する。図3.89は、その試験施工の様子を示したものである。中心部に見えるのは覆工板を積み上げたものであって、これは地山の崩壊面と見なしている。その左右両側に大型土のう（１m×１m×高さ20〜25cm）および小型（標準）土のう（40cm×40cm×高さ10cm）を用いた復旧工を施している。覆工板の右側（写真の向こう側）は応急対策のための仮設工に対応させたもので、土のう表面には紫外線よけの遮光シートをかけている。覆工板の左側（写真の手前側）はその仮設工の前面にコンクリート壁面材（遮光と景観の保護を目的とする薄いもの）と大型土のう、小型土のうを合わせた構造体を設置することによって、本設工としてそのまま用いる状況を示している。擁壁全体の高さは５m、奥行きは６mである(コンクリート壁面材１個の寸法は高さ１m、奥行き２mである)。

図3.90、図3.91は、三宅島阿古地区で採用された大型土のう（１m×１m×

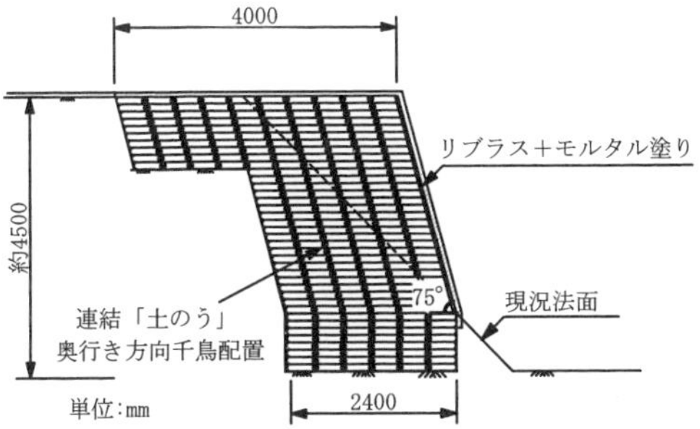


(a) 連結「土のう」配置図

(b) 「土のう」積み完了

(c) 「土のう」積み擁壁の上面の状況

(d) 完成写真

**図3.88** ＭＳ市における「土のう」積み擁壁の施工例（高さ4.5m、法面角度75°、延長約21m）

図3.89　三宅島災害復旧工事のための「土のう」積み擁壁の試験施工

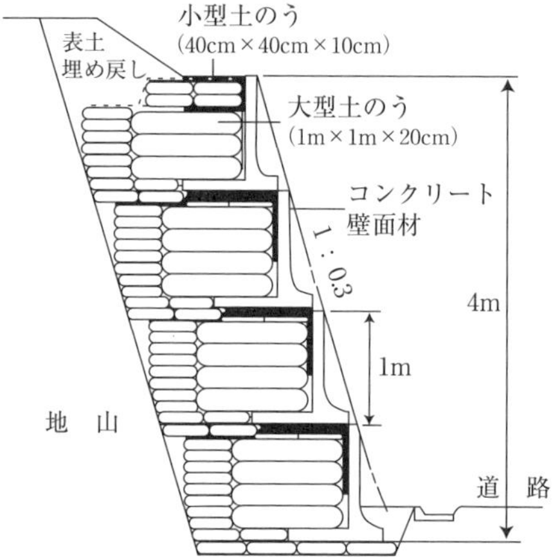


図3.90　三宅島阿古地区で採用された大型土のう積み擁壁の施工図

図3.91　三宅島阿古地区での大型土のう積み擁壁の施工状況

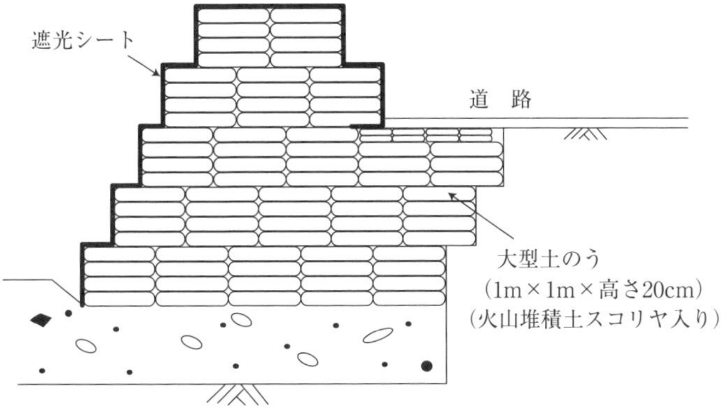


**図3.92　三宅島坪田地区で採用された大型土のう積み導流堤の施工図の一例**

(a)　転圧状況

(b)　仕上げ状況，総延長436m

**図3. 93　三宅島坪田地区で採用された大型土のう積み導流堤**

高さ20cm）積み擁壁の施工図と施工状況を示している。「土のう」積み擁壁による三宅島復旧工事の第１号は近接する２箇所で行われ、１つは高さ４m、幅６m、法面角度73°（図3. 90、3. 91参照）であり、もう１つは高さ５m、幅８m、法面角度73°であった。災害地の種々の制約の中での施工であったが、比較的短期間に無事完成した。なお、これらは仮設ではなく本設工として採用された。

三宅島で行われた「土のう」を活用したもう１つの災害復旧工事としては、火山堆積物の泥流（土石流）から民家や幹線道路を守る導流堤工事がある。坪田地区で山地寄りの道路に沿って泥流を流す導流堤で、総延長436m、高さ２

〜５m、大型土のう（１m×１m×高さ20〜25cm）約１万袋を使用した。なお、土のうの中には火山堆積物スコリヤを入れている。図3.92に示すように、４段積み、高さ0.9m、２〜３列の土のう積み盛土を遮光シートで覆い、さらにジオグリッドで巻き込んで、横方向の外力に対する安定性もはかっている。図3.93に見られるように、堂々たる、しかもしなやかな構造物であり、土石流の莫大なエネルギーをそのしなやかさで吸収する。当然のことながら、コンクリート構造物などと違って撤去・現状復帰は極めて容易である（大型土のうにはクレーンでつり上げるためのひもが付いている）。

## （５）「土のう」を活用したアーチトンネル覆工

3,000m級の山岳の下にどうしてトンネルが掘れるのであろうか。地山の自重 $\gamma z$（$=2\mathrm{tf/m^3}\times 3{,}000\mathrm{m}=6{,}000\mathrm{tf/m^2}\fallingdotseq 60{,}000\mathrm{kPa}$ 程度）は大変な荷重であって、どんなコンクリート覆工でも支え切れない。一言で答えると、地盤のアーチ作用（アーチング）によって、トンネル掘削部の周辺の地盤が上部からの荷重の大部分を支えるので可能となる。図3.94は、底板の一部を降下させたときの粒子間力の伝達線の変化を示す光弾性写真である[25]。底板を降下させて地盤がゆるんだ部分の周辺に、アーチ状の粒子間力の伝達線が形成されるのが見ら

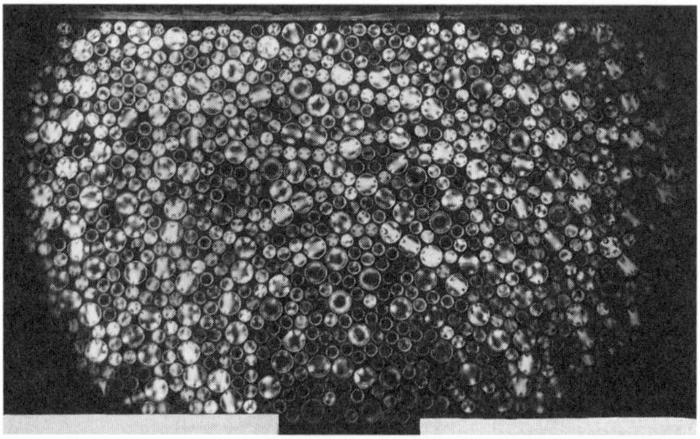

図3.94　アーチ作用を示す光弾性実験（アーチ状の粒子間力の伝達線が観察される）

れる。これがアーチ作用と呼ばれるものである。したがって、アーチ作用はアーチ状の最大圧縮主応力線の形成によって生じると考えられる。これによって降下した底板部にはほとんど荷重が伝わらなくなるのが見られる。トンネルを掘削するとどうしても地盤をゆるめてしまうので、周辺地盤がアーチ作用によって上部からの荷重を支持することになり、掘削部への荷重は小さくなって鋼アーチ支保工やコンクリート覆工によってトンネルを建設することが可能となるのである。

さて、鋼アーチ支保工やアーチ状のトンネル覆工は一種のアーチ構造と考えられるが、アーチ構造は石積みアーチからもわかるように上載荷重を圧縮力に置き換えて抵抗する構造である。そこで、ここでは大きな圧縮強度をもつ「土のう」を用いてアーチ構造を作ることを試みた。このような「土のう」を活用したアーチトンネル覆工は、すでに地山が存在する山岳トンネルには用いにくいが、先にトンネルを建設して後から盛土をする場合のトンネル覆工として利用できるのではないかと考えられる。ここでは、まず「土のう」積みアーチの上にアルミ丸棒積層体地盤が築造された場合の2次元模型実験を行い、上載荷重の載荷による「土のう」積みアーチの破壊現象を検討した。

### (a)「土のう」積みアーチ模型の載荷実験[28)]

図3.95(a) はアルミ丸棒積層体（直径1.6,3mm、長さ5cm、混合重量比3：2、内部摩擦角 $\phi=25°$）地盤を用いた「土のう」積みアーチ模型の載荷実験を示している。模型地盤全体の幅は60cm、高さは30cmとし、地盤表面には断面の高さと奥行きが10cmのH型鋼を載せ、その上から油圧シリンダーによって載荷した。中にアルミ丸棒積層体の入った2次元「土のう」模型の袋には、引張強度の非常に弱い材料である書道用紙（横幅 $B=3$ cm、高さ $H=1.2$cm、奥行き $D=5$ cm、引張強度＝12.8N/cm）をあえて選択した（そうしないと、上載荷重によって「土のう」を破ってアーチを破壊させることができないからである)。

図3.95(b) に示すように、中央に「土のう」アーチ（内幅 $2R=10$cm、外幅

$2(R+B)=16$cm、アーチ内側の高さ約7.5cm、外側の高さ約10.5cm）を積み、その後アルミ丸棒積層体をその左右および上に積み上げてトンネル模型とした。そして、油圧ジャッキによって上載荷重 $P$ を徐々に大きくしていき、アーチ構造をなしている書道用紙製の土のう袋が破れたときの上載荷重 $P$ を求めた。図3.95(c) に示すように、数回の実験結果より書道用紙が破れる土のう袋の位

(a)「土のう」積みアーチ模型実験装置

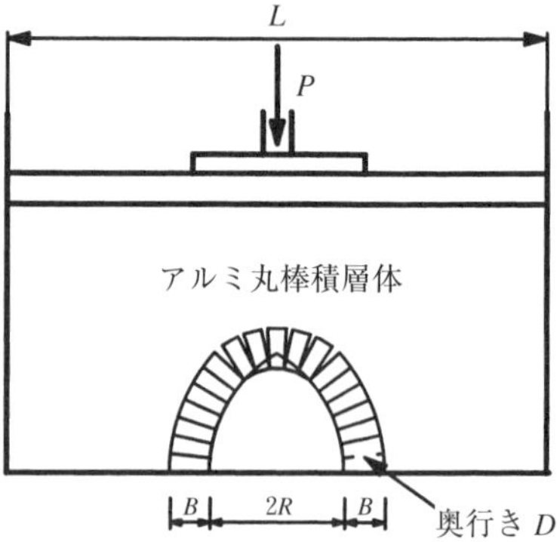


(b)「土のう」積みアーチ模型実験の概略図

(c) アーチ端部の「土のう」の破壊状況

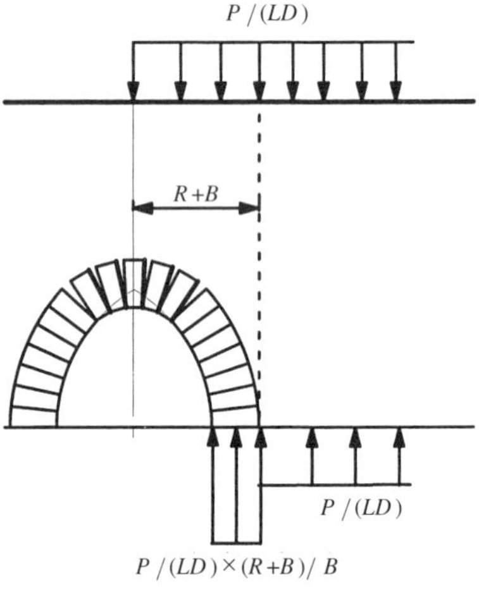


(d) アーチ端部の「土のう」にかかる分布荷重

図3.95 「土のう」積みアーチ模型実験とその破壊現象の解析

置はアーチの両端部であることがわかった。そこで、ここでは図3.95(d) に示すような単純な仮定を置いてみた。すなわち、地表面からかかってくる上載荷重 $P$ に対して、アーチでない部分はそのまま分布荷重 $P/(LD)$（地盤全体の幅 $L$ = 60cm、奥行き 5 cm）が作用し、「土のう」アーチ部分の半幅 $R+B$ (= 5 + 3 = 8cm) に作用する荷重 $N=(P/LD)\times(R+B)\times D$ が全部アーチ端部の「土のう」に作用すると仮定した。なお、本模型実験では地盤の自重を無視している。

次に、アーチ端部の「土のう」に作用する応力状態を考える。3.3(1) で説明したように、「土のう」模型の破壊時の応力状態は式（3.1）で表される。再録すれば、

$$\sigma_{1f}+\frac{2T}{B}=K_p\left(\sigma_{3f}+\frac{2T}{H}\right)\quad ただし、K_p=\frac{1+\sin\phi}{1-\sin\phi} \tag{3.1}$$

ここに、$\sigma_{1f}$、$\sigma_{3f}$ は 2 次元「土のう」模型のそれぞれ長辺（幅 B）および短辺（高さ $H$）に作用する破壊時の最大主応力と最小主応力であり、$T$ は土のう袋の単位幅当たりの破断張力であり、$\phi$ は中詰め材の内部摩擦角である。また、上記の仮定よりアーチ端部の「土のう」に作用する荷重 N は次式で表される。

$$N=\frac{P(R+B)}{L} \tag{3.20}$$

破壊時にアーチ端部の「土のう」(幅 $B$、高さ $H$、奥行き $D$) に作用する荷重 $N$ は $\sigma_{1f}BD$ に等しいから、式（3.1）より、

$$N=\sigma_{1f}BD=BD\left\{K_p\left(\sigma_{3f}+\frac{2T}{H}\right)-\frac{2T}{B}\right\} \tag{3.21}$$

なお、ここでアーチ端部の「土のう」に作用する $\sigma_{3f}=0$ とすれば、「土のう」破壊時の上載荷重 $P$ は次式で表される。

$$P=\frac{BDL}{(R+B)}\left\{\frac{1+\sin\phi}{1-\sin\phi}\times\frac{2T}{H}-\frac{2T}{B}\right\} \tag{3.22}$$

さて、ここで実験結果と計算結果の比較を行ってみよう。「土のう」積みアーチの破壊時の上載荷重 $P$ は、2 回の実験より $P$ = 4.58kN と5.13kN であった。一方、「土のう」の横幅 $B$ = 3 cm、高さ $H$ = 1.2cm、奥行き $D$ = 5 cm、

地表面の載荷幅 $L=60$cm、トンネル空洞部分の半幅 $R=5$ cm、引張試験より求めた書道用紙の破断時の張力 $T=12.8$N/cm、中詰め材のアルミ丸棒積層体の内部摩擦角 $\phi=25°$ として、式（3.20）より破壊時の上載荷重を求めると $P=4.93$kN となった。この値は実験による4.58kN と5.13kN の平均荷重4.86kN とほぼ一致している。土のう袋に用いた奥行き $D=5$cm の書道用紙の張力12.8×5＝64N と比較すれば、「土のう」破壊時の上載荷重 $P≒4900$N の大きさに驚かされる。

(b) 実際の「土のう」を用いた内幅 2 m のアーチの作製[29)]

図3.96に示すように、横幅 $B=40$cm、高さ $H=10$cm、奥行き $D=40$cm、引張強度 $T=117.6$N/cm＝11.76kN/m のポリエチレン製の普通「土のう」を用いて、内幅 $2R=2$ m、内側の高さ1.73m の「土のう」積みアーチを大学校内で実際に作製してみた。トンネル空洞部に机、木材、コンクリートブロックほか、さまざまなものを用いて外形がアーチ形状の型枠をまず設置し、その後その周りに「土のう」を形を整えて積み上げた。アーチの上部では「土のう」の口部どうしを縛った2個連結「土のう」も用いた（重力の作用下での落下を防ぐためである）。そして、最後にアーチ形状の型枠として用いたさまざまなものを慎重に取り出した。なお、「土のう」の中詰め材には、6号砕石（$\phi=44°$）、砂、水砕スラグ他を用いている。ここで、もし「土のう」の中詰め材に6号砕石（$\phi=44°$）を用いて、この普通「土のう」アーチの上に単位体積重

(a)

(b)

図 3.96　実物の「土のう」を積み上げたアーチ（内幅 2 m）

量17.6kN/m³の地盤材料を盛土し、前記のようにアーチ端部の「土のう」の破裂によってアーチが崩壊するものとすれば、およそ何mの高さまで盛土することができるであろうか。

$$\gamma z\times(R+3B)\times D=3B\times D\left\{\frac{1+\sin\phi}{1-\sin\phi}\times\frac{2T}{H}-\frac{2T}{B}\right\}$$

$$\left.\begin{aligned}&17.6z(1+1.2)\times D=1.2\times D\left\{5.55\times\frac{2\times 11.76}{0.1}-\frac{2\times 11.76}{0.4}\right\}\\&\therefore z=38.5\mathrm{m}\end{aligned}\right\}\quad(3.23)$$

以上のように、概算ではあっても高さ38.5m（約40m）まで盛土できるというのは驚きである。この辺のところに、人間の直感を超える「土のう」の面白さがあるのであろう。

(c) ジオテキスタイル製特殊「土のう」を用いた内幅5mのアーチの作製[30)]

トンネル幅2mの「土のう」積みアーチの作製の成功に意を強くして、実際のトンネル幅かそれの半分程度の「土のう」積みアーチを作製しようということになった。トンネル幅は5mにすることにした。これはかなりの作業であって、メッシュ状のジオテキスタイル製の特殊「土のう」（砕石入り）を作ってクレーンでつり上げて鋼製の仮支保工（後で取り除く）の上に左右対称に積み上げていった。特殊「土のう」の形状は、台形断面（短辺35cm、長辺45cm、

(a)

(b)

図3.97 ジオテキスタイル製の特殊「土のう」を積み上げたアーチ（内幅5m）

高さ（幅）150cm）で奥行き150cm とした。アーチの頂部には正三角形断面（３辺の長さが全て150cm）で奥行き150cm のくさび形の「土のう」をキー・ストーンとして最後に挿入した。図3.97にその全景を示す（アーチ頂部の三角形「土のう」の上にもう１個「土のう」を置いている）。アーチを形成した後に、内側の仮支保工を降下させ後方へ移動させて取り除いたが、アーチは崩壊することなく形状を保持した（図3.97（c）参照）。このときのアーチ頂部の沈下量は約25cm であった。このアーチの周りに盛土をしてアーチに周囲から土圧が作用すれば、この「土のう」積みアーチ覆工はさらに安定するであろう。図3.97から見られるように、堂々たるアーチ構造であって、作製後数ヶ月経過しても変形することなく偉容を保っている。石積みアーチというのは世界各地で多く見られるが、「土のう」積みアーチでこの規模のものは恐らく世界初の試みであろう。

## 3.7　ま と め

「土のう」の良さは、土を比較的小さな袋で完全に包み込むところにある。これは絶対確実な土の補強法である。「土のう」の最も面白いところはどこであろうか。砂利や砕石などは $\phi$ 材料（摩擦性材料）であるが、それらを土のう袋で包むだけで $c$、$\phi$ 材料（粘着成分を有する摩擦性材料）になるのは驚きである――しかも外力（敵の力）を利用している（3.3(1)参照）。「砂利や砕石を $c$、$\phi$ 材料にせよ」と言えば、誰もがセメントや薬液などの接着剤の注入を申し出るのではなかろうか。この包むことによる粘着成分 $c$ の発生が、「土のう」の驚異的な耐荷力（普通市販されているポリエチレン製土のうで200～300 $kN$）の源となっているのである。地盤の振動低減効果や凍上防止効果は初めから明確には予期していなかったものである。＋α（プラス・アルファ）があれば－α（マイナス・アルファ）もあるというのが自然であるが、この「土のう」一体化工法については今のところ＋α 効果ばかりである。非常に不思議な気がするである。

仮設資材であった従来の土のうを、性能表示（品質保証）することによって本設資材としての新しい「土のう」へ生まれ変わらせようと私は考えている。土のうを本設資材として用いるためには、この品質の土のう袋に、この内部摩擦角の中詰め材を、これだけの量入れて（土のう寸法の決定）、このように配置して、これだけ転圧する、というような施工管理を含めた性能（品質）管理が絶対に必要である。平板載荷試験や動的平板載荷試験他による「土のう」の性能評価も、その作業の一環として行っている。土のう袋の材質としては、通常安価なポリエチレン（PE）かポリプロピレン（PP）が多いが、前述したようにこれらは酸にもアルカリにも安定した材料である。土中に入れるなどして日光さえ遮断すれば、かなりの長期間もつという化学促進実験結果（短期で長期のことを推定する）がある。「土のう」という言葉のイメージがあまりにも悪いため、この性能表示（品質保証）された「土のう」のことを、本設資材としての新しい「土のう」という意味もこめて「ソイルバッグ（Soilbag）」と名づけた（「土の袋」を意味する）。この新しい「土のう」を活用した地盤の補強法（ソイルバッグ工法）が、土木・建築関係の現場で、発展途上国を含めた世界中の国々で、安心して広く用いられることを願ってやまない。

なお、通称「トンパック」と呼ばれる縦長の大型土のうが多く用いられているが、土のう袋の幅と高さの比（$B/H$）が小さく（$B/H \fallingdotseq 1$）、耐荷力が小さくなるので、力学的には不合理な形状であると言わねばならない。サイコロ状で転がりやすい「トンパック」を何段も積み上げること自体、不安定な構造を作っているのであり、仮設構造物としても危険であるので注意が必要であろう。

今後の研究課題としては、「土のう」積層体の振動低減効果のメカニズムや「土のう」地盤の沈下・変形特性のさらなる解明などを考えている。その他、九州地方で多くの人命を損なってきたシラス地盤の「土のう」による補強も重要なテーマとなろう。シラスを「土のう」の中に入れて締固めれば、雨水にも耐える堅固な構造物に変えることができよう。

## 参考文献


1）松岡元・劉斯宏、地盤の一部を包み込む支持力補強方法に関する研究、土木学会論文集、No. 617/Ⅲ-46、pp. 235-249、1999.

2）松岡元・高木信宏・西井正浩、粒状体地盤の有効な支持力補強方法、土木学会第47回年次学術講演会概要集、Ⅲ-577、pp. 1194-1195、1992.

3）平尾和年・安原一哉・棚橋由彦・落合英俊・安福規之、ジオグリッド敷設による軟弱地盤の支持力改良、土木学会論文集、No. 582/Ⅲ-41、pp. 35-45、1997.

4）楊俊傑・落合英俊・林重徳、ジオグリッド補強基礎地盤の支持力特性に関する実験的研究、土木学会論文集、No. 499/Ⅲ-28、pp. 117-126、1994.

5）斜面・盛土補強土工法技術総覧、（株）産業技術サービスセンター発行、pp. 435-488、1995.

6）山口柏樹、土質力学（全改訂）、技報堂出版、p. 334、1984.

7）山本修一・松岡元、個別要素法による‘土のう’式補強地盤の支持力試験シミュレーション、土木学会論文集、No. 529/Ⅲ-33、pp. 125-134、1995.

8）Binquest, J. and Lee, K. L., Bearing Capacity Tests on Reinforced Earth Slabs, Journal of the Geotechnical Engineering Division, ASCE, Vol.101（GT12）, Proc. Paper 11792, pp. 1241-1255, 1975.

9）Binquest, J. and Lee, K. L., Bearing Capacity Analysis of Reinforced Earth Slabs, Journal of the Geotechnical Engineering Division, ASCE, Vol. 101（GT12）, Proc. Paper 11793, pp. 1257-1276, 1975.

10）Huang, C. C. and Tatsuoka, F., Bearing Capacity of Reinforced Horizontal Sandy Ground, Geotextiles and Geomembranes 9 , pp. 51-82, 1990.

11）松岡元・陳越・児玉仁・山路耕寛・田中竜一、「土のう」の力学特性および耐圧試験、第35回地盤工学研究発表会講演集、544、pp. 1075-1076、2000.

12）松岡元・山口啓三郎・前田健一・児玉仁、「土のう」によって基礎を補強された建物の振動低減測定、第35回地盤工学研究発表会講演集、546、pp. 1079-1080、2000.

13）山口啓三郎氏の発案による.

14）鈴木輝之・山下聡・松岡元・山口啓三郎、袋詰めした砂利の凍上抑制効果、第35回地盤工学研究発表会講演集、308、pp. 609-610、2000.

15）鈴木輝之氏の意見.

16）松岡元・劉斯宏・山本春行・島尾陸・長谷部智久・藤田健、「土のう」積層体（ソルパック）地盤の強度異方性、第37回地盤工学研究発表会講演集、371、pp. 737-738、2002.

17）陳　越、二次元「土のう」模型の変形・強度特性と「土のう」を活用した補強地盤の

設計法、平成10年度VBL成果報告書、1999.
18) 松岡元・劉斯宏・長谷部智久・島尾陸、「土のう」の変形特性、第38回地盤工学研究発表会講演集.
19) 松岡元・劉斯宏・山本春行・長谷部智久・島尾陸・藤田健、「土のう」一体化工法（ソルパック工法）の設計法、第37回地盤工学研究発表会講演集、372、pp. 739-740、2002.
20) 松岡元・劉斯宏・児玉仁・可知隆、「土のう」によって道床・路盤部を補強された鉄道枕木の沈下抑制効果、第35回地盤工学研究発表会講演集、547、pp. 1081-1082、2000.
21) 神崎一人・可知隆・松岡元・館山勝・小島謙一、鉄道マクラギの支持力補強方法に関する載荷試験，第32回地盤工学研究発表会講演集，1249，pp. 2503-2504，1997.
22) 松岡元・劉斯宏・植田哲志・中村善一郎、砕石地盤上の鉄道枕木の「土のう」式支持力補強方法に関する模型試験，第33回地盤工学研究発表会講演集，1186，pp. 2377-2378，1998.
23) 可知隆・宮本秀郎・松岡元・館山勝・小島謙一、鉄道マクラギの支持力補強方法に関するモデル試験，土木学会第52回年次学術講演会概要集，Ⅳ-388，pp. 776-777，1997.
24) 松岡元・山口啓三郎・劉斯宏・児玉仁・山路耕寛、「土のう」積み擁壁や「土のう」による建物基礎補強の施工例、第35回地盤工学研究発表会講演集、545、pp. 1077-1078、2000.
25) 松岡元、土質力学、基礎土木工学シリーズ15、pp. 195-198，213-215，森北出版、1999.
26) 山本春行・松岡元・山口啓三郎、「土のう」積みコラム（パイル）基礎の施工例、第37回地盤工学研究発表会講演集、692、pp. 1377-1378、2002.
27) 松岡元、「土のう」を活用した新しい地盤補強法、土木学会誌、pp. 89-92，Volp. 87，2002, 2
28) 松岡元・劉斯宏・飯塚洋介・中村潤平、「土のう」を用いたアーチ・トンネル覆工に関する基礎的研究、土木学会第55回年次学術講演会概要集、Ⅲ-B84、pp. 168 - 169、2000.
29) Matsuoka, H., Liu, S.H., Kubo, T. and Yokota, Y., Tunnel lining with an arching structure constructed by soilbags, Proc. of Modern Tunneling Science and technology, Adachi et al（eds），Swets & Zeitlinger, pp. 975-978, 2001.
30) 久保哲也・横田善弘・伊藤修二・松岡元・劉斯宏、大型「土のう」を用いたアーチ構造物の施工および挙動の確認、第36回地盤工学研究発表会講演集、1065、pp. 2099-2100、2001.

# 索　引

＊ゴシック体で表記されている頁は、その項目が見出しとして使用されていることを示す。

## タ行



## ナ行



## ハ行



## マ行



## ヤ行



## ラ行

**著者略歴**

松岡　元（まつおか　はじめ）

名古屋工業大学名誉教授（2006年より）

1943年　福井県生まれ

1971年　京都大学大学院工学研究科土木工学専攻博士課程単位取得

1971年　京都大学防災研究所助手

1973年　京都大学防災研究所助教授

1974年　工学博士（京都大学）

1976年　名古屋工業大学工学部助教授

1987年　名古屋工業大学大学院教授　工学研究科社会工学専攻

主な著書

『土質力学』（森北出版）1999年

『A New Earth Reinforcement Method using Soilbags』（Taylor & Francis 社）S. H. Liu と共著　2006年

『The SMP Concept-based 3D Constitutive Models for Geomaterials』（Taylor & Francis 社）D. A. Sun と共著　2006年

地盤工学の新しいアプローチ——構成式・試験法・補強法

平成15（2003）年6月15日　初版第一刷発行
平成24（2012）年9月15日　第四刷発行

著　者　松　岡　　元
発行者　檜　山　爲次郎
発行所　京都大学学術出版会
京都市左京区吉田近衛町69
京都大学吉田南構内（606-8315）
電　話　075(761)6182
ＦＡＸ　075(761)6190
http://www.kyoto-up.or.jp/

印刷・製本　株式会社太洋社


ISBN978-4-87698-615-6
定価はカバーに表示してあります